U0449492

零碳工业
实现可持续繁荣的变革性技术和政策

［美］杰弗里·瑞斯曼（Jeffrey Rissman）著

张秀丽 谭清 桑晶 译

电子工业出版社
Publishing House of Electronics Industry
北京·BEIJING

内容简介

本书系统阐述了全球工业领域的温室气体排放情况、各类具有成本效益的工业降碳技术，以及能够促使这些技术商业化和大规模推广的政策框架。本书共 12 章，第 1 章至第 3 章分析了三个碳排放量最高的工业行业：钢铁、化工和水泥；第 4 章至第 8 章介绍了对全球工业低碳化至关重要的通用技术；第 9 章至第 11 章阐述了政策框架的作用机制，并剖析了关键政策设计的考虑因素；第 12 章探讨了确保工业领域的清洁、可持续转型能够为促进全球公平和人类发展作出贡献。本书结论部分为一份清洁工业路线图。

ZERO-CARBON INDUSTRY
by Jeffrey Rissman
Copyright © 2024 Columbia University Press
Chinese Simplified translation copyright © 2025
by Publishing House of Electronics Industry Co., Ltd.
Published by arrangement with Columbia University Press
through Bardon Chinese Creative Agency Limited
博达创意代理有限公司
ALL RIGHTS RESERVED

未经许可，不得以任何方式复制或抄袭本书之部分或全部内容。
版权所有，侵权必究。
版权贸易合同登记号　　图字：01-2024-2795

图书在版编目（CIP）数据

零碳工业：实现可持续繁荣的变革性技术和政策 /（美）杰弗里·瑞斯曼（Jeffrey Rissman）著；张秀丽，谭清，桑晶译. — 北京：电子工业出版社，2025. 4.
ISBN 978-7-121-50175-3

Ⅰ. TK018

中国国家版本馆 CIP 数据核字第 2025KD2939 号

责任编辑：秦　聪
印　　刷：中煤（北京）印务有限公司
装　　订：中煤（北京）印务有限公司
出版发行：电子工业出版社
　　　　　北京市海淀区万寿路 173 信箱　　邮编：100036
开　　本：720×1 000　1/16　印张：16.25　字数：312 千字
版　　次：2025 年 4 月第 1 版
印　　次：2025 年 4 月第 1 次印刷
定　　价：98.00 元

凡所购买电子工业出版社图书有缺损问题，请向购买书店调换。若书店售缺，请与本社发行部联系，联系及邮购电话：(010) 88254888，88258888。
质量投诉请发邮件至 zlts@phei.com.cn，盗版侵权举报请发邮件至 dbqq@phei.com.cn。
本书咨询联系方式：(010) 88254568，qincong@phei.com.cn。

致卡茜（Cassie），
和我们未来一代又一代
的孩子们。

序 一

站在人类文明史的十字路口,工业体系正经历着自蒸汽机革命以来最深刻的发展范式转变。现代工业体系构筑了人类辉煌的物质文明,却也造就了对化石能源的路径依赖和高碳排放。钢铁洪流浇筑起城市天际线,化工合成重塑了人类生活方式,水泥和混凝土森林支撑着现代基础设施,这些成就背后是每年近110亿吨的工业碳排放。在全球碳中和浪潮中,工业领域的深度脱碳不仅关乎全球气候治理,更关乎人类文明能否实现发展范式跃迁。本书围绕"零碳工业",为这场百年变局提供了兼具战略高度与实践深度的路线图。

本书第1部分通过对三大高排放行业的剖析,揭示了传统工业模式与地球生态系统的冲突与矛盾。在第2部分的章节中,从能源/材料效率的"节流",到电气化和氢能与可再生能源的"开源",再到CCUS的"兜底",恰与我国"先立后破"的能源转型战略相契合。今天,我们在中国看到的清洁氢冶金、电化学合成、碳矿化混凝土等颠覆性技术从实验室走向产业化,印证了本书中描绘的技术创新图景并非空中楼阁。技术革命必须与制度创新同频共振,本书第3部分关于政策工具的探讨,恰切回应了当前转型进程中的困惑,碳定价机制如何破解"绿色溢价"难题?政府采购标准怎样引导市场预期?循环经济政策能否重构价值链逻辑?这些问题的解答将决定工业转型与脱碳的速度与质量。需要强调的是,中国作为全球最大工业经济体,在推动工业绿色技术创新、健全碳市场机制等方面正在探索具有全球示范意义的解决方案。

作为中国能源转型的参与者,我深知工业转型的艰巨性。《零碳工业:实现可持续繁荣的变革性技术和政策》中展现的清洁工业路线图和政策工具箱,让我欣喜地看到本书既未陷入技术决定论的盲目乐观,也未止步于政策分析的抽象推演,而是构建了"技术可行性—经济合理性—制度适配性—社会可接受性"的四维分析框架。期待本书能为从事工业转型的政产学研各界人士在技术路线选择、政策工具创新、商业模式重构等方面提供重要参考。

零碳工业革命的大幕已然拉开,需要每个参与者的智慧与担当。期待本书能传播更多"零碳工业创新"的火种,在破立之间绘就人类可持续发展的工业新图景。

中国工程院院士
上海交通大学碳中和发展研究院创始院长

序 二

在全球气候变化的严峻挑战下,人类社会正处于关键的历史转折点。工业作为经济发展的重要支柱,同时也是碳排放的主要来源之一,其零碳转型的紧迫性不言而喻。瑞斯曼先生的《零碳工业:实现可持续繁荣的变革性技术和政策》一书,恰逢其时地为我们开拓这一复杂而关键的领域指明了方向。本书提供了深刻且全面的洞察,对全球工业的零碳转型,尤其是对中国工业迈向零碳化具有极为重要的借鉴价值。

随着全球工业化进程的加速,高耗能工业如钢铁、水泥、建材等在推动经济增长的同时,也带来了巨大的能源消耗和碳排放。这些行业的能源消费和碳排放状况,不仅关系到全球气候目标的实现,更直接影响着人类未来的生存环境。本书开篇便清晰阐述了什么是零碳工业,为读者构建起理解这一复杂概念的基石。其对高耗能工业能源消费和碳排放状况的深入分析,让我们深刻认识到向零碳工业转型已刻不容缓。这种对现状的精准剖析,是迈向零碳未来的第一步,唯有清晰认识到问题所在,才能有的放矢地寻找解决方案。

在技术创新领域,本书的探讨全面且深入。从能源利用效率提升,到提高材料使用效率和进行材料替代,再到循环经济的实践,每一个方面都蕴含着巨大的节能减排潜力。在能源利用效率提升上,通过优化工艺流程、采用先进设备,能够在不降低工业产出的前提下,大幅减少能源消耗。而提高材料使用效率和替代率,鼓励研发和使用新型材料,不仅能降低对传统高耗能材料的依赖,还能从源头上减少碳排放。循环经济模式更是突破了传统的"生产—消费—废弃"线性模式,构建起"资源—产品—再生资源"的闭环,使资源得到最大限度的利用,并减少废弃物的产生和碳排放。

电气化水平的提高以及氢和可再生燃料的使用,是零碳工业技术变革的重要方向。电力作为一种清洁、高效的能源形式,在工业领域的广泛应用能够显著降低碳排放。而氢作为一种极具潜力的清洁能源载体,与太阳能、风能、水能等可再生能源的大规模使用,将为工业提供源源不断的绿色动力,彻底改变工业的能源结构。此外，碳封存和碳利用技术为解决碳排放问题提供了新思路，将二氧化碳从工业废气中捕获并进行储存或转化为有价值的产品，实现碳排放的负增长。这些创新技术的综合应用，将成为推动零碳工业发展的核心动力。

技术的进步固然重要，但政策的引导和支持同样不可或缺。本书在第3部分中提出了为实现零碳工业目标应采取的一系列政策措施，具有极高的现实指导意义。财政政策能够通过补贴、税收优惠等手段，激励企业积极投入零碳技术研发和生产实践。碳定价机制则为碳排放赋予了经济成本，促使企业主动减少碳排放。绿色采购政策从市场需求端发力，引导企业生产绿色低碳产品。标准的制定为工业生产提供了明确的规范和目标，推动行业整体向零碳方向发展。科技研发政策的持续支持，不断为零碳工业注入新的技术活力。循环经济政策的完善，有助于构建更加高效的循环经济体系。而在追求零碳工业的过程中，对公平与发展的强调，确保了在实现环境目标的同时，不会忽视社会公平和经济发展的均衡性。

中国一直致力于推动绿色发展，在应对气候变化方面做出了巨大努力和庄严承诺。本书的出版，为中国工业的零碳转型提供了宝贵的国际经验和前沿的技术与政策思路。中国可以借鉴书中的先进理念和成功实践，结合自身国情，制定出更加科学合理的零碳工业发展战略。在技术创新方面，加大对零碳技术的研发投入，培育本土的创新力量；在政策制定上，完善相关政策体系，形成政策合力，推动工业企业积极参与零碳转型。

展望未来，发展零碳工业不仅是应对气候变化的必要之举，更是实现经济可持续繁荣的必由之路。它将带来全新的产业机遇和发展模式，创造出更加清洁、高效、繁荣的经济社会。瑞斯曼先生的这本书，犹如一盏明灯，照亮了我们在零碳工业道路上前行的方向。相信通过全球各界的共同努力，借鉴书中的智慧和经验，我们一定能够实现工业的零碳转型，为子孙后代创造一个更加美好的地球家园。

希望广大读者能够从这本书中汲取灵感和力量，共同投身于零碳工业的伟大实践中，为推动全球可持续发展贡献自己的力量。

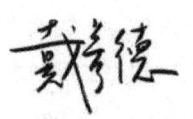

中国能源研究会能源经济专业委员会主任
国家发展改革委能源研究所原所长

本书英文版推荐语

当听到"气候变化"这个词时,你的脑中是否立刻浮现了发电厂的烟囱和化石燃料管道?这本书让我大开眼界,也将改变你的认知——工业领域的温室气体排放量竟然占全球总排放量的三分之一。我们该怎么办呢?请阅读这本书。瑞斯曼探讨了新技术、新工艺和新政策,这些措施的持续研发投入,有望将目前生成了绝大部分排放的少数几个产业,转变为未来经济的引擎。

——吉娜·麦卡锡(Gina McCarthy),前美国白宫首席国家气候政策顾问、前美国环保署署长

厌倦了那些令人沮丧的气候预测吗?不妨读读杰弗里·瑞斯曼的这本书。他清晰地讲述了所有主要的温室气体排放来源——从过程、产品、技术到行业,并描述了如何对每个环节进行转型。瑞斯曼从科学、技术、经济和政策等多个维度展示了解决之道,在细微处点亮希望。

——拉什·D. 霍尔特(Rush D. Holt),前美国国会议员,美国科学促进会名誉首席执行官

杰弗里·瑞斯曼直面气候目标中最艰巨的挑战:彻底消除工业过程中对化石燃料的依赖。这个产生了全球三分之一温室气体排放量的领域正在迅速变成创新先锋。本书以严谨的研究和优雅的文笔,描绘了实现这一目标的精彩、实用、循序渐进的路径。

——保罗·霍肯(Paul Hawken),再生计划(Project Regeneration)公司执行董事,著有《逆转全球变暖》(*Drawdown: The Most Comprehensive Plan Ever Proposed to Reverse Global Warming*)

实现工业脱碳是气候行动中最后、最艰难且关键的一步。它是个可解的问题,而瑞斯曼就是那个合适的引路人,引导我们了解各种可行的选项和路径。这本书视野宏大、表达清晰、分析严谨、细节丰富、立意积极,为我们描绘了实现目标的蓝图。

——迈克尔·E. 韦伯(Michael E. Webber),美国得克萨斯大学奥斯汀分校教授,前法国电力集团(Engie SA)首席科技官,著有《能量之旅》(*Power Trip: The Story of Energy*)

目 录

导　言　零碳工业是什么　/001

第1部分　能源和排放密集型行业

第1章　钢铁　/008

1.1　当前的炼钢工艺　/010
  1.1.1　步骤1：原料制备　/010
  1.1.2　步骤2：炼铁　/013
  1.1.3　步骤3：炼钢　/015

1.2　对现有技术的逐步改进　/019
  1.2.1　对高炉中焦炭的替代　/019
  1.2.2　增加钢材回收利用　/019
  1.2.3　使用生物燃料　/020
  1.2.4　电弧炉工艺改进　/020

1.3　初级钢生产的零碳工艺　0/21
  1.3.1　氢基DRI+电弧炉　/021
  1.3.2　电解铁矿石　/022

1.4　用于助力碳捕集的二氧化碳提纯方法　/023

1.5　实现零碳钢铁生产　/024

第2章　化工　/026

2.1　氨和石化产品：关键的化工原材料　/028

2.2　能源、原料和次要反应物　/029
  2.2.1　来自炼油厂的石化产品　/030
  2.2.2　大多数化工产品无法长期固碳　/032

2.3　零碳化学原料　/033

2.3.1 基于清洁氢和二氧化碳的化学品生产 /033

2.3.2 基于生物质的化学品生产 /034

2.3.3 回收化学品 /035

2.4 非原料用能 /036

2.4.1 蒸汽裂解的电气化 /037

2.4.2 催化剂和催化裂解的改进 /038

2.4.3 甲烷部分氧化制甲醇 /038

2.4.4 生物制造 /039

2.5 非二氧化碳温室气体排放 /039

2.5.1 含氟气体 /040

2.5.2 氧化亚氮 /042

2.5.3 甲烷 /043

2.6 实现零碳化工 /043

第3章 水泥和混凝土 /045

3.1 概述 /045

3.1.1 水泥的成分和品种 /046

3.1.2 水泥的用途 /047

3.2 水泥生产 /047

3.3 温室气体排放 /049

3.4 减排技术 /052

3.4.1 降低熟料比 /052

3.4.2 低碳水泥品种研发 /053

3.4.3 二氧化碳固化和注入 /055

3.4.4 材料效率提升 /055

3.4.5 能效提升 /056

3.4.6 燃料替代和电气化 /056

3.4.7 回收与再利用 /057

3.4.8 碳捕集 /058

3.5 实现水泥和混凝土净零排放 /059

目 录

第 2 部分 技术

第 4 章 提高能效 /062

4.1 提高能效的效果：已实现的节能量和未来的节能潜力 /063

4.2 设备层面提高能效的措施 /064

4.3 全部生产设施层面提高能效的措施 /066

    4.3.1 合理选择设备的参数，优化系统物质流 /066

    4.3.2 提高流体的输配效率 /066

    4.3.3 余热回收和热电联产 /067

    4.3.4 工业生产过程的太阳能供热 /068

    4.3.5 自动化 /070

4.4 工厂以外层面提高能效的措施 /071

    4.4.1 供应链 /071

    4.4.2 产品设计 /072

    4.4.3 企业决策 /072

4.5 提高能效对工业领域实现零排放的贡献 /075

第 5 章 材料效率、材料替代和循环经济 /076

5.1 材料效率 /076

    5.1.1 节材组件 /077

    5.1.2 人工智能辅助设计与模拟仿真 /078

    5.1.3 自动化 /078

    5.1.4 化肥 /080

    5.1.5 水泥 /081

5.2 材料替代 /081

    5.2.1 木材 /081

    5.2.2 有机肥料 /082

    5.2.3 石材 /085

    5.2.4 生物塑料 /085

    5.2.5 纸制材料 /086

    5.2.6 辅助胶凝材料和填料 /086

5.3 循环经济 /086

5.3.1 延长产品寿命 /087

5.3.2 提高产品使用强度 /088

5.3.3 转让或转售 /089

5.3.4 维修 /090

5.3.5 翻新和再制造 /091

5.3.6 回收利用 /092

5.4 材料效率、材料替代和循环经济对实现零碳工业的贡献 /096

第 6 章 电气化 /098

6.1 工业电气化潜力取决于工业供热 /098

6.2 工业温度要求 /100

6.3 电加热技术 /102

6.3.1 热泵 /102

6.3.2 电阻加热 /103

6.3.3 感应加热 /104

6.3.4 电弧和等离子枪 /105

6.3.5 电介质加热（无线电波、微波） /106

6.3.6 红外线加热 /106

6.3.7 激光（红外线、可见光、紫外线） /107

6.3.8 电子束 /108

6.4 热电池 /108

6.5 热能替代 /109

6.5.1 电解 /109

6.5.2 紫外线 /110

6.6 工业活动、温度和技术 /110

6.7 电气化的潜力和成本 /111

6.7.1 效率因素 /113

6.7.2 成本因素 /116

6.8 电气化所需增加的发电量 /116

6.9 电气化对实现零碳工业的贡献 /117

目 录

第 7 章 氢和其他可再生燃料 /119

7.1 氢气 /120

7.1.1 当代制氢 /121

7.1.2 零碳制氢技术 /123

7.1.3 氢的运输 /125

7.1.4 氢气泄漏 /127

7.1.5 氢气的燃烧排放 /128

7.1.6 工业设备中的氢气应用 /128

7.2 氢基燃料 /129

7.2.1 氨 /129

7.2.2 甲醇 /130

7.2.3 合成甲烷及其他碳氢化合物 /131

7.3 生物质能 /132

7.3.1 沼气和生物甲烷 /132

7.3.2 液体生物燃料 /133

7.3.3 生物质 /133

7.4 成本比较 /136

7.5 可再生燃料对实现零碳工业的贡献 /138

第 8 章 碳捕集、利用与封存 /139

8.1 概述 /139

8.1.1 CCUS 现状 /139

8.1.2 CCUS 的适用场景 /140

8.1.3 CCUS 的缺点 /143

8.1.4 其他碳捕集技术 /145

8.2 二氧化碳捕集技术 /145

8.2.1 化学吸收 /146

8.2.2 物理吸收 /147

8.2.3 吸附 /147

8.2.4 膜分离 /148

8.2.5 深冷分离 /148

8.2.6 富氧燃烧 /149

8.2.7 化学链燃烧 /149
8.3 二氧化碳压缩和运输 /150
8.4 二氧化碳地质封存 /151
 8.4.1 二氧化碳驱油 /151
 8.4.2 专用地质封存 /153
 8.4.3 矿化 /154
8.5 二氧化碳在产品中的应用 /155
8.6 CCUS 对实现零碳工业的贡献 /155

第 3 部分 政策

第 9 章 碳定价和其他经济政策 /158

9.1 碳定价 /159
 9.1.1 碳定价的减排机制 /161
 9.1.2 谁来承担碳定价成本 /162
 9.1.3 碳定价收入的使用 /164
 9.1.4 碳定价政策设计的考虑因素 /166
 9.1.5 产业竞争力、泄漏和边境调节机制 /169
9.2 绿色银行和贷款机制 /172
9.3 补贴和税收抵免 /175
 9.3.1 产业补贴的设计 /176
 9.3.2 补贴的持续时间 /177
 9.3.3 避免"分档陷阱" /177
 9.3.4 案例 /178
9.4 设备收费、退费及其制度 /178
9.5 促进实现零碳工业目标的经济政策 /180

第 10 章 标准与政府绿色采购 /181

10.1 能效和排放标准 /181
 10.1.1 克服市场和政治障碍 /181
 10.1.2 能效标准 /183
 10.1.3 排放标准 /185
10.2 标准的设计原则 /186

目 录

  10.2.1 纳入持续提升机制 /186

  10.2.2 考虑实施技术促进型标准 /187

  10.2.3 简化标准、重视结果 /187

  10.2.4 覆盖整个市场 /188

  10.2.5 创建可交易、按销量加权的标准 /188

  10.2.6 考虑实施覆盖"范围一"至"范围三"的排放标准，

     以减少供应链排放 /189

 10.3 政府绿色采购 /190

  10.3.1 政府绿色采购的覆盖范围 /191

  10.3.2 拆分 /192

  10.3.3 预先市场承诺 /193

  10.3.4 反向竞价 /193

  10.3.5 案例研究 /193

 10.4 有助于实现零碳工业目标的标准和政府绿色采购 /194

第11章 研发、信息披露及产品标识、循环经济政策 /196

 11.1 研发支持 /196

  11.1.1 政府实验室 /198

  11.1.2 合作研究 /199

  11.1.3 独立研究机构 /199

  11.1.4 赠款和委托研究项目 /200

  11.1.5 协调研究工作 /201

  11.1.6 获得科学、技术、工程和数学领域的人才 /202

  11.1.7 专利保护 /203

 11.2 排放信息披露及产品标识 /207

  11.2.1 信息披露组织 /207

  11.2.2 自愿披露和强制披露 /208

  11.2.3 产品标识 /209

 11.3 循环经济政策 /210

  11.3.1 维修权 /210

  11.3.2 生产者责任延伸 /211

  11.3.3 扩大对回收材料的需求 /212

- 11.3.4 禁止销毁积压库存和退货商品 /213
- 11.3.5 针对一次性物品和包装的限制及收费 /213
- 11.3.6 回收利用服务的可获取性和相关要求 /213
- 11.3.7 建造长寿命建筑物 /214
- 11.4 符合零碳工业目标的研发、排放信息披露和循环经济政策 /215

第12章 公平与人类发展 /217

- 12.1 中低收入国家的技术可用性与开发 /217
  - 12.1.1 加强本土领导力 /220
  - 12.1.2 提升制度能力 /220
  - 12.1.3 授予知识产权许可 /221
  - 12.1.4 培养和获得人才 /222
  - 12.1.5 促进投融资 /223
- 12.2 所有社区的繁荣与健康 /225
  - 12.2.1 促进社区公众参与 /226
  - 12.2.2 投资基础设施 /226
  - 12.2.3 为工业改造提供补助 /227
  - 12.2.4 增强供应链的韧性 /227
  - 12.2.5 确保清洁工业发展惠及社区 /227
  - 12.2.6 保护公众健康 /228
  - 12.2.7 支持失业工人 /228
  - 12.2.8 通过政策平衡就业和通胀 /229
- 12.3 人人享有可持续繁荣 /230

结语 清洁工业路线图 /231

- 13.1 第一阶段 /231
- 13.2 第二阶段 /233
- 13.3 第三阶段 /234
- 13.4 总结 /235

缩略语表 /236

致谢 /241

导言　零碳工业是什么

扫码查看参考文献

全球广泛的共识认为，减少人类活动造成的温室气体排放是确保人类拥有宜居气候环境的关键；这一目标可以在 2050 年至 2070 年实现。中国作为全球最大的温室气体排放国，努力争取在 2060 年前实现碳中和。欧盟、美国及其他数十个国家和地区都已确立了 2050 年前实现碳中和的目标[1]。随着清洁能源技术成本的快速下降，以及各国对"通过明智的降碳投资来实现经济和就业双重增长"这类政策路径的明确，人们对快速实现减排的信心倍增。

工业领域是实现全球低碳转型的重中之重。在人类活动造成的温室气体排放中，工业领域的排放约占三分之一，是主要的排放领域，其中包括与该领域外购电力和热力相关的排放（见图 0.1），因此，高效、低成本地减少工业领域排放至关重要。工业领域同时也是开发低碳解决方案的核心，涵盖了生产太阳能电池板、风力涡轮机、清洁汽车和节能建筑等低碳技术的研发与制造。因此，工业领域亟待向零碳工艺转型，同时继续为建筑、交通等各个经济领域提供变革性的技术和基础设施。

人们普遍对除工业外其他领域的温室气体减排手段更为熟悉：

- **交通**：电动汽车的推广应用，以及促进步行、骑行（自行车）和公共交通的城市规划，正在有效推进交通领域的碳减排进程。50 多个国家已发布关于禁售化石燃料汽车新车的计划[2]。预计到 2030 年，电动汽车在全球新车销量中所占比例将超过 20%；如果各国都能采取措施履行现有承诺，届时这一比例将达到 33%[3]。

- **建筑**：智能恒温器、建筑保温性能改造、LED 照明、热泵和屋顶太阳能电池板的应用已开始大幅减少建筑能耗和温室气体排放。例如，2020 年，加利福尼亚州成为美国第一个要求几乎所有的新建住宅都安装太阳能电池板的州。相比该州在 2016 年建成的未安装太阳能电池板的住宅，2020 年建成并安装太阳能电池板的住宅平均节能 53%[4]。

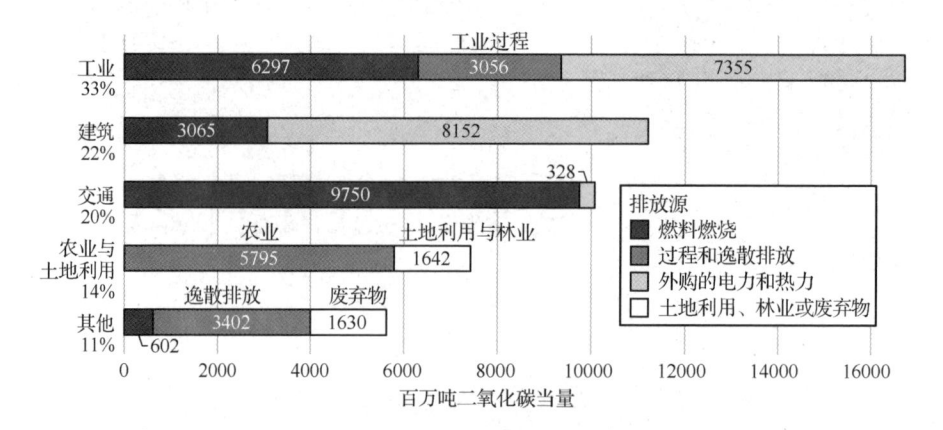

零碳工业：实现可持续繁荣的变革性技术和政策

```
工业      6297        3056           7355         工业过程
33%
建筑      3065              8152
22%
交通          9750                    328
20%                                       排放源
农业与    农业        土地利用与林业      ■ 燃料燃烧
土地利用  5795        1642              ■ 过程和逸散排放
14%                                     ▨ 外购的电力和热力
          逸散排放    废弃物              □ 土地利用、林业或废弃物
其他      3402        1630
11%   602
      0    2000  4000  6000  8000  10000  12000  14000  16000
                      百万吨二氧化碳当量
```

图 0.1　2019 年全球温室气体排放量，按领域和排放类型划分

注：外购的电力或热力（即蒸汽）相关排放归入购入它们的领域；在本书中，工业领域包含制造业生产与建筑工程实施两大范畴；原材料或产品运输相关排放归入交通领域，而非工业领域；工业领域排放不包括农业经营或废弃物处理（如垃圾填埋场和污水处理厂）相关的排放，也不包括主要来自油井和天然气管网的逸散排放（如甲烷泄漏）。

资料来源：气候观察，"历史温室气体排放"，2023 年 5 月 22 日；美国能源信息署，《国际能源展望》，2019 年 9 月 24 日。

- **电力**：在全球大部分地区，可再生能源电力的价格已经低于化石能源发电的电价，从而助力电网脱碳。2020 年全球新增发电装机容量中，可再生能源占比高达 82%。[5] 各国可以通过一系列措施来应对可再生能源发电的波动性，使之在电力供应中占据较高份额。相关措施包括利用输电线路实现较大规模的区域互联、制订需求响应计划、部署储能设备等。

相对而言，公众对工业降碳技术的认知度较低，推动工业低碳化转型的政策也不及针对其他领域的政策那样覆盖面广及富有战略性。政策制定者对管制工业领域犹豫不决，往往出于以下两方面原因。一是工业领域的复杂性：一方面，工业企业通过各种工艺生产出数百万种产品；另一方面，工业温室气体排放不仅来自燃料燃烧，还包括过程排放，即温室气体作为生产过程的副产品被排放到大气中。这种复杂性会妨碍决策者准确评估政策的效力和影响。二是由于一些政策要求可能对本土企业的竞争力产生不利影响，决策者对此持谨慎态度。工业领域能够提供高质量的就业岗位，因此，政策制定者不希望产业为了逃避（环境或气候）监管而外迁到其他地区，这种产业转移被称为"泄漏"（见第 9 章）。

所幸，这些挑战并没有想象中艰巨，主要基于以下三个原因：

导言 零碳工业是什么

首先，绝大部分的工业温室气体排放来自少数几个特定行业，因此可以通过优化重点企业的生产流程实现显著的行业减排效果。钢铁、化工和非金属矿物（主要是水泥）这三个高排放行业的工业温室气体排放量占全球总量的59%，工业温室气体排放量最高的前十大行业合计占84%（见图0.2）。

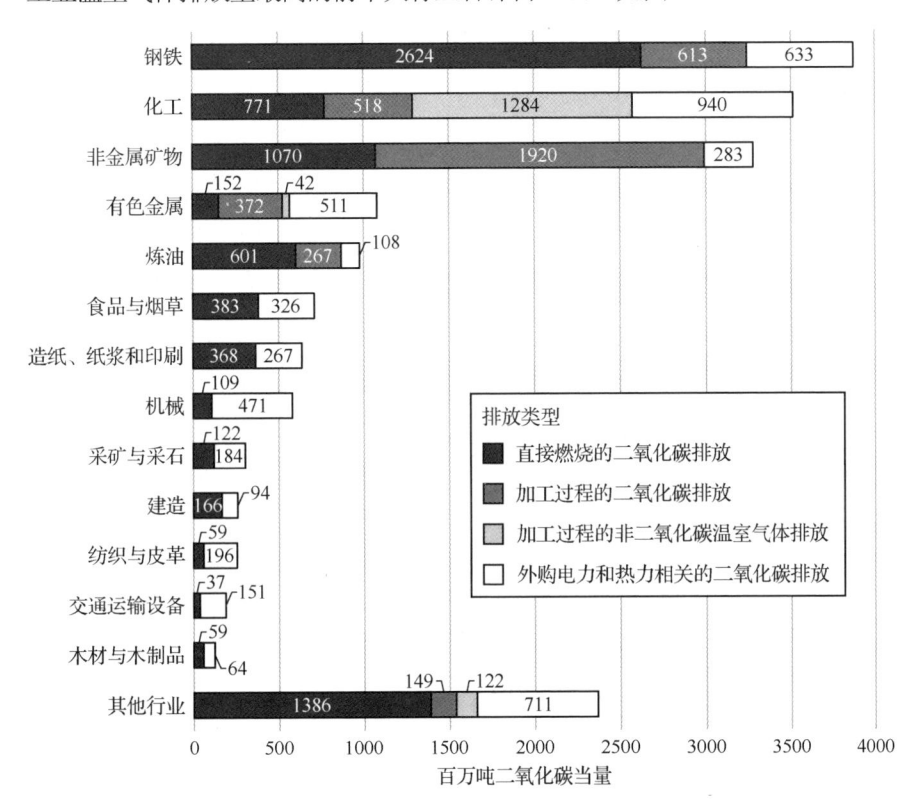

行业	直接燃烧的CO_2	加工过程的CO_2	加工过程的非CO_2	外购电力和热力
钢铁	2624		613	633
化工	771	518	1284	940
非金属矿物	1070	1920		283
有色金属	372	152	42	511
炼油	601	267	108	
食品与烟草	383			326
造纸、纸浆和印刷	368			267
机械	109			471
采矿与采石	122			184
建造	166			94
纺织与皮革	59			196
交通运输设备	37			151
木材与木制品	59			64
其他行业	1386	149	122	711

图0.2 2019年全球温室气体排放量，按行业和排放类型划分

注：加工过程的（二氧化碳和非二氧化碳温室气体）排放是指除燃料燃烧以外的工业活动所产生的温室气体排放；"化工"包括基本化学品和化工产品，如化肥、塑料树脂和合成纤维；"非金属矿物"类别下，水泥占大部分，此外还包括陶瓷（砖瓦）、石灰、玻璃和其他产品；"食品与烟草"包括食品、饮料和烟草产品的加工、烹饪和包装，但不包括相关的农业经营。本图不含来自农业、废弃物（如垃圾填埋场、污水处理厂）的排放和逸散排放（如油气系统、煤矿等的甲烷泄漏）；但图0.1包含了这部分排放。

资料来源：国际能源署，"全球能源平衡数据服务"，2023年4月更新；Johannes Gütschow、Louise Jeffery、Robert Gieseke、Annika Günther，"PRIMAP-Hist 国家历史排放时间序列（1850—2017）"，v.2.1，GFZ 数据服务，2019年；美国环保署（EPA），《全球非二氧化碳温室气体排放预测及减排潜力：2015—2050》，报告编号 EPA-430-R-19-010，华盛顿特区，2019年10月；美国环保署（EPA），"温室气体排放因子信息库"，2023年4月13日更新；美国环保署（EPA），"GHGRP炼油行业产业概况"，2022年11月18日更新；全球变化联合研究所，GCAM 5.1.2，2018年10月15日。

其次，工业排放在地理分布上比较集中。仅中国的工业温室气体排放量就占全球排放总量的45%，工业温室气体排放量最高的前十个国家合计占75%（见图0.3）。这意味着仅这十个国家的政策就可以影响全球四分之三的工业排放程度。如果再考虑到相关政策可以推动加快研发进度、降低技术成本，从而使全球受益，这些（工业温室气体排放密集）地区的决策可能比我们所想的更加具有影响力。此外，如果要向更加清洁的制造业转型，这些地区可能会制定政策，对进口材料和产品生产方式的可持续性提出要求，从而为本土制造商营造公平的竞争环境。提高清洁生产技术的经济性，辅以相关的供应链要求，可以将工业降碳政策的减排效应从政策实施国一路延伸到更多的国家和地区。因此，并不需要逐一推动数以百计的国家分别实现工业低碳化，只需支持少数几个关键国家实现清洁工业转型，就能显著推动全球工业领域的全面脱碳进程。

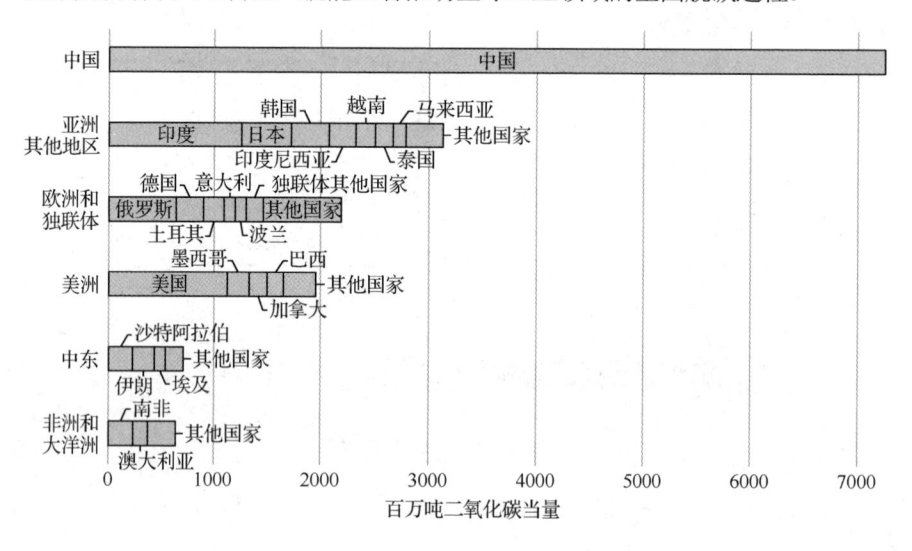

图0.3　2019年各国工业温室气体排放量

注：图中数值包括工业领域燃料燃烧产生的温室气体直接排放量、工业过程的（所有温室气体）排放量，以及与工业领域外购电力和热力相关的温室气体排放量。

资料来源：气候观察，"历史温室气体排放"，2023年5月22日；国际能源署，"全球能源平衡数据服务"，2023年4月更新。

最后，某些技术和方法具有广泛的适用性，能够助益几乎所有的行业进行减排。能源和碳管理技术具有广泛的行业应用前景，这些技术包括能效提升、电气化改造、氢能与可再生燃料替代。还有一些策略也是如此，如材料效率提升、原料替代，以及循环经济（延长产品寿命、增强可维修性和回收利用等）

方面的措施，这些策略可以在减少对工业材料和产品需求的同时，有助于提供同等或更好的服务。这些"放之各行业皆有效"的方法有助于应对工业领域的复杂性，使政策制定者无须深入了解每个行业的所有工艺过程，就能设计出支持性政策。

简而言之，在符合各国净零排放承诺的时间框架内消除全球工业领域的温室气体排放，是完全可以实现的。精心设计且富于战略性的政策，以及针对现有技术和新技术的投资，将是实现这一愿景的关键。

主要内容

本书是一部权威指南，能够帮助读者了解全球工业领域的温室气体排放情况、各类具有成本效益的工业降碳技术，以及能够促使这些技术商业化和大规模推广的政策框架。

第 1 章至第 3 章专门分析三个碳排放量最高的工业领域：钢铁、化工和水泥，具体包括这些行业在何处、如何生产产品，以及当下的制造工艺为何会排放温室气体。这三章还介绍了一些令人振奋的新技术，这些技术有望改变上述高排放行业并使其向可持续的生产方式转型。

第 4 章至第 8 章介绍了对全球工业低碳化至关重要的通用技术，包括能效和材料效率提升；循环经济方面的措施，如延长产品寿命、再制造和循环利用；工业供热电气化；绿氢和其他可再生燃料合成；碳捕集、利用与封存等。这些技术适用于所有行业，包括前三章介绍的三个工业领域。许多行业的部分能源需求仅依靠通用技术就可以满足，而非一定要采用针对该行业的技术。例如，全球工业领域能耗总量中，55%来自工业设施内的燃料燃烧（见图 0.4），一般用于制造蒸汽或为工业过程供热，因此不同行业可以使用相同的低碳技术来满足供热需求。

要实现零碳工业目标，技术只是一方面，制定适宜的政策可以加强清洁技术对投资的吸引力，从而有力推动碳减排。第 9 章至第 11 章阐述了政策框架如何发挥作用，并剖析了关键政策设计的考虑因素——帮助政策在实现其目标的同时避免产生漏洞和缺陷。有力的经济政策包括碳定价、绿色银行及贷款机制、补贴、税收减免、高耗能设备费和节能产品惠民等。同样重要的还有一些非经济政策，包括能效及温室气体排放标准、政府绿色采购项目、研发支持、排放信息披露和标识,以及用于支持循环经济的政策(如关于可维修性或可回收性的标准)等。

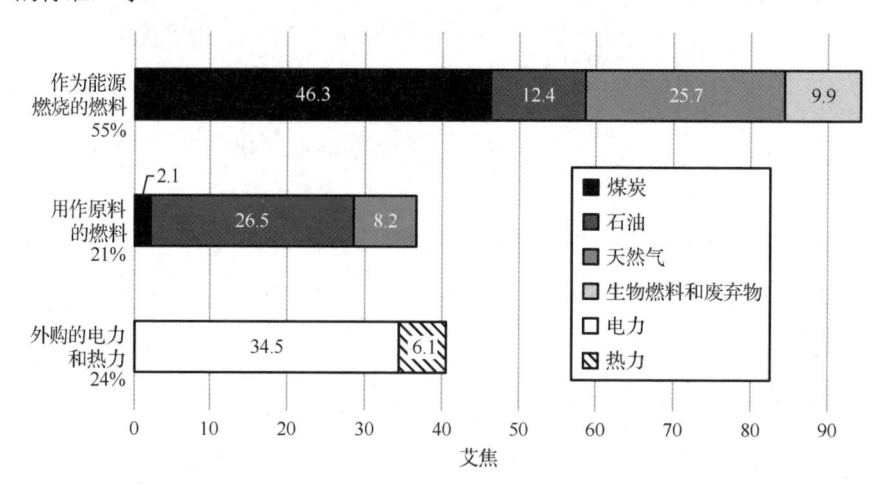

图 0.4　2019 年全球工业能源使用情况

作为能源燃烧的燃料 55%：煤炭 46.3，石油 12.4，天然气 25.7，生物燃料和废弃物 9.9

用作原料的燃料 21%：石油 2.1，天然气 26.5，生物燃料和废弃物 8.2

外购的电力和热力 24%：电力 34.5，热力 6.1

(单位：艾焦)

注：全球工业能耗总量中,燃料的直接燃烧占一半以上,用作原料(即化肥、塑料和沥青等非燃料产品生产过程中涉及的)的化石燃料占另外 21%。

资料来源：国际能源署,"全球能源平衡数据服务",2023 年 4 月更新。

第 12 章探讨了如何确保工业领域的清洁、可持续转型为促进全球公平和人类发展作出贡献,尤其是对于政策制定者而言。适当的产业转型可以缓解收入分配失衡,保护公众健康,扶持弱势群体,同时通过促进经济增长最大限度地降低失业率和通货膨胀水平。

最后,结论部分将前文的观点提炼为一份清洁工业路线图。该路线图将工业转型升级分为三个阶段,并解释了各国在每个阶段应实现的关键目标和应采取的行动。

目前已有很多可以大幅减少工业温室气体排放的成熟技术；针对那些旨在消除剩余的温室气体排放,进而在 2050 年至 2070 年实现零碳工业的技术,也已有清晰的研发计划。政府需制定一系列明确的政策,以确保研发落地、技术得以大规模应用。工业低碳转型将为经济提供持久动力,确保人们在未来拥有宜人的气候环境,并长期造福子孙后代。

第 1 部分

能源和排放密集型行业

第 1 章　钢铁

扫码查看参考文献

钢材是最重要的制造材料之一，在日常生活中随处可见，广泛应用于汽车、高层建筑、风力涡轮机和家用电器等产品。2015—2019 年，全球钢铁产量年均增长率为 3.6%，2019 年达到 18.7 亿吨[1]，其中一半以上用于建筑和基础设施（如桥梁和管道），21%用于各类设备和电器，17%用于车辆，还有 10%用于其他各种金属制品和包装（见图 1.1）。

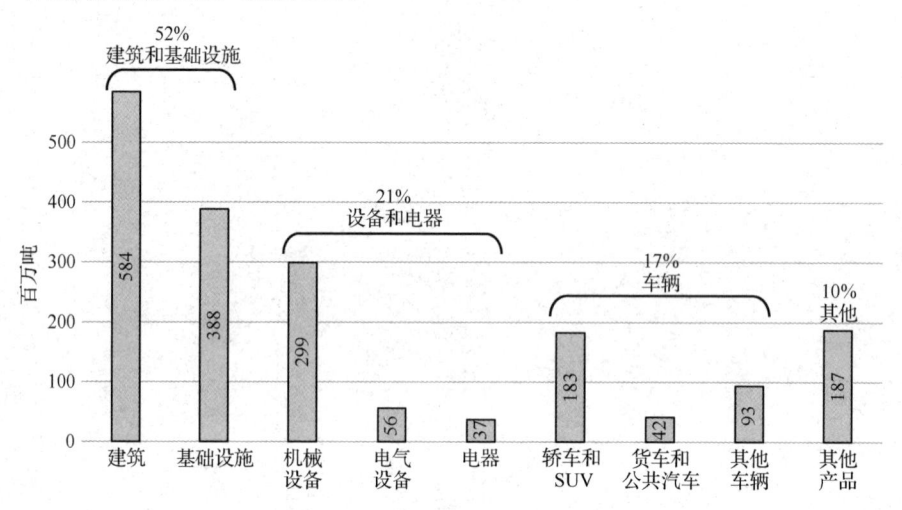

图 1.1　2019 年全球钢铁产量，按用途划分

注：图中"SUV"指运动型多用途汽车；"其他产品"含包装在内。

资料来源：世界钢铁协会，"2020 年全球钢铁数据"，比利时布鲁塞尔，2020 年 4 月 30 日；Jonathan M. Cullen、Julian M. Allwood、Margarita D. Bambach，《绘制全球钢铁流：从炼钢到最终消费品》，《环境科学与技术》，第 46 卷，第 24 期（2012）：13048-13055。

得益于成熟的生产工艺和世界各地丰富的铁矿石储量，钢材具有许多理想的性能，如出色的比强度（强度—重量比）和低廉的成本。钢材分为多个不同的等级，有耐腐蚀的不锈钢、用于制造工具的硬化高碳钢等。虽然在某些情况

第1章 钢铁

下，钢材可以被木材等其他材料替代（详见第5章），但鉴于其用途之广、用量之大、成本之低，在可预见的未来仍将是商品生产和基础设施建设的关键材料。

铁是一种和钢密切相关的材料，既可指化学上的金属元素（Fe），也可以指铸铁——一种含碳量超过2%的合金[2]。钢是一种含碳量不超过2%（通常为0.25%或更低）的铁合金，有时也包含其他金属成分，具体取决于钢的等级。例如，最常见的304不锈钢含有18%~20%的铬和8%~10.5%的镍，因而具有耐腐蚀性[3]。

在19世纪初，低成本的钢材生产工艺出现之前，铁是终端产品中的常用材料。如今，钢已在很大程度上取代了铁。在每年生产的铁水（不包括废钢回收）中，98%用于炼钢，其余用于生产铸铁产品，如炊具和某些机械部件[4]（如果同时考虑铁水和废钢冶炼，炼钢和铸铁产量则分别占95%和5%）。

中国是全球最大的钢材生产国，其粗钢产量占全球总产量的53%（见图1.2）。中国仅有10.4%的钢材是通过电炉冶炼工艺生产的，是全球范围内该工艺占比最低的国家之一。因此，中国在全球钢材生产脱碳中的重要地位不言而喻。其他主要炼钢国家和地区包括欧盟、印度、日本、美国和韩国，产量合计占全球粗钢总产量的23%。

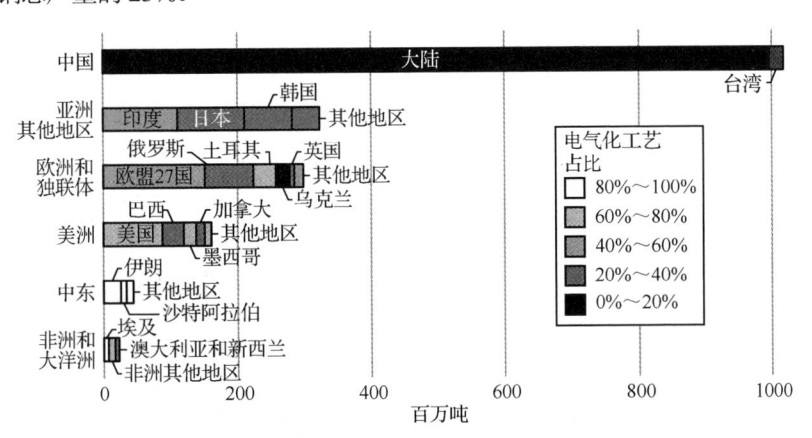

图1.2 2019年粗钢产量，按地区和工艺划分

注：电炉冶炼工艺包括电弧炉和感应炉。非电炉冶炼工艺包括高炉、氧气顶吹转炉和平炉。

资料来源：世界钢铁协会，"2020年全球钢铁数据"，比利时布鲁塞尔，2020年4月30日。

由于熔化矿石和金属铁需要大量热量，因此钢铁行业是一个能源密集型行业。全球约8%的终端能耗用于炼钢[5]。了解当前的炼钢工艺对于寻求高效用能和脱碳技术的解决方案至关重要。

1.1 当前的炼钢工艺

炼钢工艺主要分为两大类：以铁矿石为原料生产初级钢（长流程炼钢）和以废钢为原料生产再生钢（短流程炼钢）。在实践中，这两者的界限较为模糊，初级钢冶炼有时会混入废钢，而再生钢冶炼有时也会在废钢中混入铁水。然而，由于初级钢和再生钢的冶炼工艺路线通常采用不同的技术，对其进行总体区分仍具有意义。

炼钢过程大致可分为三个阶段[6]：

- 原料制备：初级钢的原料包括焦炭、石灰和铁矿石；铁矿石通常采用烧结（熔融）工艺或球团工艺。再生钢的原料包括石灰和废钢。
- 炼铁：对铁矿石进行冶炼以生产铁水（仅适用于初级钢生产）。
- 炼钢：利用生铁或废钢冶炼粗钢。

每个阶段使用的技术各不相同（见图1.3）。

1.1.1 步骤1：原料制备

炼钢的主要原材料包括经加工的铁矿石、石灰、焦炭和废钢。

1. 铁矿石加工

所有钢材的根本来源是铁矿石。铁矿石是一种含有铁氧化物的矿物，其中最常见的是磁铁矿（Fe_3O_4）和赤铁矿（Fe_2O_3）[7]。一些矿山产出的矿石含有较高的铁氧化物，可以经粉碎和烧结制成适合高炉使用的小块矿石（称为"烧结矿"）；另一些矿山产出的矿石铁氧化物含量较低，需要进一步加工，如先将矿石研磨成细粉，然后利用密度差异或磁选法分离出含铁矿物，随后将分离出的细粉制成适合在高炉中使用的球团矿[8]。烧结和球团工艺都涉及高温过程，通常以焦炭或煤为燃料。

此外，一些矿山产出的铁矿石呈"块状"，其铁氧化物含量高，尺寸也适合直接在高炉中使用，因此无须进行烧结或制球[9]。

第 1 章 钢铁

步骤1：原料制备

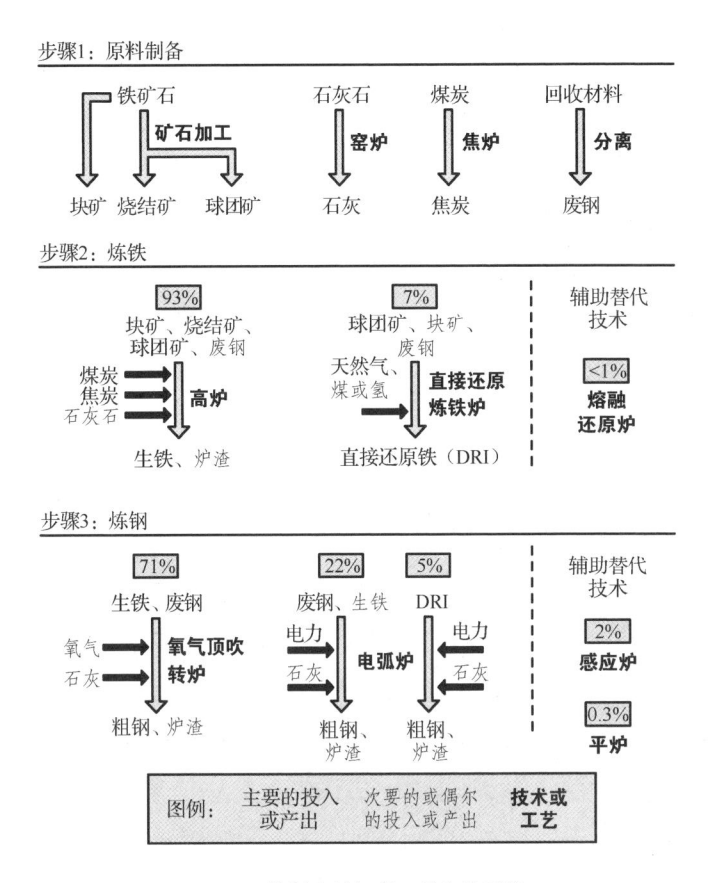

```
铁矿石        石灰石    煤炭    回收材料
 ↓              ↓        ↓        ↓
矿石加工        窑炉    焦炉      分离
 ↓              ↓        ↓        ↓
块矿 烧结矿 球团矿  石灰    焦炭     废钢
```

步骤2：炼铁

```
     93%                    7%            辅助替代技术
块矿、烧结矿、         球团矿、块矿、
球团矿、废钢            废钢
煤炭                   天然气、
焦炭 → 高炉            煤或氢  → 直接还原           <1%
石灰石                                炼铁炉         熔融
                                                    还原炉
  ↓                        ↓
生铁、炉渣              直接还原铁（DRI）
```

步骤3：炼钢

```
   71%              22%         5%       辅助替代技术
生铁、废钢         废钢、生铁    DRI
氧气 → 氧气顶吹    电力 →                   2%
石灰    转炉       石灰  电弧炉  电力       感应炉
                              石灰
  ↓                  ↓         ↓         0.3%
粗钢、炉渣          粗钢、     粗钢、       平炉
                    炉渣      炉渣
```

图例：主要的投入或产出 次要的或偶尔的投入或产出 **技术或工艺**

图 1.3　炼铁和炼钢的工艺和物质流

注：图中仅显示了四种主要炉型的能源和物料投入。灰色框内的百分比表示 2019 年通过每种技术路线生产的铁或钢的比例。

资料来源：世界钢铁协会，"2020 年世界钢铁数据"，比利时布鲁塞尔，2020 年 4 月 30 日；Jonathan M. Cullen，Julian M. Allwood，Margarita D. Bambach，《绘制全球钢铁流：从炼钢到最终消费品》，《环境科学与技术》，第 46 卷，第 24 期（2012）：13048-13055；国际能源署，《钢铁技术路线图》，巴黎，2020 年 10 月 8 日；Zhiyuan Fan，S. Julio Friedmann，《钢铁的低碳生产：技术方案、经济评估和政策》，《焦耳》，第 5 卷，第 4 期（2021）：829-862；洛克伍德-格林技术公司，《替代性炼铁工艺筛选研究，第一卷：摘要报告》，美国能源部，2000 年 10 月。

2. 石灰制备

"石灰"是几种氧化钙混合物的统称。炼铁和炼钢中使用的石灰包括氧化钙（CaO），即生石灰，以及白云石灰（CaO·MgO）。石灰作为一种添加到炉中的助熔剂，可以去除硅、磷和锰等杂质[10]，并与这些杂质结合，形成副产品"炉渣"。炉渣与金属分离后，可以进行商业销售，主要用途是作为颗粒状基础材料或建筑骨料[11]，也可作为水泥生产的原料。

011

生产石灰需要煅烧或加热石灰石（碳酸钙，$CaCO_3$），生成二氧化碳（CO_2）和生石灰（CaO）。将石灰石与铁矿石和焦炭一起加入高炉中，炉内的高温会将石灰石转化为生石灰。氧气顶吹转炉和电弧炉中的情况与高炉有所不同，首先需要在窑炉中加热石灰石，生成生石灰，然后再将生石灰加入转炉或电炉中[12]。直接还原炼铁炉不使用石灰[13]。

石灰生产是水泥行业的核心工艺，而在钢铁行业的碳排放中影响较小。石灰煅烧工艺及其脱碳技术方案将在第 3 章中详细介绍。

3. 炼焦

焦炭是一种多孔的灰色燃料，主要由碳单质组成，由"冶金煤"或"炼焦煤"炼制而成。将煤在焦炉中隔绝氧气并将其加热至 1100℃，（在不燃烧煤炭本身的情况下）促使其挥发性杂质蒸发，即可得到焦炭[14]。

焦炭在高炉中会产生一氧化碳（CO），一氧化碳可将铁矿石还原（脱氧）成为生铁。煤粉可以在一定程度上替代焦炭，但由于还原过程需要高炉内物料有足够的空隙，以便高温的一氧化碳气体能够与炉内所有物料充分接触，因此煤粉的使用受到限制[15]。

电气化技术可以提供焦炭生产中所需的热量，从而实现碳减排（详见第 6 章），但除非采用碳捕集技术（详见第 8 章），否则通过焦炭制造生铁过程中产生的碳排放是无法避免的。因此，完全避免使用焦炭是削减炼钢温室气体排放最有前景的途径之一。

4. 废钢处理

废钢是生产再生钢的主要原料。部分废钢来自钢铁产品生产过程中剩余的钢材，如钢板、钢棒、钢管和钢线，称为"成型废钢"或"加工废钢"。另一重要的废钢来源是"用后废钢"或"报废废钢"，来自不再使用的含钢产品，如旧车辆、旧机械以及拆除后的建筑物和基础设施。这两类废钢在再生钢生产的原料中约各占一半[16]。

成型废钢和加工废钢相对纯净，几乎不需要进一步分离和提纯。然而，用后废钢中的钢材常与塑料、铜等其他材料混合，需要进行分离处理。许多钢材等级对铜杂质含量有严格限制，而用后废钢中的铜既难以分离，也难以准确测定含量[17]，因此铜是特别棘手的杂质。目前，人们正在探索采用多种技术来加强用后废钢中的铜分离,如粉碎和磁选、反应蒸镀、硫化渣法、氨浸出、真空蒸馏和真空电弧重熔等[18]。在去除杂质的基础上,钢企通常还会在废钢中加入生铁,以进一步降低杂质含量,确保其符合原料要求。在全球范围内,再生钢生产中废钢和生铁的平均投入比例分别为89%和11%[19]。

1.1.2 步骤2：炼铁

利用化学方法从铁矿石中提取出金属铁的过程称为"熔炼"或"炼铁",这是初级钢生产的关键步骤。再生钢生产通常不涉及炼铁,但如前所述,炼铁在为废钢提供少量生铁以降低其杂质含量的情况中仍有应用。

1. 高炉炼铁

在各种炼铁技术中,高炉炼铁工艺占据主导地位,其铁产量占当今炼铁总量的93%（见图1.3）。高炉-氧气顶吹转炉（即"转炉"）工艺的产钢量占全球粗钢产量的71%[20]。在高炉-转炉工艺路线下（见图1.4）,高炉炼铁约占钢铁生产相关碳排放量的70%。在钢铁行业碳排放总量中,高炉炼铁约占一半（见图1.3）。

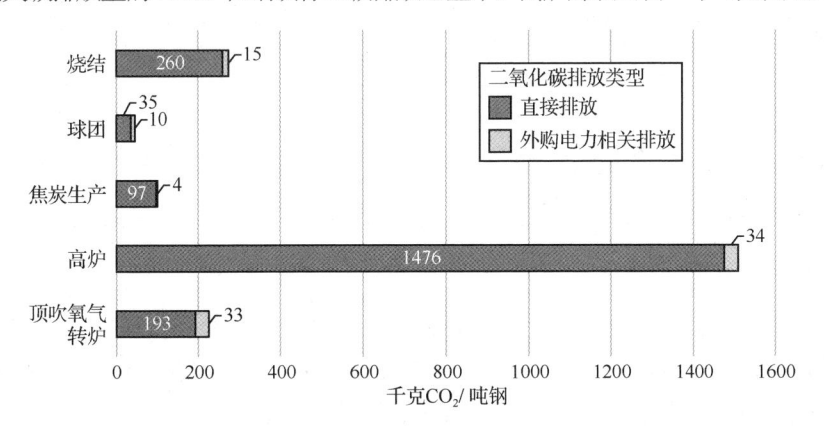

图1.4 高炉-转炉工艺路线中各环节的二氧化碳排放量

注：图上数值反映全球平均值,并可在五个步骤之间进行加总,但单座高炉可能只会使用烧结矿和球团矿二者之间的一种,而不是两者兼用。外购电力相关排放量采用了2019年的美国平均排放因子,即每兆瓦时417千克二氧化碳。

资料来源：Zhiyuan Fan, S. Julio Friedmann,《钢铁的低碳生产：技术方案、经济评估和政策》,《焦耳》,第5卷,第4期（2021）：829-862。

高炉,其外形一般是垂直的圆柱体,可连续生产铁水。在生产过程中,铁矿石、石灰石和焦炭等（统称为"炉料"）从炉顶装入高炉,同时将经过预热的空气(称为"热风")和煤粉从靠近炉底的位置喷入炉内[21]。炉内温度可达1400~1500℃，接近铁和钢的熔点。

在高炉中，热风中的氧气与焦炭反应生成一氧化碳（$O_2+2C \rightarrow 2CO$）。随后，一氧化碳还原铁矿石（使其脱氧），得到液态金属铁并生成二氧化碳（以赤铁矿为例：$Fe_2O_3+3CO \rightarrow 2Fe+3CO_2$）。同时，石灰石转化为生石灰并释放出二氧化碳（$CaCO_3 \rightarrow CaO+CO_2$），生石灰与二氧化硅等杂质反应形成炉渣。

铁水和炉渣不断从高炉底部铁口排出，高炉煤气（又称"炉顶煤气"）则从炉顶被收集。高炉煤气是高炉炼铁的另一种副产品，由约55%的氮气（N_2）、20%的二氧化碳（CO_2）、22.5%的一氧化碳（CO）和2.5%的氢气（H_2）组成[22]。后两种成分是可燃气体，通常在钢厂内燃烧以获得能量。

因此，高炉有三种机制产生二氧化碳：燃烧化石燃料供热、利用焦炭还原铁氧化物及煅烧石灰石。这使得高炉工艺难以彻底脱碳。零碳钢铁生产路线通常涉及高炉工艺的替代工艺。

2. 直接还原炼铁

尽管高炉炼铁是当前主流的生铁生产工艺，另一种工艺也已经实现了大规模商业化应用。全球约7%的铁产量是通过直接还原炉生产的"直接还原铁"（direct reduced iron，DRI），也称为"海绵铁"（见图1.3）。DRI工艺至少有11种形式，其中最重要的是MIDREX（占全球DRI产量的61%）、回转窑（24%）和HYL（13%）[23]。本节将介绍这些DRI工艺的通用特性。

直接还原炉的炼铁原料为球团矿或块矿，燃料为煤或天然气，炉内温度为1100℃左右，远低于铁或钢的熔点。因此，将铁矿石还原成金属铁的过程是在固相中进行的[24]。由于在固态下无法去除杂质，直接还原炉需要纯度相对较高的铁矿石（且无须添加石灰作为助熔剂）[25]。

除作为燃料外，部分天然气或煤可形成"合成气"，其主要成分为一氧化碳（CO）、氢气（H_2）和二氧化碳（CO_2）。在将铁矿石还原成金属铁的过程中，CO和H_2发挥的作用类似[26]。一氧化碳在此过程中会转化为二氧化碳，氢气则转化为水蒸气。

DRI工艺产出的直接还原铁为多孔灰色球块或铁锭，化学成分与生铁相似；其强度较低，表面积较大，易生锈和燃烧，因此需要进一步加工才能使用。目前，几乎所有的 DRI 都用于电弧炉炼钢，少量的 DRI 会加入高炉或转炉[27]。钢铁企业通常有自己的直接还原炉，在某些情况下，未冷却的 DRI 会直接送入电弧炉，以节省能源；在其他情况下，DRI 会在超过 650℃的高温下被压制成高密度坯块，形成"热压块铁"（Hot Briquetted Iron，HBI），这种形式的 DRI 反应活性较低，更适合销售和运输[28]。

2019 年全球 DRI 产量为 1.08 亿吨，其中一半以上来自印度（3400 万吨）和伊朗（2900 万吨）。其他主要的 DRI 生产国包括俄罗斯（800 万吨）、墨西哥（600 万吨）和沙特阿拉伯（600 万吨）[29]。印度的直接还原炉使用 80%的煤和 20%的天然气，而伊朗则完全使用天然气[30]。DRI 的主要成本来源于原料，包括高品位铁矿石、天然气或煤。美国很少使用 DRI 工艺，因为它曾经是成本最高的炼钢方案之一[31]。但随着 19 世纪 10 年代页岩气开采量的增长，天然气价格下跌，这一情况可能正在改变。例如，2020 年矿石和钢铁生产商 Cleveland-Cliffs 建造了一座年产能为 190 万吨的 DRI 工厂，成为美国五大湖区的第一座 DRI 工厂[32]。

煤基直接还原炉每生产 1 吨 DRI 将产生 1048 千克的 CO_2 直接排放量（约为高炉排放量的 70%），而气基直接还原炉每生产 1 吨 DRI 的 CO_2 直接排放量为 522 千克（约为高炉排放量的 35%）[33]。高炉只能使用氢气含量较低的合成气，而直接还原炉则可使用纯度高达 100%的氢气，无须天然气或煤作为还原剂[34]。氢基 DRI（随后使用电弧炉炼钢），辅以零碳供热，是生产零碳初级钢材的一个极具前景的方案。

3. 熔融还原炼铁

熔融还原是一种两阶段工艺：固体铁矿石首先在预还原装置中被还原，生成类似于 DRI 的中间产物；然后在熔融还原装置中进一步被还原，形成铁水，过程中产生的热还原气被回送至预还原装置[35]。熔融还原法在商业应用中的普及程度较低。

1.1.3　步骤 3：炼钢

炼钢是将铁水（或 DRI）转化为钢（"初级钢冶炼"）或将废钢转化为钢（"再生钢冶炼"）的过程。目前，氧气顶吹转炉和电弧炉是最常用的炼钢设备，感应炉和平炉的应用较少。

1. 氧气顶吹转炉（转炉）炼钢

转炉工艺是最常见的初级钢冶炼方法，占全球粗钢产量的 71%（见图 1.3）。转炉运行时，炉内装入约 20%~25% 的废钢和 75%~80% 的铁水[36]。铁水中含有约 6% 的杂质，如碳、锰和硅[37]。向炉内加入石灰助熔剂后，利用氧枪（一根长金属管）迅速将纯氧注入熔池中。氧气与杂质发生反应，将硅和锰转化为液态炉渣，并将碳转化为 CO（90%）和 CO_2（10%）[38]。这些氧化反应产生大量的热量，因此无须燃烧燃料或使用外部热源来维持转炉的温度[39]（事实上，将废钢作为炉料加入转炉，是为了吸收部分热量，以防止炉内温度过高[40]）。钢厂通常会将这一过程中产生的废气收集起来，除去粉尘后再燃烧其中的 CO 供能，这会产生更多的 CO_2。

转炉的 CO 和 CO_2 排放来自铁水脱碳的过程。典型转炉每生产 1 吨钢会直接排放 193 千克的 CO_2，仅为高炉相关排放量的 13%（见图 1.4）。然而转炉通常与高炉紧密结合，组成长流程系统，这意味着转炉可以直接接收来自高炉的铁水显热（以节省能源），并且系统中的物料化学成分可以进行协同优化[41]。

由于转炉无须燃烧化石燃料，要使其脱碳，必须解决铁水去除碳杂质过程中的排放问题。如果铁矿石品位较高，可用于冶炼碳含量较低的直接还原铁，从而在随后的电弧炉炼钢过程中排放较少的 CO_2（但并非零排放，见图 1.5）。而如果要在使用较低品位铁矿石的同时实现零 CO_2 排放，则可考虑为高炉或转炉配备碳捕集装置（详见第 8 章）。此外，使用新技术完全避免高炉—转炉炼钢路线的方案将在本章后续部分讨论。

2. 电弧炉（电炉）炼钢

电弧炉通常用于利用废钢或直接还原铁生产再生钢，该过程中会向炉内加入一些产自高炉的生铁，以稀释废钢中的杂质，提高出钢质量。在全球范围内，电炉的金属原料中有 76% 是废钢，14% 是直接还原铁，10% 是生铁[42]。

电炉熔炼的炉料经预热后置于炉底。炉顶通常有一个或多个孔，供长石墨电极插入炉内[43]。使用三相交流电的电炉需要三根石墨电极，而使用直流电的电炉仅需一根石墨电极作为阴极，阳极则内置在炉底，位于炉料下方。直流电炉比交流电炉节能约 5%[44]。

电极的下降由液压系统控制。先向阴极施加适度的压力，直到电极下端插入废料中。上述操作完成后,电弧便不会损坏炉壁或炉顶,因此可以提高电压[45]。此时,会在电极和废钢之间形成类似闪电的电弧(在直流电炉中,电弧的形成是从石墨电极经废钢到炉底阳极的)。电弧的辐射能和废钢自身的电阻都会对废钢进行加热。随着废钢或钢液高度的变化,以及电极因氧化或升华而消耗,或因与废钢接触造成机械损坏而出现磨损,电极的高度需要经常调整[46]。

电极位于电炉中心附近,因此此处的钢水温度最高,而靠近炉壁的钢水温度则较低。为了均匀钢水温度(并减少耗电量),自20世纪90年代中期以来,电弧炉的炉壁周围通常会设置若干天然气燃烧装置和氧枪[47]。通常而言,电炉每生产1吨钢平均需要消耗533千瓦时(1.9吉焦)的电力和10.5立方米(0.4吉焦)的天然气(基于德国2007年的数据)[48],因此天然气占电炉能源投入的17%。

电弧炉并非完全没有碳排放,其过程涉及三个直接排放源。首先,炉料含碳,并且为了控制炉内反应,可能还会向炉中额外添加碳,该类排放源产生的碳排放约为每吨钢73千克CO_2[49]。其次,电炉周围的天然气燃烧装置会产生每吨钢20千克CO_2的排放量。最后,石墨电极的消耗会产生每吨钢11千克CO_2的排放量(见图1.5)。如此一来,电炉每生产1吨钢会产生104千克CO_2的直接排放量,约为高炉排放量的7%。此外,电炉炼钢还涉及与外购电力发电相关的间接排放,但随着电力领域进一步脱碳,或钢厂采用就地生产的清洁电力,这部分排放量将会减少。

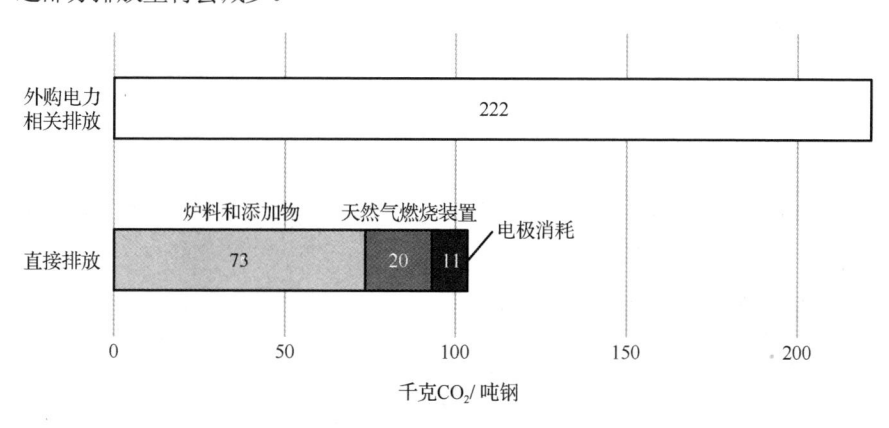

图1.5 电弧炉二氧化碳排放量及其分类

注:外购电力相关排放量采用2019年的美国平均排放因子,即每兆瓦时417千克CO_2。

资料来源:Marcus Kirschen, Victor Risonarta, Herbert Pfeifer,《能源效率和气体燃烧器对钢铁工业电弧炉与能源相关的二氧化碳排放的影响》,《能源》,第34卷,第9期(2009):1065-1072;IPCC,《2006年IPCC国家温室气体清单编制指南》,"工业加工和产品使用——金属工业排放",第3卷(2006)。

当今几乎所有的合金钢（如不锈钢）都是由电弧炉生产的[50]，冶炼过程中会向炉料中加入合金元素（如不锈钢中的铬和镍）。不过，小型制造商在生产合金钢时，尤其是生产需求量较小的特种合金时，也会使用感应炉，详见下文。在20世纪初电弧炉出现之前，一些铁合金是通过高炉生产的，但高炉无法生产低碳合金，也无法冶炼亲氧性比铁更强的元素的合金[51]。

某些合金钢（包括不锈钢、硅钢、工具钢和钴合金钢）在经过电弧炉或感应炉处理后，还需进行二次精炼，如吹氩、脱氧、脱碳等操作，以进一步降低碳、硫和其他杂质的含量[52]。

3. 感应炉炼钢

与电弧炉一样，感应炉也以电力驱动，并使用废钢生产再生钢。感应炉不通过电弧加热，而是利用炉壁内的感应线圈加热炉料（电磁感应相关内容详见第6章）。电磁作用会产生自然搅拌效果，有助于钢液的均匀混合。由于感应炉占地比电弧炉小，设备成本较低，因此对小规模生产商和小批量特种合金钢的生产具有吸引力。例如，截至2015年，中国有五百多家不锈钢生产商，其中包括许多使用感应炉的小型生产商[53]。

在普通（非特种合金）钢材的生产中，感应炉与电弧炉相比有以下三个缺点：

- 感应炉的能效较低[54]。
- 感应炉的年产能较低（通常为每年5万至10万吨，而电弧炉的年产能超过20万吨）[55]。
- 感应炉钢的质量可能较低。中国的经验表明，感应炉无法有效控制钢液成分，并且使用感应炉的企业往往缺乏好的精炼和质量检测设备，这可能引发建筑和钢铁产品的安全问题，尤其是在感应炉钢材被当作优质钢材出售的情况下[56]。因此，中国于2017年禁止在钢铁生产中使用感应炉，但铸钢以及特种合金和不锈钢的生产仍是例外[57]。

目前只有少数几个国家仍在使用感应炉。印度约有一半的电炉炼钢产能来自感应炉（约3100万吨），占全球粗钢产量的1.7%[58]。若将伊朗、孟加拉国、越南、巴基斯坦和沙特阿拉伯的感应炉产能计算在内，全球感应炉产能占比为2.2%[59]。

中国还有一些非法运行的感应炉，据估计，这些感应炉在 2017 年的产量为 3000～5000 万吨[60]。印尼、马来西亚、菲律宾和泰国的钢铁行业也可能存在少量非法运行的感应炉[61]（官方统计数据中不包含这部分非正式产量，因此本章引用的数据也未计入这些产量）。

4. 平炉炼钢

平炉是一种过时且低效的转炉替代设备。这类设备基本已被淘汰，仅有少数还在使用，主要集中在乌克兰。2019 年平炉钢产量仅占全球粗钢产量的 0.3%[62]。

1.2 对现有技术的逐步改进

对现有炼铁和炼钢技术的逐步改进有望减少温室气体排放。由于技术改进的减排潜力有限，仅靠技术提升无法使钢铁行业完全脱碳，但在一些突破性技术得到大规模推广应用之前，它可以帮助减少现有设备的碳排放。

1.2.1 对高炉中焦炭的替代

煤炭。高炉中使用的焦炭可以部分替代为粉煤或粒煤，以降低焦炉炼焦所产生的能耗、碳排放和成本[63]。然而，这并不能减少高炉本身的碳排放。

氢气。高炉的主要还原剂是由焦炭产生的 CO。作为替代性方案，可以将氢气（H_2）与热风一起喷入高炉，利用 H_2 对铁矿石进行还原，从而减少焦炭的使用。然而，在 CO 和 H_2 的混合气体中，H_2 的最佳比例仅为 5%～10%。H_2 过多会导致还原反应总体为吸热反应，进而影响炉内的化学反应[64]。

向高炉中喷入 H_2 可减少约 21% 的 CO_2 排放[65]。钢铁制造商蒂森克虏伯（ThyssenKrupp）在 2019 年宣布，他们是世界上第一家在高炉中进行喷吹 H_2 试验的企业，实现了高达 20% 的 CO_2 减排率[66]（H_2 在直接还原炉中具有更大的替代潜力，相关内容详见后文）。

1.2.2 增加钢材回收利用

钢铁工业的大部分碳排放来自初级钢生产（尤其是高炉炼铁）。基于废钢的再生钢生产主要依靠电力，且所需能源仅为初级钢的 26%[67]，因此排放量要低得多。然而，再生钢取代初级钢的规模受限于可用的废钢资源量。钢材主要用于建筑和桥梁等使用寿命较长的产品，而在一批钢材从新钢变成废钢的过程中，市场对钢材的需求仍在不断增长，因此钢材的需求量远远超过废钢的供应量。

全球钢材回收率为 70%~80%，而美国的回收率为 80%~90%[68]（包括城市固体废弃物及其他来源的钢材，如成型和加工废钢、拆除的建筑物和报废车辆中的废钢等。其中，城市固体废弃物的钢材回收率较低，见图 5.5）。然而，即使将全球钢材回收率从 75%提高到 100%，再生钢的市场份额也只会增加约三分之一，从 22%增加到 29%。因此，要实现钢铁行业零排放，必须降低初级钢生产的碳排放。

除废钢资源的供应量外，废钢的质量也存在挑战。详见本章前文关于废钢处理的内容。

1.2.3 使用生物燃料

生物炭和烘焙生物质（在缺氧条件下加热到 250~400℃的生物质）是与焦炭和煤类似的高碳燃料，可在炼铁和炼钢过程中部分替代这些化石燃料。然而，生产满足工艺所需物理性质（硬度、纯度、反应性等）的生物燃料较为困难，这限制了在不影响产品质量的前提下，生物燃料在高炉中的最大使用比例。生物燃料的占比上限目前尚无定论，数据显示其值一般为 20%~40%。巴西的一些小规模生产商已实现了 100%的生物燃料使用[69]。在直接还原炉中使用生物质替代煤炭，相比在高炉中更加容易实现。印度和印度尼西亚的一些 DRI 生产商已经实现了 100%的替代率，但在大范围推广前，仍需进一步试验来验证其有效性[70]。

另一类问题是，这些高碳生物燃料的生产从全生命周期的角度来看可能不是碳中性的，并可能引发土地利用变化（如砍伐森林等）。此外，一些主要的钢铁生产国（如日本、韩国等）可能无法获得足够的生物燃料。关于可持续开发生物质及此类能源的碳中性讨论，详见第 7 章。

1.2.4 电弧炉工艺改进

撤换天然气燃烧装置。如前所述，现代电弧炉在炉子周围使用天然气燃烧装置，以确保炉内废钢或钢液受热均匀并减少耗电量。要使电弧炉工艺完全脱碳，就必须撤去天然气燃烧器，或利用其他技术对其进行替代，如采用感应炉在炉壁附近加热炉内金属。

采用惰性阳极。如前所述，电弧炉利用石墨电极导电。在使用过程中，石墨会与空气中的氧气发生反应形成 CO_2，慢慢消耗电极。而惰性阳极不会分解或产生 CO_2 排放。理想的惰性阳极材料必须具有导电性、耐高温、耐机械损伤和磨损，因此很难找到合适的材料。相比钢铁行业，铝业对电极的使用更为广泛，因此在惰性阳极材料开发方面更为领先[71]。

1.3 初级钢生产的零碳工艺

上一节介绍了相对而言只能适度减少温室气体排放的工艺改进方法。本节将讨论区别于现有工艺并有望实现初级钢零排放的工艺。

1.3.1 氢基 DRI+电弧炉

如前所述，目前在技术上最成熟的零排放初级钢生产工艺需要通过直接还原炉实现。与高炉不同，直接还原炉可以氢气作为还原剂和热源。使用天然气的直接还原炉无须改造即可接受高达 30%的氢气，稍加改造后更是可以完全使用氢气[72]。为了实现温室气体零排放，该工艺使用的氢气必须是以可持续方式生产的，如使用零碳电力电解水（第 7 章会对零碳氢气的生产、运输和储存进行介绍）。随后将生成的直接还原铁送到电弧炉中炼钢。

如今绿氢供应有限，但直接还原炉可以使用纯天然气或天然气与氢气的混合物，因此，钢铁制造商可以先建造使用天然气的 DRI 工厂，在（未来）绿氢充足时使其向绿氢转型。与持续燃煤的高炉相比，此举不仅可以实现立竿见影的碳减排，还能为绿氢提供市场，并有助于避免资产搁浅（为实现气候目标而须使用在寿命到期前退役的高炉资产）。

电解（水）制氢-DRI-电弧炉工艺路线的总体能源需求为 3.5 兆瓦时/吨钢（12.6 吉焦/吨钢），其中，制氢电解槽消耗约占三分之二，其余大部分为电弧炉用能。相比之下，传统的高炉-转炉工艺路线能耗为 13.3 吉焦/吨钢，几乎全部是煤和焦炭消耗[73]。

如前所述，高炉可以使用低品位铁矿石，但直接还原炉需要铁含量至少为 66%的高品位铁矿石[74]（鉴于磁铁矿和赤铁矿的理论含铁量分别为 72%和 70%，

66%的铁含量意味着铁矿石的杂质很少）。虽然天然存在的高品位矿石储量有限，但矿石供应商可以通过破碎和磁选或重选等方式提高低品位矿石（含铁量为20%～40%）的含铁量，从而生产出直接还原（direct reducted，DR）级铁矿[75]。因此，天然高品位矿石的供应并不会成为DRI生产的硬性约束，但矿石供应商必须投资扩大自身的DR级矿石产能，以满足日益增长的DRI需求。

HYBRIT项目由矿石开采公司LKAB、钢铁制造商SSAB、电力公司Vattenfall和瑞典能源署合作开展，旨在实现氢基DRI技术的商业化[76]。上述公司于2020年8月在瑞典吕勒奥建成了一家试点工厂，并于2021年开始小规模交付零碳钢[77]。他们正计划在瑞典耶利瓦勒（Gällivare）建造一座工业规模的示范工厂，预计于2026年完工。该厂（预计）最初每年可生产130万吨零排放DRI，到2030年将扩大到每年270万吨[78]。SSAB公司计划将其所有的初级钢生产（线）转化为HYBRIT，并逐步淘汰化石燃料在其他方面的使用，从而在2045年之前完全脱离化石燃料[79]。

钢铁制造商安赛乐米塔尔（ArcelorMittal）也在开发氢基DRI生产工艺，并正在其位于德国汉堡的DRI-电弧炉工厂中开展100%氢气还原试验，同时还计划在敦刻尔克、不来梅和艾森赫滕施塔特等六座城市新建氢基DRI工厂[80]。在零碳氢气变得价格适宜、供应充足之前，这些工厂将使用天然气或甲烷重整（可能会配备碳捕集装置）制取氢气。不来梅和艾森赫滕施塔特的工厂将成为德国"清洁氢海岸线"项目的一部分。该项目计划到2026年为德国北部沿海地区提供400兆瓦的电解制氢能力和储氢设施[81]。在企业层面，安赛乐米塔尔公司计划到2050年实现净零排放[82]。

其他拥有氢基DRI项目的公司包括中国河钢集团（与意大利公司Tenova合作）、SalzgitterAG公司（SALCOS项目）和DRI技术供应商MIDREX[83]。

1.3.2 电解铁矿石

电解是指利用电流将化合物分解为其组成元素（的单质）。金属在自然界中通常会与氧等其他元素相结合，并以矿石的形式存在。对于某些金属（尤其是铝、锂、钠和镁）而言，通常可以采用电解法从其化合物中提取金属原子，从而生成金属单质。然而，电解法并不是传统的制铁方法。

电解铁矿石制铁为替代高炉和直接还原炼铁工艺提供了可能。目前正在开发的两种电解方法为水基电解质电解和熔融氧化物电解。

在水基电解质电解制铁（又称"电沉积"）工艺中，先将精细研磨后的铁矿石与碱性或酸性水溶液混合，再将电极插入溶液中，使电流在电极之间流动。氧气在阳极附近形成，而金属铁颗粒则沉积在阴极上[84]。将这些铁颗粒收集起来并熔化，就能形成高纯度的铁锭[85]。该技术已在实验室规模上得到验证，可从铝土矿渣中提取铁。铝土矿渣是一种铝工业废料，其铁元素含量为30%～45%[86]。

SIDERWIN 是一个由十余家欧洲公司和大学组成的联合体，由钢铁制造商安赛乐米塔尔牵头，是推动水基电解质电解制铁技术商业化的一支重要力量。截至 2021 年，该联合体在安赛乐米塔尔公司位于法国迈济耶尔莱梅斯（Maizières-lès-Metz）的厂址建造了试点工厂，以便将该工艺推广到大规模生产中。美国初创公司 ElectraSteel 也在牵头开展另一项相关工作[87]。与氢基 DRI 相比，水基电解质电解制铁在技术上还不够成熟，但其可以利用含铁量较低的原料（铁矿石），并且能够在低至60℃的温度下运行[88]。

在熔融氧化物电解制铁工艺中，先将铁矿石和一系列非铁氧化物（如氧化硅、氧化铝和氧化镁）的混合物共同加入电化学电池装置中，再利用电力将装置加热至1600℃左右，使非铁氧化物转化为熔融电解质。随后将惰性阳极插入电解质中。此时，导电的电池装置底板可作为阴极。对电池装置通电，可使铁矿石分解为氧气（在阳极附近产生）和铁水（沉积在阴极表面）[89]。

熔融氧化物电解炼铁工艺来自美国国家航空航天局的相关研究，最初用于从月球土壤中获取氧气和金属[90]。一些机构开展了关于将熔融氧化物电解用于炼钢的独立研究，包括欧洲"超低 CO_2 炼钢"（ULCOS）项目中的部分内容，以及麻省理工学院开展的相关研究[91]。麻省理工学院的研究人员成立了一家项目衍生公司——波士顿金属公司，用来对该技术进行商业化。在该公司的工艺流程下，每生产 1 吨钢耗电 4 兆瓦时，比氢基 DRI-电弧炉工艺的 3.5 兆瓦时/吨钢高出 14%[92]。波士顿金属公司计划在2026年将该技术投入商业应用[93]。

1.4 用于助力碳捕集的二氧化碳提纯方法

其他有助于初级钢生产脱碳的重要方法包括碳捕集，以及捕集后的利用或封存。碳捕集技术可应用于许多行业，将在第 8 章中详细介绍。然而，一些专门适用于钢铁行业的技术方法可以通过提高废气中的 CO_2 浓度来促进碳捕集。这些技术都涉及全氧燃烧——使燃料与氧气而非空气发生（燃烧）反应，以防废气中混入氮气（降低 CO_2 浓度）。以下是三个典型的例子。

HIsarna 是由欧洲 ULCOS 项目、塔塔钢铁公司和力拓矿业公司共同开发的一种改良型高炉。运行时，将经预热的粉煤从炉底加入，同时将铁矿粉和氧气从反应炉顶部注入，形成湍流气旋。气旋使铁矿石与一氧化碳的接触时间延长，并开始进行铁矿石还原。铁矿石熔化后落入炉底，与煤粉（继续）反应，完成从铁矿石到金属铁的转化。HIsarna 能够减少一些预处理步骤（焦化和烧结/球团），并且较传统的高炉—转炉工艺路线可减少约 20%的碳排放。由于 HIsarna 使用纯氧助燃，因此废气中不含氮气，有利于碳捕集，（捕集后）可使总体二氧化碳减排率达到 80%[94]。塔塔钢铁公司位于荷兰艾默伊登（Ijmuiden）的一家 HIsarna 试点工厂目前年产钢 6 万吨；该公司还计划在印度 Jamshedpur 建立一个更大的 HIsarna 工厂（年产能 100 万吨）[95]。

在采用炉顶煤气循环技术的高炉中，炉底鼓入的气体从空气变成了纯氧（从而去除了原本存在于炉顶煤气流中的氮气）。通过捕获的方式去除炉顶煤气中的 CO_2，再将剩下的 CO 和 H_2 送回高炉用于还原铁矿石，可以减少焦炭的使用。自 2007 年以来，矿石供应商 LKAB 已对该技术的若干方案进行了小规模试验，表明炉顶煤气循环技术使 CO_2 排放量减少了 22%~26%，而配合碳捕集则能使减排率达到 76%[96]。

直接还原炉也可采用这一技术——纯氧燃烧，去除 CO_2，并利用循环烟气还原铁[97]。目前已有一家采用碳捕集技术的工业级规模 DRI 工厂——位于阿联酋阿布扎比的 AlReyadah 工厂。该工厂于 2016 年开始运行，每年捕集 80 万吨 CO_2 用于提高石油采收率[98]。由于高炉碳捕集尚未实现商业化应用，因此 AlReyadah 目前是世界上唯一配备大型（年捕集 CO_2 超过 50 万吨）碳捕集设备的钢厂[99]。

1.5 实现零碳钢铁生产

在本章所述技术的基础上，可规划出一条高效的零碳钢铁生产之路。通过提升废钢回收率、分离杂质，并在电弧炉中循环利用废钢，这些将为全球零碳钢铁生产做出重要贡献。然而，由于可回收废钢资源有限，这类方法能够满足的钢铁需求不到全球总需求量的一半。因此,推动初级钢生产的脱碳转型成为必然要求。

氢基直接还原炼铁是技术上最成熟的路径,应被视为绿氢的优先用途之一(详见第 7 章)。同时,水基电解质电解制铁和熔融氧化物电解炼铁等无氢工艺也应得到支持和推广。各国应避免新建高炉,但对于新近建成且预计将持续运行数十年的高炉,改造并加装碳捕集设备是理想的选择(详见第 8 章)。全球超过 75%的高炉产能来自运行时长不满 17 年的设备[100],因此,大部分现有高炉适合进行碳捕集改造。对于未配备碳捕集装置的高炉,应在确保清洁产能替代其生产的情况下尽早淘汰。

数十年后,即便配备碳捕集装置的高炉也将达到退役年限,届时应采用氢基直接还原铁、熔融氧化物电解或水基电解质电解工艺替代。通过材料效率提升、材料替代和循环经济措施(详见第 5 章),可以减少对初级钢材的需求,从而加速钢铁工业的整体转型。这些措施可迅速推动全球钢铁生产向零碳转型,最大限度地减少现有炼钢设备的提前退役,并尽量降低对全球钢铁供应和价格的影响。

第 2 章　化工

扫码查看参考文献

化工行业是全球最重要的行业之一，占全球终端能源消费的10%，其生产的化学品支撑着食品供应、交通和通信系统以及人们日常生活的方方面面[1]。该行业产量最大的两种产品是化肥和塑料，按重量计，分别占行业总产量的三分之一和40%[2]；其中塑料的用途尤为广泛，可用于制造商品包装和服饰合成纤维等各种各样的产品。

化工产品有各种分类方法，以下是美国化学理事会使用的一种[3]：

- **基础化学品**，其产量很大，常用于进一步生产其他行业的产品。基础化学品可细分为以下几类：

  ○ 氨和石化产品，即目前通常使用化石燃料作为原料或化学前体的化学品。相关内容在下一节进行讨论。

  ○ 部分石化产品的衍生化工产品也属于"基础化学品"类别，如构成塑料的树脂，以及纺织品中使用的尼龙和涤纶等合成纤维。

  ○ 无机基础化学品，包括硫酸、氢氧化钠等化合物，氯气、氧气和氩气等纯气体（又称"工业气体"）。无机化学品可用来制造更加复杂的下游化学品，或出售给其他行业，供炼钢和电子制造等工业过程使用。

- **农用化学品**，包括化肥、除草剂和杀虫剂等。

- **特种化学品**，是指通常用于特定行业、价值较高的化学品，例如催化剂、黏合剂和密封剂、涂料（如搪瓷）、染料、水处理化学品和燃料添加剂等。

- **消费品**，包括肥皂、洗涤剂、化妆品、香水和除臭剂等。

化学品生产主要集中在亚洲（尤其是中国）、欧洲和美国（见图2.1）。其中，中国处于主导地位，产量占全球化学品总产量的40%以上。由于化工行业的关

第 2 章 化工

键原料——油气资源在中国的储量并不丰富，中国的化工产业规模有些出人意料。但中国拥有丰富的煤炭资源，并且其制造业主导型经济需要大量的化学品加以支撑，因此中国在其政府财政的大力支持下，发展起了以煤气化为主要基础的化工产业[4]。其中，煤气化是指将煤炭转化为"合成气"的过程；合成气是一种以氢气和一氧化碳为主的混合物，后续可被转化为各种化学品[5]。煤气化过程中会排放出大量的二氧化碳。2015 年中国的煤化工行业排放了 4.7 亿吨二氧化碳，大致相当于墨西哥（全球第十二大排放国）全年的排放量[6]。

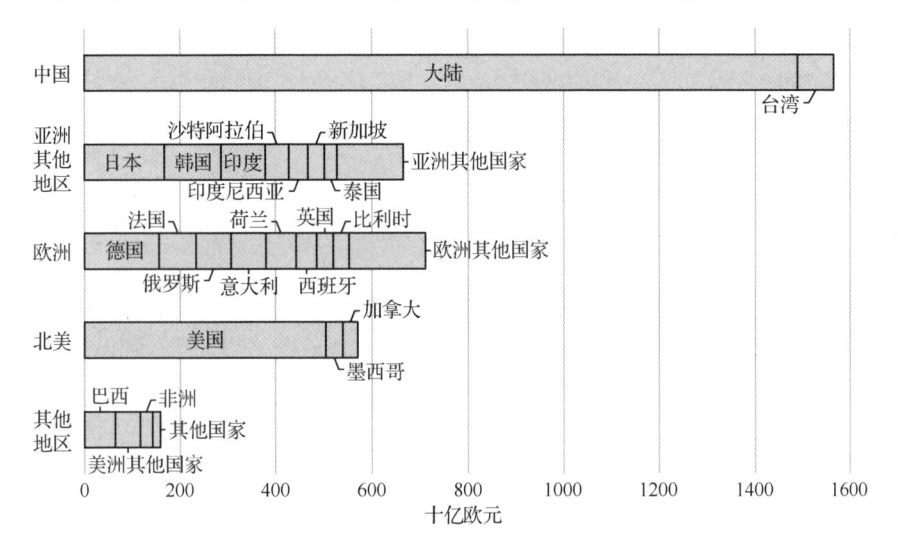

图 2.1　2019 年各地区的化学品生产情况

注：由于化工产品种类繁多，图中生产情况以销售额（十亿欧元）衡量，而非重量单位。

资料来源：欧洲化学理事会，《2021 年欧洲化工行业事实与数据》，2020 年 11 月 20 日。

除中国外，化工生产大国大多是油气资源（即化工行业原料）供应充足且高度工业化的国家。美国作为全球第二大化工生产国，化石燃料受非常规油气生产驱动，价格较低。美洲第二大化学品生产国巴西，拥有世界排名第十的石油产量和丰富的生物质原料；后者也已开始用于化工生产，如利用甘蔗乙醇生产生物乙烯[7]。

德国是欧洲最大的化工生产国。虽然德国不是主要的油气生产国，但其通过大量的石油进口来满足炼油工业所需，从而推动该行业的规模达到欧盟最大，并且德国经济也以制造业为主。日本和韩国是继中国之后的亚洲第二和第三大化工生产国[8]。这两个国家并不大量生产石油或天然气，但它们分别是世界第四和第五大石油进口国，并且与德国一样都拥有高度发达的制造业[9]。

2.1　氨和石化产品：关键的化工原材料

化工行业生产的中间化学品和最终产品的种类繁多。监管机构对化工行业生产和使用的十余万种不同化学物质进行追踪，其中只有约九千种会被大量生产并商用 [10]。化工行业的产品种类和生产途径之多，可能会让人产生该行业很难制定零排放技术战略的印象。

幸运的是，其中许多产品都是由少数几种主要的基础化学品制成的，尤以氨和石化产品为主。其中，石化产品是指通常由石油、天然气和煤这些化石燃料生产（即使偶尔也会由生物质等其他原料生产）的含碳基础化学品。由石化产品衍生而来的下游产品（如塑料）称为"石化下游产品"，但其本身并不属于石化产品 [11]。

由于这些关键基础化学品的生产能耗（包括作为能源和原料用途的消耗）占化工行业能耗总量的三分之二，因此将脱碳重点放在这些关键基础化学品的生产过程上，将有望对温室气体减排产生巨大的推动作用 [12]。

这些关键基础化学品包括：

- **氨**（NH_3）是一种无色气体，是化肥、尼龙、清洁剂和许多其他含氮化合物的重要前体。2019年氨全球产量为1.5亿吨 [13]。氨是一种无机（不含碳）化合物，因此化工行业组织并不将其归为石化产品（含碳）一类，但一些出版物将其归入石化产品 [14]。

- **甲醇**（CH_3OH）是一种无色、易挥发、易燃的液体，有轻微的酒精气味，有时添加在工业酒精中，通常会被转化为中间化学品（40%转化为甲醛），用于制造塑料、胶合板、油漆、爆炸品、纺织品、防冻剂和溶剂等。2019年甲醇全球产量为9800万吨 [15]。

- **轻烯烃**是指无色气体如乙烯（C_2H_4）、丙烯（C_3H_6）和丁二烯等碳数较少的烯烃，主要用于制造塑料。2019年乙烯全球产量为1.66亿吨，丙烯全球产量为1.1亿吨 [16]。

- **BTX 芳烃**包括苯（C_6H_6; benzene）、甲苯（C_7H_8; toluene）和二甲苯（C_8H_{10}; xylene）。这些无色液体主要用于制造医疗保健、卫生、食品生产和电子

等行业所需的塑料、黏合剂和溶剂。2019 年 BTX 芳烃全球产量为 1.21 亿吨 [17]。

- **C4 烯烃**是指丁二烯、1-丁烯、2-丁烯和异丁烯这几种含有四个碳原子（C4）的（碳碳双键）碳氢化合物。其中，1-丁烯、2-丁烯和异丁烯的化学式相同（C_4H_8），但分子构型不同，而丁二烯的氢原子数较少（C_4H_6）。它们都是无色气体，常用于生产橡胶、塑料和辛烷值燃料添加剂。2019 年 C4 烯烃全球产量约为 9900 万吨 [18]。

- **炭黑**是一种源于石油不完全燃烧的黑色粉末。其重要性不及其他基础化学品，常用于（生产）轮胎和颜料。2019 年炭黑全球产量为 1400 万吨 [19]。

轻烯烃、BTX 芳烃和 C4 烯烃以石油为原料，这些化学品被统称为"高价值化学品"（HVC）[20]。它们具有高经济价值、高技术含量、高市场需求，通常用于高端应用领域，如医药、电子、航空航天等，具有较高的利润率和市场竞争力。它们的生产通常在蒸汽裂解炉中进行，该设备可在蒸汽作用下将碳氢化合物大分子分解或裂解为较小的单元。与高价值化学品不同，氨和甲醇通常以天然气为原料，但中国的氨和甲醇主要来自煤气化 [21]。

2.2 能源、原料和次要反应物

大多数（工业）行业使用化石燃料的主要目的只有一个：燃烧产生能源。这些能源用于为锅炉供能、加热原料，以及为其他工序提供动力。例如，水泥行业通过燃烧化石燃料来加热预分解窑和水泥窑，使窑炉内的投入材料熔化、石灰石分解，从而形成水泥的主要成分——熟料。

化工行业的特殊性在于，其消耗的化石燃料中有 70% 用作原料，只有 30% 作为能源燃烧 [22]。作为原料用途的化石燃料经过化学转化，会成为产出产品的一部分。例如，全球约 65% 的甲醇（CH_3OH）是以水（H_2O）和甲烷（CH_4）为原料，通过蒸汽甲烷重整进行生产的 [15/23]。原料甲烷中的大部分碳都转化到了产品甲醇中，因此以 CO_2 形式进入大气的碳相对较少。不过在某些情况下，产出产品中所含的碳原子比原料少。例如，氨（NH_3）的制备以化石燃料为原料，但该产品本身不含碳原子。

如今，一些产品生产中多余的碳被用来制造其他化工产品。例如，制氨所产生的 CO_2 中，36%用于制造尿素，9%用于制造甲醇[24]。而未转化为产品的 CO_2 则会成为非能源相关的 CO_2 排放，称为"过程排放"。2019 年全球化工行业直接 CO_2 排放量中，40%（约 5 亿吨）为过程排放，其余 60%（约 8 亿吨）为能源相关排放，即燃料燃烧产生的排放（参见导言中的图 0.2）（化工行业还会产生非二氧化碳温室气体的排放，如含氟气体，会在后文中讨论）。

化石燃料是化工行业的重要原料，但并非唯一的化学原料。化石燃料主要由碳氢化合物组成，但许多化工产品还包含其他类型的原子，如氧原子和氮原子。"次要反应物"（secondary reactants）是指（在化工生产）化学反应中所使用的非燃料化学品，其中最常见的是水、氧气、二氧化碳和氮气，它们在所有次要反应物中的重量占比达到了 80%以上[25]。一些次要反应物本身就是化工行业所生产的无机基础产品（如纯氧气和纯氮气）。与次要反应物相对，化工行业除生产具有商业价值的产品外，还会生产出各种"次要产品"，即化学副产品——主要是二氧化碳和水，但也有更加复杂的分子。在同一设施内，某一工艺过程的主要或次要产品有时可以用作另一工艺过程的反应物。因此，可以通过合理安排各个反应步骤之间的顺序来实现理想的化学分子产出，从而形成化工行业的"价值链"。

图 2.2 展现了化工行业如何将原料用途的化石燃料转化为基础化学品，并进一步制造出最终产品[26]。值得注意的是，部分丙烯、BTX 芳烃和 C4 烯烃并不是由化工行业生产的，而是来自石油炼厂；这部分化学品在图中进行了单独标示，并在后文中讨论。

塑料（包括热塑性塑料、热固性塑料、纤维和弹性体）的详细分类参见图 5.6。

2.2.1 来自炼油厂的石化产品

化工行业需要大量的基础化学品作为原料来生产各种产品，这些基础化学品大多是由化工行业利用石油、天然气和煤炭作为原料自行生产的，但也有很大一部分来自石油炼厂。

第 2 章 化工

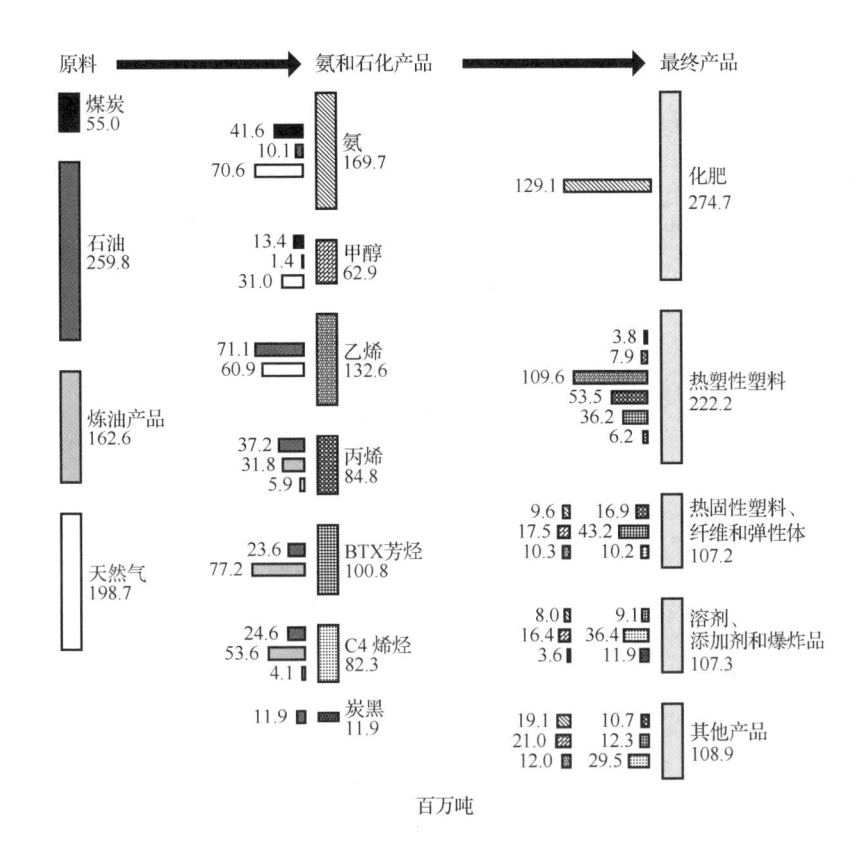

```
原料                    氨和石化产品              最终产品

煤炭
55.0           41.6  ■
              10.1  ■  氨
              70.6 □   169.7      129.1 ▨        化肥
                                                  274.7

石油           13.4 ■
259.8          1.4  ■  甲醇
              31.0 □   62.9

                                   3.8  ▨
              71.1 ▨               7.9  ■
              60.9 □  乙烯          109.6 ▧       热塑性塑料
                      132.6        53.5 ▦        222.2
                                   36.2 ▥
炼油产品                             6.2  ▨
162.6         37.2 ▨
              31.8 □  丙烯
               5.9 ■  84.8         9.6  ▨  16.9 ■
                                   17.5 ▧  43.2 ▦     热固性塑料、
                                   10.3 ▥  10.2 ▨     纤维和弹性体
                                                      107.2
              23.6 ▨
              77.2 □  BTX芳烃
天然气                  100.8        8.0  ▨  9.1  ■
198.7                              16.4 ▧  36.4 ▦     溶剂、
                                   3.6  ▥  11.9 ▨     添加剂和爆炸品
              24.6 ▨                                  107.3
              53.6 □  C4烯烃
               4.1 ■  82.3
                                   19.1 ▨  10.7 ■
              11.9 ■  炭黑          21.0 ▧  12.3 ▦     其他产品
                      11.9         12.0 ▥  29.5 ▨     108.9

                            百万吨
```

图 2.2 2013 年，从原料用途化石燃料到氨和石化产品，再到最终产品的物质流

注：图中未显示次要反应物和次要产品（这也是原料物质流与氨和石化产品的重量之和不符，以及后者的物质流与最终产品的重量之和不符的原因），也未显示将少量天然气、甲醇、乙烯和 C4 烯烃转化为丙烯和乙烯的专用技术。数值单位为百万吨。

资料来源：Peter G. Levi, Jonathan M. Cullen，《绘制全球化学品物质流：从原料用途化石燃料到化工产品》，《环境科学与技术》，第 52 卷，第 4 期：1725-1734，2018 年 1 月 24 日。

我们通常把未经处理的石油称为原油。原油主要由碳氢化合物组成，并含有少量的硫、氮、氧等元素，是由多种化合物共同组成的天然聚合物，不同油田的原油性质各不相同。原油很少直接用于发动机和各种设备，而是先被提炼成稳定和具有良好燃烧性能的燃料，如车用汽油和柴油。石油炼厂以原油为原料，通过蒸馏对其各种成分进行分离，并生产出各种精炼燃料。除燃料外，炼油厂还生产一系列其他化合物，其中一部分为炼油厂燃烧供能自用，统称为"炼厂燃料气"（RFG），其他副产品则售往化工行业。

炼油厂所生产的丙烯、BTX 芳烃和 C4 烯烃，分别占全球化工行业对这些化学品使用总量的 38%、77% 和 65%（见图 2.3）。然而，炼油厂的设计和改进都是围绕燃油生产进行的，而作为化工原料的石化产品通常只占其产品产量的不到 10%[27]。随着技术的发展，尤其是车辆电气化的发展，未来市场对液态碳氢化合物燃料的需求将会减少，炼油行业规模也可能随之缩减。本章聚焦促进化工行业（而非炼油行业）脱碳的技术；在有需要的情况下，这些技术可以为化工行业提供所有必要的原料（而无需炼油厂提供）。

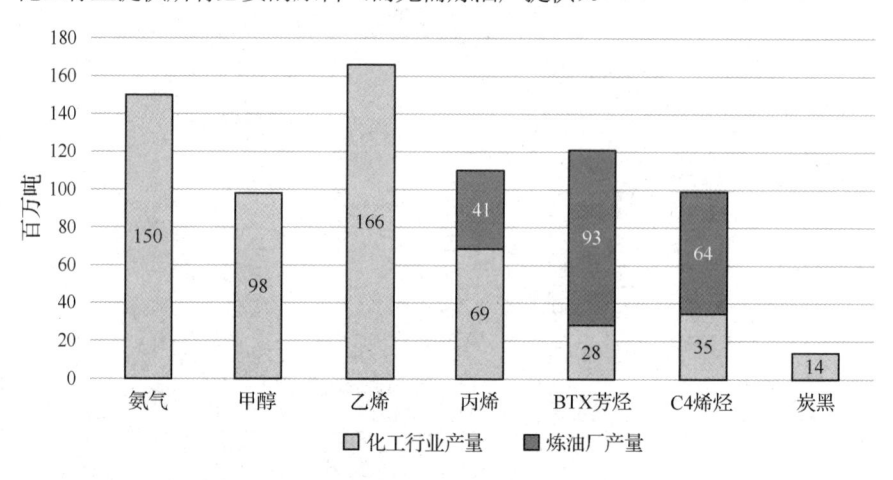

图 2.3 2019 年全球化工行业和炼油厂的氨和石化产品产量

注：产量基于 2019 年数据，但炼油厂产量占比基于 2013 年数据。

资料来源：Peter G. Levi, Jonathan M. Cullen，《绘制全球化学品物质流：从原料用途化石燃料到化工产品》，《环境科学与技术》，第 52 卷，第 4 期：1725-1734，2018 年 1 月 24 日；国际肥料协会，"各地区产量和贸易表"，2021 年；国际可再生能源署和甲醇研究所，《创新展望：可再生甲醇》，阿布扎比，2021 年；日本经济产业省，《世界石化产品未来供需趋势》，2019 年 10 月；《烯烃生产工业流程概述：C4 碳氢化合物》，《化学与生物工程评论》，第 1 卷，第 4 期（2014）：136-147；Research And Markets，《2017—2020 全球炭黑行业分析及直到 2025 年的预测：为实现全球可持续发展目标而致力于炭黑生产技术创新的头部企业》，2022 年 1 月 12 日。

2.2.2 大多数化工产品无法长期固碳

前文提到，由于原料用途化石燃料与最终产出产品之间的含碳量差值（加上形成 CO_2 所需的氧气量），化工行业每年会产生约 5 亿吨的过程 CO_2 排放；而除转化为过程排放的碳外，原料中其余的碳则会进入最终产品。后者表面上看并没有以 CO_2 的形式进入大气，因此似乎不会加剧全球变暖。

但化工产品中的碳也不容忽视，如包括化肥和燃料添加剂在内的大多数化工产品不能长期固碳，在被使用后会很快将自身的碳释放到大气中。虽然部分化工产品的使用寿命可能长达数十年，如建筑中使用的聚氯乙烯（PVC）管道，但绝大多数塑料制品（如商品包装）在几年内就会报废[28]。大约24%的废弃塑料会被焚烧处置，随即释放出自身储存的碳；而到2050年，废弃塑料的焚烧比例预计将增至50%[29]。对释放到环境中的塑料而言，分解时间可能从几十年到几百年不等（站在整个地球系统的视角来看，这是一段很短的时间）[30]。在全球开始广泛生产塑料之后的几十年间，海洋和土壤中的微生物物种共计进化出了3万多种酶，能够分解10种塑料[31]。随着各种生物进化出更加有效的塑料分解途径，塑料的分解速度可能会提高。

虽然化工原料中的一部分碳可能会在产品中封存数十年，但生产化工产品并不是可靠的长期储碳手段。因此，本书探索了针对（化工行业所使用）燃料在原料和非原料两种用途下的减碳技术。

2.3 零碳化学原料

要消除化工行业（包括其产品使用和处置）造成的温室气体排放，就必须从化石原料转向非化石原料。由于碳是化工行业大多数产品的必要成分，该行业需要含碳原料。如果碳的来源是可持续的，就有可能避免引起大气中CO_2的净增加。三种来源的零碳化学原料在这方面显示出了特别的潜力：清洁氢结合捕获的二氧化碳、生物质，以及回收的废旧化学品。

2.3.1 基于清洁氢和二氧化碳的化学品生产

氢气（H_2）是一种高能量的分子，可取代化石燃料作为基础化学品的重要原料。目前，大多数氢产自化石燃料，但氢气的制备其实可以不产生温室气体排放。电解法是目前唯一广泛商用的零碳"绿氢"制备技术，即利用电能将水（H_2O）分离成氢气和氧气。第7章将对电解水和甲烷热解等其他零碳氢气制备技术方案进行讨论。

由于氨（NH_3）不含任何碳原子，其生产不需要碳源，可以通过氢与空气中分离出来的氮气进行结合而生成。然而其他的基础化学品确实需要碳源，如CO_2。如今，燃料燃烧或化工行业的其他化学转化过程中都可以产生CO_2，如从天然气制氨的过程回收其排放的CO_2。除化工行业外，一些难以完全消除CO_2排放的行业也可以为化工行业提供CO_2。例如，水泥行业在对石灰石进行化学分解、生成熟料（水泥的主要成分）的过程中，会产生大量的CO_2，如果将化工生产设施和水泥厂规划在同一地点,就可以在利用这部分 CO_2 的同时最大限度地降低运输成本。

目前业界已经开展了大部分关于以氢为原料进行化学品制备的研发工作,例子如下。

- **氨**:当前,制氨通过哈伯-博施法进行,即氢气与氮气在高压下发生反应。其中,由化石能源制备的氢气可以直接由绿氢进行替代。事实上,早在 20 世纪中期,商业制氨就已经采取这种(基于绿氢的)方式进行生产了[32];直到后来化石燃料价格下降,使得蒸汽甲烷重整制氢成本降低,人们才转向使用化石燃料制备的氢气进行氨的生产。详情请参阅第 7 章"氢衍生燃料"部分。

- **甲醇**:氢气和 CO_2 可转化为甲醇。与传统基于化石燃料的甲醇生产工艺相比,这种工艺的优势在于生产的甲醇杂质较少,从而降低了对高耗能蒸馏除杂过程的需求[33]。该工艺当前正处于早期商业化阶段,在全球约十家工厂得到了应用。详情参见第 7 章。

- **轻烯烃、C4 烯烃和 BTX 芳烃**:中国为了利用其丰富的煤炭原料,已对甲醇制烯烃的各种工艺进行了商业化;目前,中国占全球甲醇产量的 21%。甲醇制芳烃的工艺路线当前正处于示范阶段[34]。这些生产工艺可以配合清洁氢气和 CO_2(制甲醇)使用,而不使用煤制甲醇。

2.3.2 基于生物质的化学品生产

在某些情况下,利用生物质生产基础化学品可以成为一种成本效益较好的方案。生物质(如木材废料)和生物燃料(如乙醇)可作为碳源,同时,组成这些物质的分子比 CO_2 分子的能量更高,因此,利用生物质进行化学品生产可减少将原料分子转化为其他化学品所需要额外输入的能量。

乙烯是轻烯烃之一,也是塑料和合成纤维的前体[35]。在巴西,甘蔗乙醇制乙烯已经实现了商用。美国每年生产约 150 亿加仑乙醇(大多是玉米乙醇),占全球乙醇产量的一半以上[36]。乙醇在美国常被掺入车用汽油使用,也可用于生产乙烯。随着未来汽车电气化造成汽油需求下降,乙醇制乙烯的吸引力可能会越来越大。

甲醇可通过生物质气化进行制备,而烯烃和芳烃则可经甲醇制烯烃和甲醇制芳烃工艺进行生产。作为橡胶添加剂和颜料用途的炭黑可利用农业或食品废弃物制成的化学品进行替代。

虽然生物质作为一种化学原料有着重要的应用潜力，但要利用其满足大多数化学品生产的原料需求，还存在两方面的挑战。

- 生物质加工所需设备成本高昂。例如，生物质制氨的设备成本是同等规模天然气制氨的 7 倍（是煤制合成氨的 3.5 倍）[37]。与天然气和炼油产品相比，生物质含有的杂质更多，因此需要的加工步骤和能耗也更多，同时运营成本也会增加。

- 生物质资源有限，因而基于生物质的化学品生产必须与耕地和生物燃料的其他潜在用途进行竞争，如耕地的粮食种植和生态保护用途，以及乙醇的燃烧供能用途等。据美国能源部估算，美国每年通过可持续方式获得（来自森林、农业和废弃物）的潜在生物质资源在扣除水分后最高约 10 亿短吨（U.S.ton，又称"美吨"，1 短吨约为 0.91 吨），足以满足该国约 25%的能源需求[38]。2019 年化工行业占美国能源消费总量的 11%（4%为热力和电力用途，7%为原料用途）[39]，因此，仅化工一个行业就可能消耗美国近一半的潜在生物质资源。化工行业在生物质和氢基原料二者之间具体如何选择，将取决于这两类方案的相对成本。更多信息参见第 7 章"生物能"部分。

生物甲烷（来自垃圾填埋场、养牛场等）也可作为化学原料，对来自化石能源中的甲烷进行直接替代，但其供应量比固态生物质更为有限（详见第 7 章）。

2.3.3 回收化学品

利用回收化工产品来生产新的化学品可以减少相关的原料需求。塑料是目前为止最常见的回收化工产品；另外，（市场）对诸如含氟气体制冷剂等其他一些化学品也在进行回收，但规模较小。

塑料回收有两种形式。目前，大多数塑料回收采用机械回收，将塑料切碎、熔化，然后制成新的形状。由于这样的处理方式会留下较多的杂质和染料，机械回收产生的（塑料）材料通常等级较低，因此并非所有经机械回收的塑料都能重新用于其原有的用途。例如，食品饮料的塑料包装经回收后可以变成服装用的聚酯纤维，该用途对杂质的容忍限度比食品包装要高。（然而）针对服装纤维的回收,并没有一个成熟的市场,因此(该方式下的)塑料只能被回收利用一次,无法形成"闭环"[40]。因此,机械回收的塑料并不能真正替代(化工生产中的)化石原料。

此外,还可以通过化学方法将(废旧)塑料分解为单独的单体分子,从而进行回收利用。不同于机械回收,这种工艺所产生的塑料材料在质量上可以与原生塑料相媲美,从而实现对(化工行业)化石原料的真正替代和对塑料的闭环回收。然而,与机械回收相比,对塑料进行化学分解需要更多的能耗和资金,因此(利用)这一工艺(为化工生产提供原料)比(直接)使用化石原料的成本更高,这使得"单体化"回收工艺尚未在全球范围内实现商业化应用[41]。但其依然有望成为一种富有(市场)竞争力的方案,这将取决于该工艺与"氢气+CO_2"和生物质等替代性原料方案之间的相对成本。

并非所有的化工产品都可以加以回收利用。例如,化肥和爆炸品在使用过程中会发生化学变化,并且可能会释放到环境中;洗涤剂等消费化学品会进入废水系统;聚氨酯泡沫、硫化橡胶和环氧树脂等热固性聚合物在生产和使用过程中会发生化学变化,(因此)无法熔化和重塑(但在某些情况下,可以对其进行粉磨,用作填充材料或燃烧供能)。由于大部分化工产品无法进行很好的回收利用,即使是"单体化"回收也无法完全满足化工行业的原料需求,因此利用零碳氢或生物质作为替代性原料显得很有必要。

2.4 非原料用能

在全球化工行业的能耗总量(30%为化石燃料)中,约41%(2019年为20艾焦)用于供热和供电。这部分非原料用能可用于生产化工原材料和其他基础化学品(如硫酸、氢氧化钠和氯),并将基础化学品转化为数千种下游化工产品。天然气在这些非原料用能中的占比最大(33%),其后是外购电力(24%)、煤炭(15%)、外购热力和蒸汽(15%),以及石油(13%)[42]。

美国按产品类型对化工产品的用能进行了细分。根据美国能源信息署的数据,2018年美国化工行业能耗总量约为3150拍焦(扣除原料用能)(见图2.4,由于美国的乙醇生产通常在乙醇精炼厂内进行,不属于化工行业,因此该数据还剔除了乙醇生产)。其中,氨、石化产品、塑料、橡胶、纤维和化肥的占比略超半数,其他有机化学品(包括一些植物衍生化学品和石化产品衍生化学品）[43]占28%，无机化学品占20%。

化工行业使用的供热燃料有85%以上用于锅炉供热（以产生蒸汽）和为工业过程供热，加热流体并驱动化学反应。因此，化工行业所使用的许多供热燃料脱碳技术通常也可以促进工业热力的整体脱碳；这些技术包括针对低温热力的余热回收和电热泵、针对高温热力的其他电气技术和可再生燃料燃烧，以及碳捕集等。第6～8章对这些技术作进一步的讨论。

接下来针对化工行业某些特定工业过程的脱碳方案进行重点介绍。

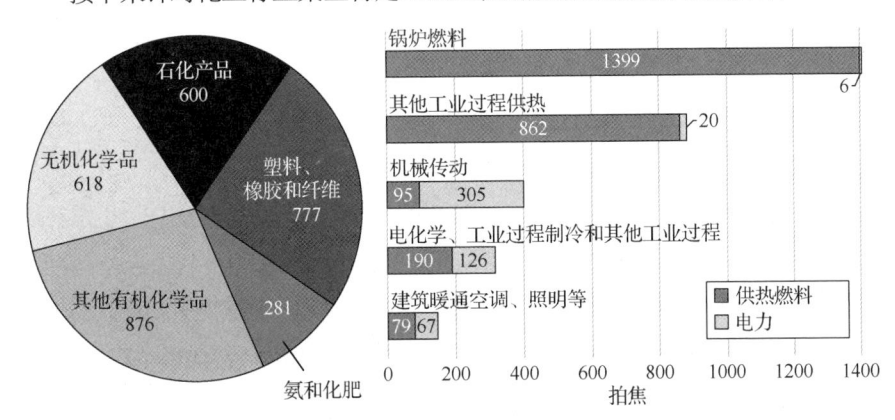

图2.4　2018年美国化工行业的非原料用能

注：能耗按化工产品类型（左）和在化工行业设施内的终端用途（右）进行细分。"氨和化肥"包括所有氨及其相关化学品（尿素、硝酸）的生产，无论后者是否用作化肥。

资料来源：美国能源信息署，"2018年制造业能耗调查"，华盛顿特区，2021年。

2.4.1 蒸汽裂解的电气化

化工行业最重要的工艺之一是将各种碳氢化合物分子转化为高价值化学品，如将乙烷、丙烷、丁烷、石脑油和油气等，转化为轻烯烃（乙烯、丙烯）、C4烯烃和BTX芳烃[44]。该工序需要用到蒸汽裂解炉，在蒸汽的作用下将碳氢化合物大分子分解成较小的单元。蒸汽裂解炉体积庞大，且价格昂贵。以巴斯夫化工公司位于德国路德维希港的蒸汽裂解炉为例，其占地面积相当于13个足球场大小，而通常一套设备的造价可能高达20亿美元[45]。蒸汽裂解炉的工作温度约为850℃，并且只能对绝缘材料进行加热，从而难以实现电气化。

不过，一些化工企业在2019年共同成立了"未来裂解炉联盟"（Cracker of the Future Consortium），致力于开发可以利用可再生电力供热的蒸汽裂解炉（该联盟成员一度随时间推移而变化。截至 2022 年，成员公司包括 Borealis、BP、TotalEnergies、Repsol 和 Versalis[46]。在政府的支持下，联盟计划于 2023 年建成（未来裂解炉）示范工厂，并将在 2026 年扩大至商业化规模[47]。巴斯夫（BASF）、沙比克（Sabic）和林德（Linde）也在合作开发类似技术[48]。

2.4.2 催化剂和催化裂解的改进

催化剂是一种化学物质，通过降低分子间反应所必须达到的活化能来加速（化学）反应。使用更适合的催化剂可以帮助降低反应炉所需要的运行温度，从而减少对输入能量的需求；适宜的催化剂还能提高产品的产量。

下游化工产品的生产所涉及的反应众多，因此也蕴含着许多可以对催化剂进行创新的机遇。但就节能潜力而言，催化剂改进最有前景的应用方向之一是协助碳氢化合物的裂化和裂解，这一过程被称为"催化裂化/裂解"[i]。虽然在炼油厂的燃料生产中，催化裂化已经取代了非催化裂化，但在化工行业，非催化蒸汽裂解仍然是生产高价值化学品（尤其是轻烯烃）的标准工艺。目前，化工行业正在研究将沸石（一种铝硅酸盐矿物）等化合物作为催化剂，以节省能源并提高产品的质量和产量。韩国企业 SK 能源、美国工程公司 KBR 和韩国化学技术研究院共同建造了全球首座催化裂解石化工厂，该工厂于 2017 年底在韩国蔚山投产运行。与传统的蒸汽裂解工艺（反应温度超过 800℃）相比，该工厂的设备所需反应温度较低（600～650℃），同时轻质烯烃产量提高了 30%[49]。

2.4.3 甲烷部分氧化制甲醇

甲醇（CH_3OH）的传统生产工艺分为两种。一种工艺是先利用甲烷（CH_4）与蒸汽（H_2O）反应产生合成气，即由一氧化碳、氢气、二氧化碳以及少量未反应甲烷和微量化学品共同组成的混合气体[50]。随后对合成气加压，并利用催化剂将其转化为甲醇。另一种工艺则是通过甲烷与氧气反应直接生成甲醇。这样一来，就无须先制备合成气；而合成气的制备约占甲烷传统生产工艺成本的

---

i 译注：裂化和裂解在本质上并没有严格区别，都是大分子碳氢化合物变成小分子的复杂分解反应，但在石化化工行业，通常将石油的高温分解分为裂化和裂解。其中，裂化是将不能用作轻质燃料的常减压馏分油加工成汽油、柴油等轻质燃料和副产品气体等，从而提高汽油的质量和产量，常见工艺包括热裂化和催化裂化；而裂解是将高级碳氢化合物分解成为乙烯、丙烯、丁二烯、丁烯、乙炔等基础化学品的过程。

60%和能源投入的 20%～30%（相当于 45%～70%的净能耗；由于作为产品的甲醇本身可以作为一种能源，净能耗是指在投入能源总量中扣减掉甲醇所蕴含的这部分能源量后，所剩下的能耗净值）[51]。

后一种工艺（即甲烷部分氧化制甲醇）面临着巨大的工程挑战，如如何降低获取纯氧的成本，以及如何避免甲醇产品的"氧化—氧化"会降低甲醇产量并产生不必要的 CO 或 CO_2[52]。巴斯夫和氢能公司林德工程正在努力改进这一工艺并推动其商业化，以期到 2030 年实现这一工艺路线在大规模工厂中的应用[53]。

2.4.4 生物制造

生物制造是指利用有机体或生物系统生产化学品或其他产品。在基因工程的作用下，微生物和藻类等有机体可以在其新陈代谢（如发酵）的过程中将原料转化为目标产物，作为新陈代谢的副产品。另外，酶（生物催化剂）即使是在没有活体生物存在的情况下也可以生成，并能在化学反应器中加以使用[54]。这些过程通常需要糖类等生物质原料，但经生物工程改造后的有机体也可以利用其他原料（进行生物制造），如甲烷。

生物制造可以减少生产过程所需步骤，并降低对输入能源的需求、避免相关的 CO_2 排放。不过，生物制造也有其独特的复杂性，如需要调节温度和营养物质使有机体保持存活、优化发酵过程等。

生物制造最适合用于生产高价值的下游有机分子，如药品、除草剂、黏合剂和涂料[55]。（但）就低成本、极大量地生产简单的上游化学品而言，生物制造在一些传统工艺方法（如蒸汽裂解生产乙烯）面前可能并不具备竞争优势。

2.5 非二氧化碳温室气体排放

除燃烧燃料供能外的工业活动所产生的温室气体排放称为"过程排放"。除前文所讨论的二氧化碳过程排放外，化工行业还会产生非二氧化碳温室气体的过程排放，尤其是甲烷（CH_4）、氧化亚氮（N_2O）和含氟气体（F-gases）。根据美国环保局的数据，2019 年全球化工行业的（非二氧化碳温室气体）排放量如下（单位：兆吨二氧化碳当量）[56]：

- **含氟气体，1139 兆吨二氧化碳当量。**其中包括：

  ○ 氢氟碳化物（HFCs）的排放量约为 1015 兆吨二氧化碳当量。其中大部分（768 兆吨）用作制冷剂，即在冰箱、冰柜、空调和热泵中发挥作用的液体，可以从一个空间吸热并将其释放到另一个空间。在工业领域，HFCs 也有多种用途，包括作为气溶胶推进剂和发泡剂（95 兆吨）、灭火剂（22 兆吨）、洗涤溶剂（7 兆吨），以及用于半导体和平板显示器制造（2 兆吨）。其余的 121 兆吨则是生产其他用于销售的氟化气体（主要是 HCFC-22）时生成的无用副产品。

  ○ 96 兆吨二氧化碳当量的六氟化硫（SF_6）。SF_6 可作为高压电气系统中的气态绝缘体（63 兆吨），制造半导体和平板显示器的辅助材料（28 兆吨），以及在铸造过程中保护熔融金属镁使其不暴露于空气中的材料（5 兆吨）。

  ○ 28 兆吨二氧化碳当量的全氟碳化物（PFCs）和三氟化氮（NF_3），其中 PFCs 18 兆吨，NF_3 10 兆吨。这些化学品用于制造半导体、平板显示器和光伏电池(此外，铝工业还排放了 38 兆吨 PFCs，但这部分 PFCs 由铝工业自身产生，而非购自化工行业，因此并未包括在化工行业的 PFCs 排放量中)。

- **氧化亚氮，261 兆吨二氧化碳当量。**其中有 75%来自仅两种化学品的生产：己二酸（$C_6H_{10}O_4$）的生产过程中排放了 114 兆吨，而硝酸（HNO_3）的生产过程中则排放了 81 兆吨。

- **甲烷，（据估计）9 兆吨二氧化碳当量**；实际排放量可能远超这一数字。康奈尔大学在 2019 年的一项研究发现，美国有六家合成氨化肥厂的甲烷排放量是美国环保局报告数据的 145 倍。这些工厂的合成氨化肥产量合计占美国总产量的 25%以上[57]。

2.5.1 含氟气体

含氟气体是化工行业的一类商业产品，其中最常见的是 HFCs，目前广泛用于制冷剂和灭火剂中。此前，人们多采用全氯氟烃（CFCs）和含氢氯氟烃（HCFCs）作为制冷剂，哈龙作为灭火剂，而后却发现这些气体会破坏臭氧层（地球大气平流层中的臭氧层，可过滤有害的紫外线辐射，使之无法到达地面）。

根据1987年签署的国际公约《蒙特利尔议定书》，这些化学品现已被淘汰。HFCs随即作为替代品被广泛采用。然而，尽管HFCs对臭氧层无害，却是一种极强的温室气体，并且可在大气中存留数千年。

为了减轻HFCs对气候的危害，各国在2016年共同对《蒙特利尔议定书》进行了修订，以逐步淘汰氢氟碳化物的生产和使用。截至2023年6月，已有150个国家签署了（《蒙特利尔议定书》的）《基加利修正案》，其中印度和中国于2021年签署，美国于2022年签署[58]。美国还颁布了相关立法，提出到2036年将HFCs的生产和使用量减少85%，符合《修正案》目标[59]。

化工行业的二氧化碳、甲烷和氧化亚氮过程排放来自生产过程和生产设施泄漏。而在全球含氟温室气体排放总量中，只有约10%直接来自化工生产设施（主要是HFC-23，一种来自HCFC-22等其他含氟温室气体生产过程中的副产品）[60]。剩下约90%的含氟温室气体排放均是在含氟气体产品售出后或报废时才会产生；售出后产生排放的情况又分为使用时排放（如气溶胶推进剂和发泡剂）和经泄漏逐步进入大气（如空调和冰箱的制冷剂）。

由于（大部分）含氟温室气体并不直接来自化工生产设施，因此一些文献资料中并没有将这部分排放的源头追溯至化工行业，而是将其归入购买这些含氟气体（产品）的行业。然而，化工行业对于减少含氟温室气体排放而言至关重要，可以通过开发和推广各种替代性化学品，在满足消费者需求的同时，避免对气候造成危害（在更加安全的化学品得到普及之前，购买含氟气体产品的消费者也需要采取行动）。因此，本节将对含氟温室气体及相关减排方案进行讨论。

减少工业领域的含氟温室气体排放有两大策略。第一个策略是在能够满足相同需求的情况下，优先采用危害较小的化学品。化工行业可以开发和推广兼顾产品性能、环境需求和消费者安全需求的化学品作为制冷剂、推进剂和绝缘体。例如，在探索氢氟碳化物的替代品时，必须确保其对臭氧层和气候没有危害，并且具备良好的导热性能，以便作为节能冰箱和空调的组成部分。

许多作为备选项的化学品都有其特定的限制或缺点。例如，丙烷和异丁烷等碳氢化合物的全球增温潜势值低，能效水平高，但非常易燃，因此应用范围有限。氨的能效水平高，全球增温潜势值低，易燃性低于碳氢化合物，但有一定的毒性。二氧化碳全球增温潜势值低，不能燃烧，但必须在非常高的压力下使用；而二氧化碳在高压下容易出现超临界态、带来（其他）风险，因此需要花费高昂的成本对原有系统进行重新设计。此外，其在一些特定场景的应用中，如炎热气候下的空调的制冷效率不如其他制冷剂。

化工行业已开发出多种氢氟烯烃（HFOs）（作为替代性制冷剂），这些产品前景广阔，但仍需进一步研究如何降低成本，同时其往往需要在全球增温潜势、可燃性和能效之间进行取舍权衡[61]。

减少工业领域含氟温室气体排放的第二个策略是防止泄漏，并在设备报废或产品使用后对含氟温室气体进行回收或去除。针对制冷剂，相关行业可以仔细监测制冷设备的泄漏情况，并在泄漏发生时迅速进行响应。当设备达到报废年限时，相关行业可以在设备报废前将其中的含氟温室气体仔细提取出并去除。或者，对于某些特定的工业用途而言，如果无法使用其他更加安全的替代性化学品，可以在其他设备中重新对回收所得的含氟温室气体加以利用（即循环利用）。政府可通过生产者责任延伸制度（详见第 11 章）鼓励或要求设备制造商为消费者提供回收和循环利用计划。

不同于闭环系统中的制冷剂使用，半导体和平板显示器制造等行业对氢氟碳化物的使用发生在行业的制造过程中。例如，半导体制造商会用到七种不同的含氟温室气体来清洁其化学气相沉积设备，并在硅片上刻蚀微观图案[62]。这些在制造过程中使用的含氟温室气体通常也可以像制冷剂一样进行回收和去除，从而避免排入环境中。欧洲的半导体制造商（对含氟气体）的去除率高达75%[63]。

2.5.2 氧化亚氮

氧化亚氮（N_2O）排放的主要来源之一是硝酸和己二酸的生产。2020 年全球硝酸产量约为 7000 万吨，其主要原料为氨（重要的基础化学品）、氧气和水[64]；此外，己二酸的全球产量约为 350 万吨，生产过程中使用了硝酸和环己烷（C_6H_{12}）作为原料，其中环己烷由苯（BTX 芳烃之一）制得。大部分硝酸用于生产含氮化肥，而几乎所有的己二酸都会被转化为用于生产尼龙和聚氨酯所需的聚合物[65]。氧化亚氮是上述化学反应的副产品。

尽管目前已经开发出一些不产生氧化亚氮的己二酸生产工艺，但尚未实现大规模商业化[66]。要减少己二酸生产过程中的氧化亚氮排放，主要的工艺方法是捕获氧化亚氮，并通过催化分解或热分解将其转化为氮气和氧气[67]。同样，硝酸生产过程中产生的氧化亚氮也可以通过去除技术处理，最常见的方法是在生产硝酸的反应设备中添加催化剂。利用这些商业化技术，可以低成本去除约95%的氧化亚氮排放[68]。例如，巴斯夫公司在不进行工厂重大改造和投资的情况下，实现了99.9%的氧化亚氮去除率。

2.5.3 甲烷

甲烷是天然气的主要成分，而天然气是化工行业的主要原料之一。与氧化亚氮这类来自特定化学反应的副产品不同，甲烷排放来自管道和设备的意外泄漏。因此，控制甲烷排放的主要策略在于识别和防止泄漏。

甲烷是一种无色气体，但可以通过激光或红外摄像头对其进行探测。甲烷泄漏并不是化工行业所独有的问题；事实上，大多数甲烷泄漏都发生在油田和气田的井口以及天然气的输配管道。传感器网络和配备红外摄像头的无人机等技术可用于识别泄漏，以便对设备进行维修。

甲烷的泄漏率很难进行精确估算，但研究发现，化工设施的泄漏率远低于油气开采场址（合成氨化肥厂的甲烷泄漏率为0.34%，而美国大型产油区二叠纪盆地的天然气开采甲烷泄漏率为3.7%[69]）。

化工行业甲烷减排不需要新技术，只需要更好地检测泄漏和维修设备，就可以大大减少甲烷泄漏。另外，少用或淘汰甲烷原料、转而使用零碳氢，也将有助于解决甲烷排放问题。

2.6 实现零碳化工

消除化工行业的温室气体排放需采取三项主要措施：实现化工过程热力驱动的脱碳、原料清洁化，以及减少非二氧化碳温室气体副产物的产生。

在热力脱碳方面，最有效的方法是利用等离子枪、电阻加热和红外线加热等技术，直接实现电气化供热，或者在某些情况下用电解替代传统的热力方法（详见第6章）。政府应支持并加快推动电气化工生产设备（如蒸汽裂解炉）的商业化。同时，开展工艺和催化剂改进工作也将有助于降低能源需求、减轻电网负荷。

淘汰化石原料至关重要，它不仅可以避免化石燃料开采所带来的上游温室气体排放，还能减少化工产品在使用、焚烧和腐烂时产生的下游排放。化工行业未来会需要大量的绿氢和经可持续方式获取的生物能，用以替代无法直接进行电气化的石油、天然气和煤炭原料。因此，化工原料将成为绿氢和可持续生物能最优先的应用方向之一（详见第 7 章）。

为减少非二氧化碳温室气体排放，关键在于采用气候友好的替代性化学品逐步淘汰含氟温室气体，以热力或催化方式去除生产过程中的氧化亚氮，以及加强甲烷泄漏防控。其中，只有含氟温室气体的减排仍存在技术挑战。相关行业应逐步淘汰含氟温室气体产能，这要求制造商在设计产品（如制冷机和泡沫制品）时，使其能够兼容气候安全型的制冷剂和发泡气体。

虽然化工行业的情况看似复杂，但通过将其细分为具体的排放源，可以更有效地识别出实现全球可持续零碳化工的技术，并在政策决策中优先考虑这些技术。

第 3 章　水泥和混凝土

扫码查看参考文献

全球每年混凝土产量达 320 亿吨，是使用量最大的人造材料[1]。混凝土之所以广受欢迎，是因为它具有多种良好的特性（如耐久性、抗压强度、防火、抗虫害和抗浸水），且其原材料易于获取[2]。混凝土由称为"骨料"（或"集料"）的砂和碎石组成，并通过称为"水泥"的胶凝材料黏合在一起。骨料的生产耗能较少，主要是破碎岩石所需的电力，可由零碳电力提供（详见第 6 章）。混凝土生产中的温室气体排放大部分都来自水泥的生产[3]。

3.1 概述

2019 年，全球水泥产量为 41 亿吨，其中，中国占比为 55%，印度居第二位，占 7.5%，其他国家的占比均未超过 2%（见图 3.1）。2000—2014 年，全球水泥总产量年均增长 6.4%，随后在 2014—2019 年基本保持平稳[4]。预计到 2050 年，全球水泥年产量将增至 46 亿吨，届时中国产量将有所下降，但印度和非洲的产量将增加两倍多（中国、印度以外的亚洲地区的产量将增加一倍多），从而在总产量上抵消甚至超过中国产量下降的影响[5]。

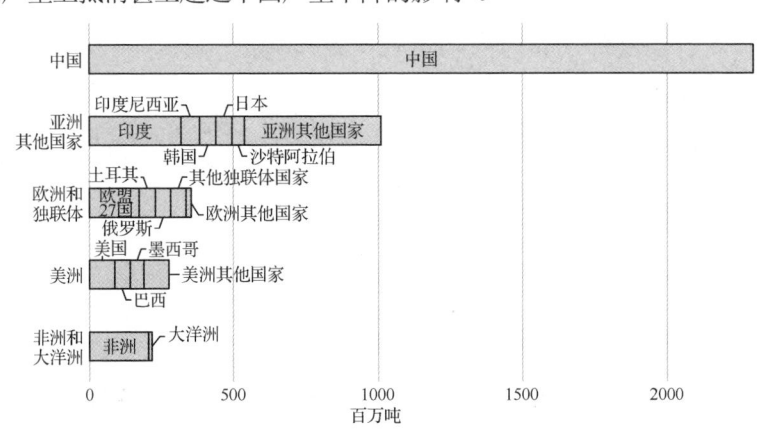

图 3.1　2019 年世界各地区水泥产量

资料来源：欧洲水泥协会，《2020 年活动报告》，布鲁塞尔，2021 年 5 月。

3.1.1 水泥的成分和品种

水泥主要成分是"熟料"——一种含有氧化钙和二氧化硅的矿物混合物，主要成分为硅酸三钙（$3CaO \cdot SiO_2$）和硅酸二钙（$2CaO \cdot SiO_2$），还有一小部分其他氧化物，如铝、铁和硫的氧化物（见图3.2）。

水泥中的熟料占比因地区和水泥品种而异。就全球总体而言，水泥中的熟料占比为66%，其余部分为炉渣（炼铁副产品之一）、石灰石、粉煤灰（煤炭燃烧副产品之一）、石膏和天然灰分（火山灰）（见图3.2）。

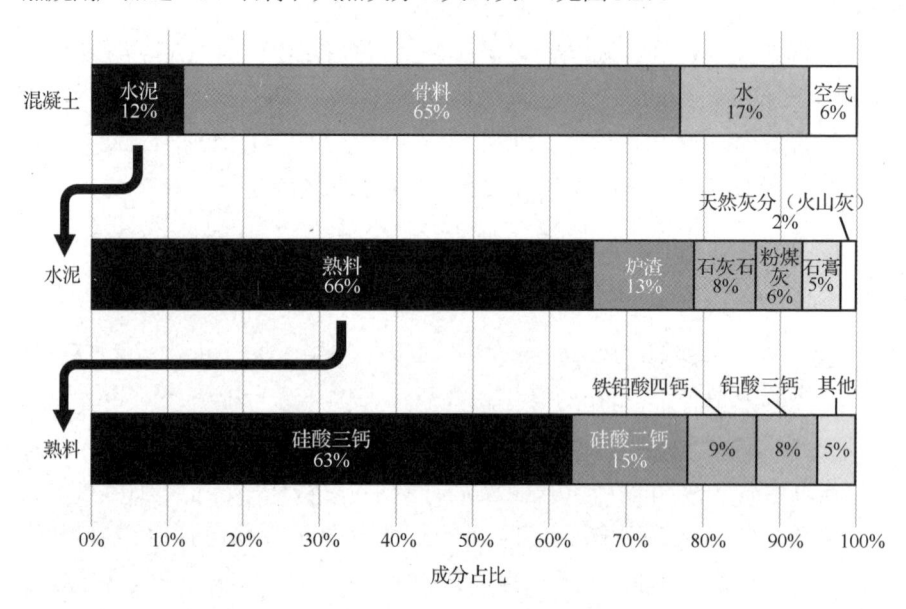

图3.2　2014年全球混凝土、水泥和熟料成分总体情况

注：混凝土各成分为体积占比；水泥和熟料成分为质量占比。水泥成分占比中，"8%的石灰石"指未煅烧的石灰石，而"66%的熟料"则主要通过煅烧石灰石进行制备，详见本章后文。

资料来源：国际能源署和水泥可持续性倡议行动，《技术路线图：水泥行业的低碳转型》，巴黎，2018年4月6日；波特兰水泥协会，"现浇（CIP）混凝土"，2023年7月1日。

在不同的应用条件下，人们可以通过改变水泥的成分来优化其性能。以下是对水泥进行分类的几种不同方式：

- ASTM国际标准组织将水泥分为十个等级。其中六个等级为普通水泥（也称"普通硅酸盐水泥"或"OPC"），或是具有较高抗硫酸盐性能、低水化热性能和快硬性能等优点的特种水泥。其余四个等级为混合水泥，如掺加较大比例的石灰石、炉渣和火山灰的各种混合水泥[6]。

- 当今（市面上）采用的几乎都是"水硬性水泥"，可在与水混合后凝结硬化。老式的"非水硬性水泥"由于需要通过与大气中的 CO_2 反应而慢慢硬化，且过程中必须保持干燥，因而应用较少。本章稍后将讨论一些基于熟料化学成分替代（即低碳水泥品种）的新型水泥；这些非水硬性水泥利用高浓度的 CO_2 而不是水来进行固化的。

- 约 99%的水泥都是"灰水泥"，其余约 1%为"白水泥"。白水泥生产所需的窑炉温度较高，因此能耗较大；其物理强度与灰水泥相同，但颜色浅、表面纹理光滑，主要出于美观原因进行使用[7]。

3.1.2 水泥的用途

水泥在与水和骨料混合后可形成混凝土，可以以不同形式应用：作为预拌混凝土（即在混凝土工厂集中搅拌后，通过带旋转搅拌筒的运输车运往建筑工地进行浇注），或作为袋装干料，供建筑商现场搅拌使用，也可以作为在预制工厂内硬化后交付的产品（如铺路砖）[8]。按体积计，混凝土通常含有 10%～15% 的水泥、60%～75%的骨料、15%～20%的水分和 5%～8%的夹带空气[9]。水硬性水泥在与水混合后，会发生"水化作用"这一化学反应，使水泥与骨料结合硬化形成混凝土。混凝土抗压强度高，但抗拉强度弱，因此通常在浇筑时加入钢筋以提高抗拉强度。

2022 年，全球预拌混凝土消费总量中，33%用于住宅建筑，28%用于基础设施建设，22%用于公共建筑[i]，17%用于其他用途[10]。此外，水泥还有一些非混凝土类的应用（占美国水泥消费总量的 10%），包括油气井灌注（固井）、土壤稳定，以及生产装饰水泥等其他建材[11]。

3.2 水泥生产

水泥生产主要分三个步骤：对原料进行粉磨和混匀，在水泥窑（通常还包

---

i 译注：英文原文为 commercial buildings，包括办公、零售、酒店、仓储等类型的建筑；但中文中的"商业建筑"侧重于商店、商场等从事商业经营活动的建筑。此处意译为"公共建筑"，即供人们进行各种公共活动的建筑，包括办公建筑、商业建筑、文娱建筑、金融建筑等。注意公共建筑并不完全等同于 commercial buildings。

括预分解炉）中对原料进行煅烧并形成熟料，最后将熟料与其他矿物一起粉磨并混匀，形成粉状水泥。

在水泥生产过程中，首先需要从矿山开采石灰石、黏土和泥灰岩（一种富含碳酸盐的矿物）并对其进行破碎，形成直径小于 5 厘米的颗粒[12]。然后将这些颗粒与少量其他材料进行混合，以便为熟料提供氧化铁、氧化铝和二氧化硅等成分[13]。混合后的原料目前有两种加工方法。一种是较为常见和高效的"干法"工艺，需要将上述原料烘干至含水量约 0.5%，然后研磨成粉。另一种是早先采用的"湿法"工艺，即将原料与约 36% 的水混合研磨制浆；该工艺还有一种"半湿法"变体，对含水量的要求可低至 17%[14]。由于湿法工艺必须使用额外的热力来蒸发水分，该工艺下窑炉的能耗大大增加。全球水泥和混凝土协会对 2019 年全球 22% 的熟料产能（即其成员企业）进行了统计，数据显示，干法工艺占熟料产量的 88%，半湿法和混合工艺占 10%，湿法工艺占 2%[15]（由于能效水平较低的生产商往往不会加入行业协会，因此如果将统计范围扩大至全球所有的水泥生产商，湿法和半湿法工艺的占比可能会更高）。

在现代干法工艺的水泥生产系统中，原料经粉磨后会先被送入预热器进行预热。大多数干法水泥厂还会配备分解炉，利用窑炉余热和燃料燃烧产生的额外热力进一步提高原料温度，并开始"煅烧"工序，即将原料通过化学反应转化为熟料[16]。原料在预热器和分解炉中要经过三至六个阶段，其间从分解炉下方鼓入热的窑炉废气使其上升，同时从预热器上方投入物料粉末使其下降。在每个阶段，投入物料粉末都被废气热风吹入气旋中，从而实现均匀混合并与气体完成有效换热（湿法和半湿法工艺系统，以及最早的干法工艺系统，都是在不预热的情况下就将原料送入水泥窑的[17]）。

水泥回转窑是一个大型圆柱体；干法设备的直径和长度可分别高达 5 米和 75 米，而湿法设备的直径和长度可分别高达 8 米和 230 米[18]。窑体与水平面呈 3°～4° 倾斜角，转速为每分钟 1～3 转[19]。运行时，从较高的一端（窑尾）给料[20]，并在较低一端（窑头）燃烧燃料加热，使温度升至 1450℃[21]。全球范围内，煤炭是水泥窑最常见的燃料，占热力燃料使用量的 70%；其次是石油（15%）、天然气（10%）、废弃物（3%）和生物质（2%）（见图 3.3）。最高效的干法水泥窑配备六级预热器，生产 1 吨熟料的燃料消耗为 3.0～3.4 吉焦[22]；而典型湿法水泥窑生产 1 吨熟料的燃料消耗为 5.3～7.1 吉焦[23]。

第 3 章　水泥和混凝土

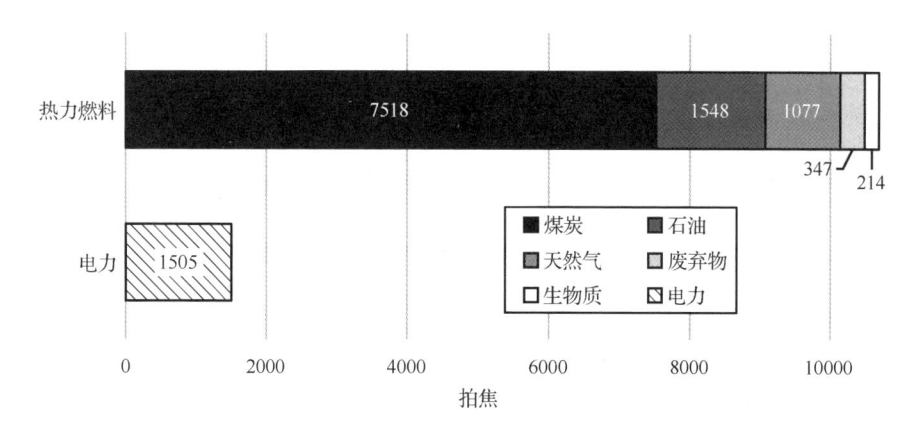

图 3.3　2019 年全球水泥行业用能情况

注：热力燃料用于水泥窑和预分解窑的加热，而大部分电力用于原料和水泥的粉磨。

资料来源：国际能源署和水泥可持续性倡议行动，《技术路线图：水泥行业的低碳转型》，巴黎，2018 年 4 月 6 日；欧洲水泥协会，《2020 年活动报告》，布鲁塞尔，2021 年 5 月；全球水泥和混凝土协会，"GNR 2.0-GCCA in Numbers"，2023 年 5 月 22 日。

原料在水泥窑中完成煅烧，其中的碳酸钙分解形成氧化钙（$CaCO_3 \to CaO+CO_2$），并与硅酸盐等其他成分结合形成熟料（主要成分为硅酸三钙和硅酸二钙；见图 3.2）。而 CO_2 则会被释放到大气中。

出窑熟料为弹珠大小的灰色小球。现代化水泥厂使用篦冷机对熟料进行冷却，每吨熟料可回收 0.1～0.3 吉焦的余热，供预热器或分解炉使用[24]。老式水泥窑可能配备多筒或单筒回转式冷却机，但无法进行余热回收。

最后，将熟料与高炉渣、石灰石和粉煤灰等添加剂混合（见图 3.2）并研磨成细粉。粉磨需要用电；高压卧辊磨、立式辊磨机的粉磨效率都很高，且都优于常规球磨机和管磨机[25]。经粉磨后的水泥在包装后运往买方处。

3.3　温室气体排放

水泥生产约占全球二氧化碳排放总量的 7%[26]。水泥行业主要通过三种方式产生温室气体排放（见表 3.1）。

表3.1 水泥生产过程中的温室气体排放方式

排放类型	排放源	占比
直接的过程排放	矿物煅烧	58%
能源相关的直接排放	燃料燃烧供热	33%
间接排放	外购电力	9%

注：各类排放的占比来自中国2017年的数据，但全球总体的占比情况与之类似。

资料来源：Zhi Cao, Eric Masanet, Anupam Tiwari 等，《混凝土脱碳：美国、印度和中国水泥与混凝土系统的深度脱碳化路径》，美国西北大学工业可持续发展分析实验室，伊利诺斯州埃文斯顿，2021年3月。

其中，原料煅烧和燃料燃烧供热是最大的两个排放源，合占水泥生产中温室气体排放量的90%以上。而就单位水泥（产品）的直接二氧化碳排放量而言，不同的水泥品种之间存在很大差异。典型产品的直接排放强度约为0.54吨二氧化碳/吨水泥，但对熟料含量为90%~100%的水泥而言，其产品直接排放强度可高达0.93吨二氧化碳/吨水泥，而添加了大量辅助胶凝材料（用于降低熟料比）和混合材料的混合水泥则可低至0.25吨二氧化碳/吨水泥（详见后文"降低熟料比"部分）[27]。

间接排放源于用电。对一家典型的水泥厂而言，其用电量中约有29%用于水泥粉磨，27%用于原料粉磨，7%用于燃料粉磨，因此电耗高低主要取决于粉磨技术的选择；除粉磨外，还有29%的电力用于水泥窑的运行和原燃料在水泥厂内各设备之间的运输；剩余约7%用于水泥产品的包装和装载[28]。本章后文将对高效粉磨技术展开讨论，但消除间接排放最重要的方式还是电网脱碳（详见第6章）。

水泥在投入使用后（通常作为混凝土的一部分），会逐渐从大气中吸收二氧化碳，这一过程被称为"碳化"。通过碳化作用，水泥在数十年内能够吸收的二氧化碳量几乎相当于其生产过程中的排放量（不含能源相关排放）的一半（见图3.4）。因此，水泥碳化在全球范围内具有重要意义。例如，2013年，水泥通过碳化作用从大气中吸收了9亿吨二氧化碳，相当于当年全球二氧化碳排放总量的2%~3%[29]。

如果在混凝土表面覆盖上不透气的涂层（如石膏），便会阻止碳化过程的进行[30]。相对而言，建筑物拆除后，破碎的混凝土由于表面积增大，会将更多区域暴露在空气中，从而加速二氧化碳的扩散并加快碳化进程。但如果将拆除的混凝土材料（如用作路基骨料的拆除混凝土）进行掩埋，则会减缓其碳化速度[31]。

第 3 章 水泥和混凝土

新拌混凝土呈强碱性，可保护其内部钢筋免受腐蚀。工程师们因传统视角对碳化持负面态度，因其会削弱混凝土的碱性，从而使钢筋更易受腐蚀[32]。而一些防腐蚀技术，如采用镀锌钢材或环氧树脂涂层钢筋，以及利用不锈钢或玻璃纤维增强复合材料制作钢筋等，需要在成本和性能上进行权衡取舍，并且会增加钢筋生产过程中的能耗和碳排放[33]。

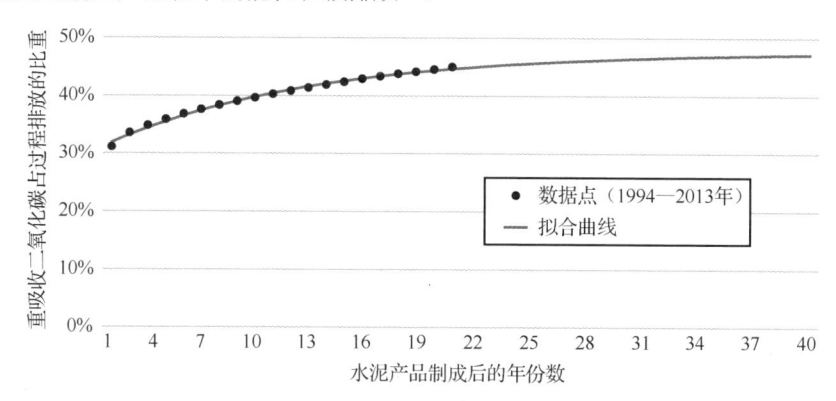

图 3.4　水泥通过碳化重新吸收的二氧化碳在其过程排放中所占比重

注：此处重新吸收二氧化碳的排放占比指其在过程排放（煅烧石灰石产生的二氧化碳）中所占比重，不考虑燃料燃烧供热产生的能源相关排放和外购电力产生的间接排放。

资料来源：Fengming Xi，Steven J. Davis，Philippe Ciais 等，《水泥碳化大量吸收全球碳排放》，《自然-地球科学》第 9 期，第 12 号（2016 年 12 月）：880。

随着减少温室气体排放成为工业领域亟待解决的问题，人们开始更多地正面看待水泥碳化。水泥行业开始在其碳中和路线图中强调碳化过程的固碳效益，并将其吸收的二氧化碳计为对水泥生产碳排放的一种抵消[34]。

由于碳化过程的存在，如果水泥行业的二氧化碳排放速度不高于水泥产品的碳化速度，那么该行业就有可能在继续排放少量二氧化碳的情况下实现碳中和，因此碳化过程与水泥行业实现零碳排放有关。如果水泥生产商可以削减（或捕集并永久封存，详见第 8 章）其生产过程中几乎所有的直接二氧化碳排放，碳化甚至可以助其实现净负排放。然而，后文讨论的一些低碳水泥创新技术，尤其是二氧化碳固化水泥，将会减少水泥在几十年使用过程中碳化的程度。因此在评估水泥脱碳方法时，必须对其在碳化方面的利弊进行综合考虑。

3.4 减排技术

有几大类技术方法可以用于减少水泥生产过程中的温室气体排放,包括降低水泥熟料占比、对熟料的化学成分进行改善(下文中称"低碳水泥品种研发")、二氧化碳固化和注入、材料效率提升、能效提升、燃料替代和电气化、循环利用,以及碳捕集。其中一些方法只能针对某一特定类型的排放,如能源相关排放,而另一些方法则可针对多种类型的排放。

3.4.1 降低熟料比

水泥行业的大部分直接排放来自熟料的制备。一些技术可以对部分熟料进行替换,转而采用一些生产能耗低、无须分解碳酸钙的材料,从而能够同时削减能源相关碳排放和过程二氧化碳排放。

水泥的熟料含量会影响其物理性质,因此不同用途的水泥之间,熟料含量可能存在差异[20]。2014年,全球水泥的平均熟料含量为65%,但由于各地可用原料和建筑标准的不同,这一数值在全球各个地区之间各不相同;中亚地区的平均熟料含量高达87%,而中国则为57%左右[35]。考虑到各地区可用于替换熟料(从而降低熟料比)的材料供应,到2050年全球有望实现60%的平均熟料占比目标[36]。某些水泥技术还可实现更低的熟料比[37]。

熟料可以通过"辅助胶凝材料"进行替换,这类材料与水泥(熟料)的特性相近,并有助于提高水泥的胶结能力。辅助胶凝材料含量高的水泥被称为"混合水泥"(辅助胶凝材料不仅可以在水泥生产过程中添加,也可以在混凝土搅拌过程中添加)。最常见的辅助胶凝材料是高炉渣(初级钢生产的副产品)和粉煤灰。然而,随着工业领域逐步实现脱碳,高炉和燃煤设备将被更加清洁的方案取代,因此这两类材料可能会供不应求。在有条件的情况下,也可以采用天然火山灰,但许多地区的资源有限。以下是一些应用前景最好的辅助胶凝材料:

- **煅烧黏土**在世界各地广泛存在,某些类型的黏土(如高岭土和偏高岭土)经煅烧后具有胶凝特性。煅烧黏土所需的温度为750~800℃,大大低于熟料制备所需的1450℃高温,且黏土含碳量低,因此加热时不会释放大量二氧化碳[38]。巴西已实现煅烧黏土的商用,占水泥成分的3%[39]。

- **硅灰**(也称"微硅粉",主要成分为二氧化硅)是硅和硅铁合金生产过程中的一种超细粉副产品。硅灰能够大大提升水泥强度,但由于供应有限且价格昂贵,其使用有限[40]。

- **其他**方案还包括生物质灰（来自农业废弃物和其他废弃物的焚烧）、铝土矿、玻璃粉，以及铜或其他有色金属冶炼的炉渣[41]。

许多辅助胶凝材料（包括粉煤灰、炉渣和偏高岭土）都含有铝和二氧化硅，可在与碱激发剂（通常是氢氧化钠）反应后变成黏合剂[42]，因此被称为"碱激发（胶凝）材料"。

除辅助胶凝材料外，还可以采用填料（不具有胶凝/胶结活性的材料）替换一部分熟料。常见的填料包括石灰石粉和石英粉[43]。同时，还可以通过分散剂和塑化剂等化学外加剂来确保填料在水泥中均匀分布，减小固体材料颗粒之间的空隙，从而提高水泥强度。

3.4.2 低碳水泥品种研发

改变熟料制备的原料及化学反应是最具创新性的水泥脱碳方法之一。如今的熟料主要由石灰石和其他富含碳酸盐的矿物制成。但与之不同的是，水泥生产商可以转而使用含碳量更低（减少过程排放）、所需煅烧温度更低（减少热力需求和能源相关排放）的矿物来生产熟料。在这一领域，一些小公司正在开发许多相对新兴的技术，某些情况下也与大型水泥生产商合作开发[44]。目前已投入商业应用或实现小型示范生产规模的低碳水泥共有六类（见表3.2）。

表3.2 各类低碳水泥品种

水 泥 品 种	过程二氧化碳减排潜力	热力需求节能（及减排）潜力
高贝利特水泥（RB）	3.1%	8.2%
贝利特–叶利特–铁氧体水泥（BYF）	29.1%	34.9%
硫铝酸钙水泥（CSA）	42%	46.9%
可碳化硅酸钙水泥（CCSC）	24.8%	38.9%
水化硅酸钙水泥（CHS）	33.2%	50.6%
硅酸镁基氧化镁水泥（MOMS）	100%	46.5%

注：本表列出了（目前）在技术上最成熟的各类低碳水泥品种，及其在过程和能源相关方面的二氧化碳减排潜力。

资料来源：Zhi Cao，Eric Masanet，Anupam Tiwari 等，《混凝土脱碳：美国、印度和中国水泥与混凝土循环的深度脱碳路径》，美国西北大学工业可持续发展分析实验室，伊利诺斯州埃文斯顿，2021年3月。

与普通水泥相比，高贝利特水泥中的硅酸三钙含量较低，而硅酸二钙含量较高，因此碳排放量略有减少。其硬化过程较普通水泥要慢，因此在重视缩短工期的常规建筑项目中应用有限[45]。

贝利特–叶利特–铁氧体水泥和硫铝酸钙水泥中不含硅酸三钙，而是由硅酸二钙和两种铝酸钙盐组成，从而大大减少了过程和能源相关排放。其在中国已实现商用，主要用于要求水泥快硬和收缩小的特殊用途。但由于铝质原料成本较高、资源有限，这类水泥并未得到广泛应用[46]。

可碳化硅酸钙水泥主要由硅灰石（$CaO \cdot SiO_2$）等低钙硅酸盐组成，通过与 CO_2 而不是与水进行反应发生硬化。这类水泥如果仅依靠大气中的 CO_2 进行硬化，一来速度太慢，二来会导致硬化不均匀，因此必须在其固化过程中掺入高纯度的 CO_2，而这实际上是一种快速模式下的碳化（详见前文）。可碳化硅酸钙水泥可显著减少过程排放和热力需求，并且能够永久储存捕集的 CO_2（详见第 8 章），但其应用仍存在一些挑战[47]。

- 要在气体中维持较高的 CO_2 浓度，这对于生产铺路砖等小型预制产品的车间而言很简单，但在建筑工地上就会变得比较困难。
- 碳化后的水泥不能保护钢筋免受腐蚀，从而导致其应用局限于非钢筋用途；或者（在钢筋用途中）必须使用耐蚀钢筋，而与常规钢筋相比，耐蚀钢筋的生产能耗更高[48]。
- 可碳化硅酸钙水泥在投入使用时已经碳化，因此其在使用寿命内和被拆除后预计都不会从大气中实质性地吸收 CO_2[49]。

水化硅酸钙水泥与可碳化硅酸钙水泥一样，由低钙硅酸盐制成。先对矿物进行煅烧，生成生石灰（CaO）后，再与二氧化硅和氢气在高压釜中结合，形成化合物——水化硅酸钙，最后将其与石英粉填料混合形成黏合剂。与普通水泥相比，水化硅酸钙水泥的过程及热力 CO_2 排放量大大减少，但由于生产工艺复杂，因此成本也较高[50]。

硅酸镁基氧化镁可形成一种主要成分为含氧硫酸镁盐[$3Mg(OH)_2 \cdot MgSO_4 \cdot 8H_2O$]的水泥（即硫氧镁水泥）。这类水泥由不含碳的硅酸镁矿物而非碳酸盐制成，因此有望消除过程 CO_2 排放，并能减少近一半的能源需求。镁质水泥无论与水还是 CO_2 进行反应都可以发生固化，并且在采用零碳热力进行生产的前提下，即使没有碳捕集也有望实现 CO_2 负排放。但其也存在技术成熟度低、硅酸镁原料在某些地区资源有限等缺点[51]。此外，与充分碳化的水泥一样，镁质水泥不能保护钢筋免受腐蚀[52]。

这些新型低碳水泥在大规模应用前必须得到监管机构和建筑行业的批准和认可，但这二者出于对安全、产品性能和使用寿命的审慎考虑，对新产品的接受速度较慢。因此，如要促使这些低碳水泥在 2050 年之前为实现工业领域净零排放做出重大贡献，就必须尽快帮助其取得必要的批准并扩大市场份额。

3.4.3 二氧化碳固化和注入

水泥通常通过与水反应进行固化或硬化。然而如前所述，一些低碳水泥品种可以利用二氧化碳进行固化，由此所产生的二氧化碳封存效应可显著提升水泥生产中的过程减排量，但也会减少水泥产品在其制成后几十年内通过碳化作用来实现的储碳量。

另外，也可以将二氧化碳注入含普通水泥的混凝土拌合物中。虽然注入混凝土中的二氧化碳含量（0.5 千克二氧化碳/立方米混凝土，质量分数 0.02%）太少，不足以形成具有温室气体减排意义的碳封存量[53]，但该做法可以提高混凝土强度，从而减少所需水泥用量（一家水泥生产商发现，二氧化碳注入可使水泥用量减少 5%[54]）。因此，将二氧化碳注入混凝土拌合物本质上是一种提升材料效率的策略，而非二氧化碳封存策略。

在二氧化碳固化的混凝土中，可以仅使用钢渣作为黏合剂。一些预制产品已经在其生产过程中使用二氧化碳固化的钢渣混凝土，并进行了示范[55]。如果将炉渣视作排放密集型初级炼钢的副产品（详见第 1 章）并忽略其生产相关的排放，这类混凝土将能实现净负排放；但随着工业领域逐步实现零碳，炉渣供应可能不足。

3.4.4 材料效率提升

材料效率提升是指使用较少的材料生产建筑或产品，相关内容将在第 5 章中详细讨论。但此处特别指出几种针对混凝土的材料效率策略[56]。

- 混凝土可被浇筑成任何形状，但为了简单起见，通常使用直角模具进行浇筑。在某些应用中，对模具的几何形状进行优化（如采用曲面织物模具）可减少高达 40% 的混凝土用量。
- 利用预应力钢丝绳对混凝土进行加固可以提高混凝土强度，从而减少达到目标强度所需的混凝土用量。

- 在无须使用实心混凝土来抗压的情况下，可以利用气袋或聚苯乙烯颗粒来节省混凝土用量并减轻混凝土结构的重量。

- 混凝土拌合物的强度越高，其水泥含量通常也越高。高强度的拌合物可用于强度要求较高的构件，如起支撑作用的立柱；而水泥含量较低的拌合物则可用于强度要求较低的部分，如通道、楼梯和台面。

3.4.5　能效提升

水泥生产商可以从两个主要方面入手提高能效：水泥窑和预分解窑的热效率，以及粉磨设备的电效率。如前所述，一座采用当前先进工艺水平的典型新型干法水泥厂通常配备一座六级预分解窑和一台篦冷机（用于熟料冷却），后者可回收热量用于原料预热。这类水泥厂的单位产品能耗可低至 3.0~3.4 吉焦/吨熟料[57]。由于理论上最低的能源需求为 1.85~2.8 吉焦/吨熟料（具体数值取决于原料的含水量），进一步降低吨熟料能耗的潜力有限。一种改进方案是使水泥窑在富氧条件下运行，从而节省约 5%的热能[58]；另一种方案是利用太阳能为工业过程供热（详见第 4 章）来预热原料。

低碳水泥的研发则可以降低熟料煅烧反应所需温度（详见前文），从而减少单位熟料的热能需求。此外，降低熟料比、减少混凝土中的水泥含量，以及降低混凝土用量的措施，也有助于减少用于每栋建筑的能源需求。

在水泥生产的总电力需求中，超过 60%用于粉磨，因此提高电力效率需要采用新型粉磨技术。现有的最佳实践是使用高压辊磨机和立式辊磨机，这两种技术与传统球磨机相比，可减少 50%~70%的用电量[59]。能效水平位于全球前 10%的水泥厂，每吨水泥电耗约为 85 千瓦时，其中能效最高的厂可低至 74 千瓦时/吨水泥[60]。通过根据材料硬度或不同粒度要求对材料进行分别粉磨，或添加胺和乙二醇等助磨剂以防止颗粒结块，电效率可进一步提高。未来可能的技术方案（目前尚未商业化）还包括涡流磨（利用铁磁性颗粒在旋转磁场中粉磨水泥）、超声辅助磨削、高压电脉冲破碎和低温研磨等[61]。

3.4.6　燃料替代和电气化

目前，水泥生产所需热力中，95%来自化石燃料，3%来自废弃物，还有 2%来自生物质（见图 3.3）。非化石燃料被称为"替代性燃料"。在供热中增加对替代性燃料和电力的使用，是促进能源相关 CO_2 减排的关键手段。

水泥厂焚烧的废弃物主要包括轮胎、废油和溶剂、工业和生活垃圾、塑料、纺织品和废纸[62]。目前，轮胎、塑料和合成纤维纺织品中含有来自其化石原料（详见第 2 章）的碳，并且上述大多数产品的生产过程中都会产生能源相关温室气体排放，因此将这些废弃物作为替代燃料并不能实现低碳目标。未来随着零碳工业的实现，如果工业用能和原料都能完全脱碳，废弃物将有望成为一种碳中和燃料。而在此之前，可以使用通过可持续方式获取的生物质（详见第 7 章）、绿氢和零碳电力等替代性燃料；它们的温室气体排放低于废弃物燃料。

虽然与化石燃料相比，废弃物和生物质的能量密度（energy density）较低，但这并不会给水泥行业带来太大的技术挑战。欧洲已经有一些水泥厂实现了 100%依靠替代性燃料运行[63]；为此，水泥厂需要进行一些操作上的改动，并且要安装一个水泥窑烟气除氯除硫系统[64]。

氢燃烧和电气化是除废弃物和生物质外的主要方案。燃烧氢气（或氢基燃料）可用于将绝缘材料加热至高温（详见第 7 章），但绿氢生产所涉及的能量损耗，以及废气和燃烧产物水蒸气（逸散和挥发）所造成的热损失等，使得电力成为（相对绿氢而言）更加实惠的选择。2018 年，瑞典水泥生产商 Cementa 和电力公司 Vattenfall 共同对利用等离子体供热的熟料生产工艺进行了研究，发现该工艺在技术和经济上均具备可行性；此外，由于该过程不涉及燃烧，水泥窑烟气中的 CO_2 浓度可以达到 99%以上，有利于碳捕集。两家公司计划做进一步试验，并希望到 2030 年建成该技术的第一家商业化零碳水泥厂[65]。

理论上还可以将上述电力供热改为对碳酸钙进行直接电解。这一工艺与当今的水泥生产工艺存在很大差异（例如，使用的设备将从水泥窑变为电解槽）；目前已在实验室规模开展示范[66]。

3.4.7 回收与再利用

废弃混凝土可以破碎后用于新混凝土的骨料生产。然而，由于混凝土中碳排放强度最高的成分并非骨料而是水泥，这种处置方式的减排效益有限，约为 15 千克 CO_2/吨再生骨料。再生骨料通常用作路基材料[67]。

从理论上讲，可以对混凝土细料（直径小于 4 毫米的颗粒）进行粉磨，将水化水泥成分从砂和骨料中分离出来。分离出的"旧"水泥可作为辅助胶凝材料，用于生产新水泥时替换部分熟料。在重新进入新拌混凝土后，每 100 克再生水泥可吸收 28 克 CO_2。这意味着在相同熟料替换率的情况下，使用再生水泥替代熟料比使用填料（如石灰石粉）能多实现 30%的 CO_2 减排[68]。

此外，分离出的旧水泥还可作为电弧炉再生钢生产中的助熔剂。由此产生的炉渣在化学性质上与普通水泥相似，可以单独用作混凝土中的黏合剂，从而减少对新水泥的市场需求。剑桥大学已实现了该技术的实验室规模的示范[69]。上述措施的减排潜力会受到一系列因素的限制，包括旧水泥的资源量、对商业化水化水泥分离技术的需求，以及电弧炉对助熔剂的需求（每生产 1 吨钢需 64 千克助熔剂）[70]。

混凝土中还包含一小部分未水化的水泥；如果将其回收，无须通过电弧炉处理即可代替新水泥使用。通常而言，在使用五年后的一般混凝土中，仅约 4%的水泥尚未水化；对于较新的或室内干燥环境下保存的混凝土，这一比例可能会略高一些[71]。由于产出低且难以分离，未水化水泥的回收利用存在一定挑战。

对混凝土构件整体进行重新利用则可更为有效地减排。一项案例研究表明，一栋九层建筑中 60%~90%的混凝土立柱、横梁、中空楼板和核心墙（core wall）都具备再利用的潜力[72]。如果在设计之初就考虑便于构件的再利用（如采用可拆卸式构件），这一策略的实施效果将更加显著。

第 5 章将进一步探讨更多充分利用混凝土和其他材料的策略。

3.4.8 碳捕集

熟料生产过程中产生的 CO_2 排放可以进行捕集，并加以利用或永久储存。由于在水泥生产过程中石灰石分解产生的 CO_2 排放难以完全消除，水泥行业非常适合开展碳捕集。如果可以使用等离子枪来为水泥生产供热（详见前文），水泥窑的烟气将几乎只含纯 CO_2，从而更便于捕集。除供热电气化外，水泥生产中最具前景的碳捕集技术包括全氧燃烧和燃烧后捕集，详见第 8 章。

目前还没有水泥厂采用商业化的碳捕集技术，但挪威政府正在资助位于该国布雷维克的诺西姆水泥厂开展首个商业规模项目。该项目将采用燃烧后捕集技术，并利用水泥厂余热来加热二氧化碳的溶剂；项目启动后，预计每年可封存 40 万吨二氧化碳，相当于该水泥厂自身排放的 50%[73]。

3.5 实现水泥和混凝土净零排放

混凝土是建筑和基础设施中的重要材料，目前尚无大规模替代品（详见第5章），且其回收利用方案有限，因此有必要探索能够生产零碳混凝土的方式。其中，骨料在混凝土生产能耗占比较小，并可使用电力进行生产，因此关键的挑战在于混凝土胶凝材料——水泥的脱碳。实现水泥脱碳需要达成两个目标：一是实现水泥窑的零碳供热，二是找到应对石灰石煅烧过程中二氧化碳排放的方法。

零碳供热的最佳方案包括使用利用可持续种植方式的生物质能，以及利用等离子枪实现供热的直接电气化。尽管等离子枪技术仍处于早期开发阶段，但长远来看，它可能更具前景，因为该方式既不受限于可持续生物质能的供应，也能避免燃料燃烧造成的热损失，并可大幅提高石灰石煅烧过程中二氧化碳气流的纯度，有利于碳捕集。因此，应优先考虑水泥窑的电气化，增加相关资金投入和示范项目开展，以加速其商业化进程。

现有和新建的水泥生产设施都应配备碳捕集装置，以避免煅烧过程中的二氧化碳排放（对于规模过小、设备陈旧或能效低下，因而改造难度较大的设施，应予以淘汰或置换）。如果考虑到混凝土在使用过程中的水泥碳化，配备碳捕集装置的电气化水泥窑有望实现二氧化碳净负排放。在此过程中，材料效率提升、能效提升、低碳水泥品种和二氧化碳固化混凝土等技术将起到促进作用。通过电气化、碳捕集及其他辅助性技术，全球水泥生产有望在未来几十年内实现净负碳排放；此后，混凝土建筑和基础设施的建设可能进一步用于抵消其他经济领域的排放，甚至用于降低大气中的二氧化碳浓度。

第 2 部分

技术

第 4 章 提高能效

提高能效是工业领域实现温室气体减排和成本控制的关键手段之一,主要目的是实现在相同的产出条件下消耗更少的能源。在能源供应实现彻底脱碳之前,减少能源消费能够直接减少二氧化碳排放。21 世纪内,电气化、可再生能源和碳捕集(详见第 6~8 章)有望使工业能源消费实现完全脱碳。能源供应的低碳化程度越高,提高能效产生的温室气体减排量就越小。由于提高能效可以显著降低工业能源费用支出,使实现清洁生产的成本更低(它还能在工业领域之外节省资金,例如,减少新建可再生能源发电的装机规模),因此即使是在未来零碳能源系统已经实现的情况下,提高能效依然具有重要价值。因此,提高能效是一项无悔(no-regrets)选择,应与其他脱碳方案同步实施。

提高工业能效可以从三个层面上对技术或运行进行改进:

- 单个设备层面:如采用高效锅炉或电机;
- 整条生产线或全部生产设施层面:如不同机器设备间如何高效衔接,如何优化系统中的物质流、能源流和信息流;
- 工厂以外层面:如优化供应链管理、优化产品设计和在商业决策中优先考虑能效等。

一般而言,上述三个层面中单个设备层面的措施是目前人们最熟知和应用最普遍的提高能效措施,在工业设备相对较新的国家尤为如此。在某些国家,政府已经制定了一些针对特定类型工业设备的最低能效标准。例如,美国能源部制定了工业电机的能效标准,对电机的设计、额定功率、极数,以及是否为封闭式电机等方面做出具体规定[1]。尽管如此,在设备层面仍有进一步提高能效的潜力[2]。在生产线/生产设施及工厂以外等宏观层面,提高能效的措施目前并不多见,因此蕴含着更多的成本效益和更好的节能潜力。

第 4 章 提高能效

4.1 提高能效的效果：已实现的节能量和未来的节能潜力

近年来，由于能源技术效率的提高和经济结构的变化（即工业增加值中非能源密集型产业比重的上升），全球和各国的单位工业增加值能耗均有所下降。2011—2018 年，全球工业能源技术效率提高所带来的单位工业增加值能源消耗强度年均下降率为 2.5%，与此同时，经济结构变化所导致的单位工业增加值能源消耗强度年均下降速度为 0.8%（见图 4.1）。自 2015 年以来，大型新兴经济体的工业能效提高速度最快，尤其是中国和印度[3]。

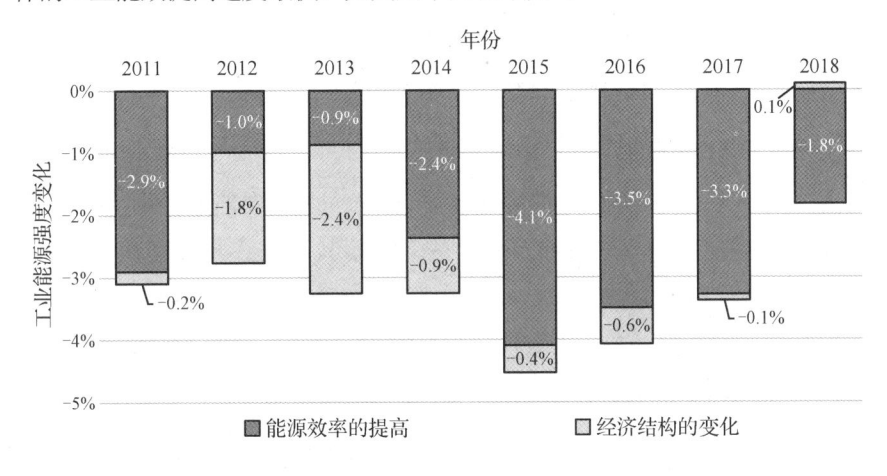

图 4.1 2011—2018 年全球工业能耗强度的变化

注：在工业领域的终端能源消耗强度变化中，一部分来自能源技术效率的提高，另一部分来自经济结构的变化（在工业增加值中，非能源密集型行业的比重提高）。

资料来源：国际能源署，《能效2019》，巴黎，2019 年 11 月修订版。

已有许多研究尝试预测未来提高能效的潜力，但由于这些研究在内容和考虑因素等方面的差异，很难对其进行横向比较。这些差异包括：所考虑的提高能效的措施类型不同；预测的是技术潜力、经济潜力，还是现实条件下可实现的潜力，预测潜力的目的各有不同；覆盖时间尺度不同[4]。美国能源部的一项预测研究认为，从基准年到 2030 年，美国工业能效提高速度有望达到每年 2.4%，是"常规发展"（business-as-usual）情景下能效提高速度的两倍[5]。据国际能源署估计，如果全面普及现有成熟的成本有效的节能技术措施（仅基于节能量而非温室气体减排量），可以使 2040 年全球工业能源消耗强度在 2018 年的基础上降低 44%，相当于年均下降 2.3%[6]。如果辅以其他支持性政策（如碳定价和能效标准），并增加对节能技术研发（R&D）的投资，则能耗强度下降速度可以更快（详见第9~11章）。

4.2 设备层面提高能效的措施

某个零件或产品的生产方式往往不止一种，由于不同的生产路线采用的设备类型不同，因此可以将生产流程拆分为不同的生产工序。一般而言，一个生产工序是指针对于某类原料的生产活动，通常是制造过程中的一个步骤。例如，一个金属零件的生产需要经历成型、热处理、抛光等一系列工序。工业生产中存在上百种工序，包括切割、磨削、铸造、锻造、焊接、退火、粘接、激光硬化、抛光和表面涂覆等[7]。优化供需的具体方法可参见相关工程资料。本节将介绍一些具有广泛适用性的策略和典型案例。

- 减少产品生产所需的工序数量。借助计算机控制的工具并采用先进的材料，可以实现较高的工艺精度，从而减少其他加工步骤[8]。这种方法被称为"净成形制造"。

- 使用再制造部件或回收材料（详见第5章）。例如，基于废钢的钢铁，其生产过程能耗比基于铁矿石的能耗要低很多（详见第1章）。

- 对于小批量生产而言，制造模具和压模等定制工具既昂贵又耗能。可利用3D打印（也称为"增材制造"，即additive manufacturing）和增材成型等灵活技术，无须定制工具也能制造出定制化的零件[9]。

- 多使用成型工艺（如铸造和锻造），少使用机械加工工艺（如钻孔和研磨）。后者会造成材料浪费，从而间接浪费生产这些材料所需的能源，并需要使用额外的能源回收利用被浪费掉的材料。

- 利用电力供热，替代燃料燃烧供热。为部件和材料供热时，使用电力的热效率更高。详见第6章"化石燃料供热的效率"部分。

- 对一般的电机和泵而言，输入电压和频率一旦给定，电机和泵就会以恒定的速度和扭矩运行，通过机械运转（同时消耗能源）的方式，实现对生产系统的控制。变频驱动系统或变速驱动系统会根据系统负荷的高低，调整电机或泵的转速和扭矩，因此可以节约能源。

- 对某些工序而言，材料加工的速度越快，用于材料加工的能源消耗就越低。切割、钻孔、磨削（如格栅或水刀）、表面涂覆（化学或物理气相沉积）等均属此列[10]。

- 有些生产系统的能源效率天然就比替代方案低，因此，在条件允许的情况下应尽量避免使用。例如，压缩空气是工厂中能源效率最低的用能形式之一，其能效水平通常只有10%左右（即压缩空气系统所消耗的能源中，大约只有10%用于实现其设计功能）[11]。压缩空气普遍应用于制冷、混合物搅拌或者包装充气、零部件清洁和碎屑清除、机械驱动等场景，对应的节能替代方案可以采取风扇，鼓风机，用于清洁零部件和清除碎屑的刷子、鼓风机或真空泵，电机或液压装置[12]。

- 优化运动零部件的表面材质。表面过于光滑的零部件容易粘连，并且无法使润滑剂在表面上长时间停留。带有微小凹凸的表面材质既可以减少摩擦，又能为润滑剂提供容纳的空间[13]。

- 提高锅炉能效。锅炉是最常见的高耗能工业设备之一；目前，已有改善锅炉运行状况的详细指南，包括安装烟道风门、定期除垢、优化排污率、避免过量空气燃烧，以及回收利用冷凝水等措施[14]。能效最高的锅炉可实现85%~90%的"燃料—蒸汽"效率（示范项目已达到94%）[15]（热水锅炉的能源效率比蒸汽锅炉更高，能源效率可达到98%，但在工业生产中往往需要蒸汽[16]）。

- 妥善维护设备，避免因蒸汽、水和空气泄漏造成的能源损失，以及润滑不良的部件造成的磨损等。开展预测性维护（即利用传感器或测量值来检测机械何时需要维修或更换），可在有效优化设备性能的同时，减少不必要的维护成本。定期进行预防性维护是一种很好的方法。反应式维护（机械运行到发生故障时，再进行维护）可能会导致长期的能源浪费且很难被发现[17]。

尽管许多设备层面提高能效的措施都可以通过商业化的技术来实现，但某些领域的技术研发依然对优化生产工艺特别有帮助。例如，由于水的比热容和蒸发潜热都很高，因此通过沸腾的方法除去水分，需要消耗大量能源。而膜技术（如电渗析膜、正向渗透膜和反渗透膜，以及膜蒸馏）可实现对水分的非热力分离，从而节省大量能源[18]。其他科技研发和节能潜力大的领域包括"净成形制造"和"增材制造"（即3D打印）。

4.3　全部生产设施层面提高能效的措施

全部生产设施层面提高能效的措施，指的是在某个设施边界内但超越单台机械和单个工序范围的能效提高。在这一尺度下，存在很多成本效益较好的节能机会。但是，相较于电机、工业锅炉等标准化设备的能效管理，工业生产设施的能效提升更具挑战性。特定工业品（如特定结构的钢材和特定品种的水泥）的行业标准不仅规范产品性能，还通过设施层级的能耗限额指标约束生产工艺的能源强度；第 10 章将对此进行详细探讨。工业领域目前开展设施层面节能工作的主要驱动力，来自节能带来的经济效益，而这部分经济效益可以在碳定价、补贴和其他经济政策（详见第 9 章）的作用下进一步提高。

4.3.1　合理选择设备的参数，优化系统物质流

工业设备在其设计功率（或略低于设计功率）下运行时，能源效率最高。因此，选择安装大功率设备后，如果其运行速度远低于最优工况，甚至处于空转状态（如等待物料），都会造成能源浪费。

工业设备的参数必须能够满足生产过程中的最大负荷。因此，降低工业设备功率的一种方法是，使物料在不同时段间的流动分布更为均匀。例如，一个未经优化的工业生产过程可能仅偶尔泵送大量流体，而大部分时间只泵送少量流体。为应对峰值负荷，工厂管理者往往必须安装参数较大的泵，但这会导致在生产系统负荷较低时出现大量能源浪费。相反，如果通过优化生产过程，使物料的流动速度更加均匀，则可以使用参数较小的泵来处理每小时相同流量的流体，使泵的运行功率接近设计值。

在无法减少物料流波动性的情况下，可以利用多台小型设备替代单台大型设备，从而达到节约能源的目的。例如，日本锅炉制造商三浦公司（Miura）估算，使用多个小型锅炉取代大型锅炉，并根据蒸汽需求波动调节各锅炉的运行，可以节能 10%~30%[19]。

4.3.2　提高流体的输配效率

系统部件的衔接方式对能源效率会产生很大影响，在输送蒸汽和其他流体时尤为如此。为减少压力差，两个设备之间的输送管道距离应尽量短，管径要足够大，并尽量减少急转弯。不过，在输送高温（如蒸汽）或低温的流体时，

管道横截面也不宜过大，否则会导致热量损失增加；这是因为在流量（单位为立方米/秒）一定的情况下，管道横截面越大，流体的停留时间越长[20]。

对用于输送高温和低温流体的管道应进行保温隔热处理并妥善维护。相关案例表明，管道保温隔热的节能改造项目，投资收回期不到一年[21]。对管道进行预测性维护（详见前文），可以快速检测和修复泄漏。

4.3.3 余热回收和热电联产

需要燃烧燃料的工业设备，如窑炉和锅炉，很难将燃料中的能量全部转移至加工的材料中。例如，在一个工作温度为1100℃且没有过量空气的窑炉中，燃料中55%的能量会随高温废气流失[22]。余热回收，致力于回收部分未进入产品的热量（如使废气或蒸汽流经换热器）并加以应用。一般常用的燃料都含有氢原子，而氢原子在燃烧过程中与大气中的氧气结合形成水蒸气（例如，甲烷与氧气燃烧形成水蒸气：$CH_4 + 2O_2 \rightarrow CO_2 + 2H_2O$）。水蒸气蕴含大量潜热，因此最大限度回收热量的关键，就是同时回收水的显热（通过降低排气温度）和潜热（通过冷凝水蒸气）[23]。

机械式的蒸汽压缩（即对蒸汽加压），是一种可以从蒸汽中提取更多热量的技术。对蒸汽加压可提高蒸汽的温度，从而更容易利用换热器吸收热量。当回收热量的气体为水蒸气时，加压还有利于回收水蒸气的潜热[24]。

回收得到的热量，可用于预热窑炉的投料和助燃空气，使其在进入窑炉前更加接近反应所需的温度，减轻窑炉的工作负荷。回收余热还可用于投料烘干，以减少水分蒸发所需的能源消耗。回收的余热既可用于同一设备，也可用于同一设施内的不同设备。

理论上，余热回收可替代工业领域11%～12%的非原料用能，目前几乎所有的余热回收（约10%～11%的替代量）都具有经济可行性[25]。然而，能效的提高往往伴随着余热回收潜力的下降，因为能源利用效率的提高意味着浪费的热力（余热）减少。例如，2012—2015年，欧盟的余热回收潜力下降了约13%，这主要是由于同期工业能源效率的提高[26]。

热电联产（CHP）又称"汽电共生"，是指从燃烧过程中同时获得电力和热力。热电联产系统的能源效率一般为60%～80%，而单独发电或供热的能源效率仅为50%[27]。热电联产有两种类型：

- 在"顶式循环热电联产"(即先发电,再循环)中,燃料先用于发电,然后对余热进行热回收。典型的系统设计因燃料而异。气体和液体燃料通常在内燃机或燃气轮机中燃烧,之后带动发电机发电,再从废气中回收余热。而固体燃料通常在锅炉中燃烧,产生的蒸汽用于带动汽轮机发电,最后从蒸汽中回收热量[28]。

- 在"底式循环热电联产"(即先提供工艺用热,余热再发电,也称"余热发电")中,燃料燃烧的主要目的是为工业过程提供高温热力。随后,对余热进行回收并用于提高余热锅炉温度,余热锅炉产生的蒸汽驱动汽轮机发电。最常见的流动工质是水。余热温度超过 260℃时,该系统才具有经济性。一些新技术采用有机工质(可回收利用 150℃左右的余热)或者氨水(可回收利用 100℃左右的余热)。此外,还可以使用热电材料(即利用温度差产生电能的半导体)将余热转化为电能,尽管这一方式目前不太常见[29]。

如今,与底式循环的系统相比,顶式循环的系统更为普遍。例如,2021 年,美国工业热电联产装机容量的 90%为顶式循环,10%为底式循环[30]。

工业热电联产的潜力依然很大。例如,据美国能源部 2016 年的估算,美国工业的热电联产装机容量理论潜力为 162 吉瓦,而当时热电联产装机容量仅为 66 吉瓦(为理论潜力的 41%)[31]。在许多国家,尚未开发的热电联产潜力巨大,比例可能更高。

随着未来工业领域脱碳逐步深入,热电联产的潜力可能会在目前的基础上有所下降。许多工业热力的供应,将实现电气化,而电力供热不会产生高温尾气(但是,某些情况下对原料加热产生的副产品,会形成尾气);同时在未来的加工过程中,热量将更有效地传递给材料,因此产生的余热会更少(详见第 6 章)。然而,未来在某些场合需要零碳电力制备蒸汽,或者燃烧氢气、氢衍生燃料和生物质来满足部分高温的热力需求(详见第 7 章),在这种场景下,热电联产(尤其是底式循环系统)仍将发挥重要作用。

4.3.4 工业生产过程的太阳能供热

"工业生产过程的太阳能供热"是指,利用太阳辐射为工业生产过程直接提供热量(即不将太阳光转化为电能)。目前有三种技术(见图 4.2)特别适合

第 4 章 提高能效

收集太阳能提供的热能，为工业企业使用[32]。

(a) 平板型集热器 — 透明盖板、外壳、黑色吸收板、流体管、隔热材料

(b) 抛物面槽式集热器 — 阳光、流体管、抛物面镜

(c) 线性菲涅尔式聚光器 — 阳光、流体管、反射镜

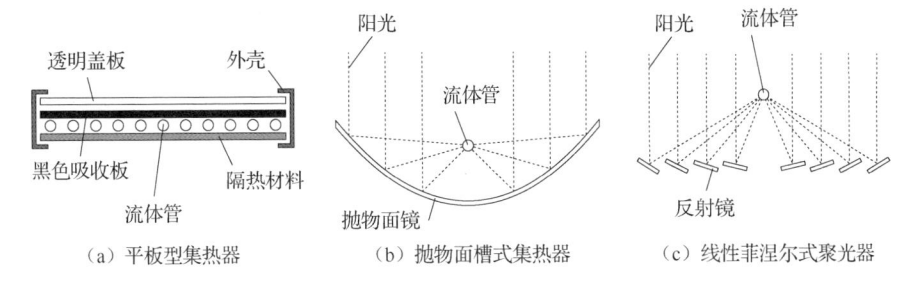

图 4.2　各类可用于工业过程供热的太阳能集热器设计

- 平板型集热器是结构最简单、价格最低廉的一种太阳能集热器。工作时，阳光会穿过其透明盖板，并被一块黑色吸收板吸收。随后，热量会被传递到吸收板后隔热空间中的流体（通常是水）管中。平板型集热器不会随太阳光线的变化而转动，可以像光伏板一样安装在屋顶上。平板型集热器通常可以提供 90℃ 左右的热水，可用于预热锅炉给水（在不供应热水时，集热器中静水[i]的温度可达 200℃[33]）。目前市面上最好的平板型太阳能集热器，能源效率约为 50%～65%[34]。

- 抛物面槽式集热器由一排抛物柱面反射镜组成，可将光线聚焦到一条水平线上；流体管道沿聚焦线安装。该系统工作时，用入射辐能加热管道中的流体。槽式集热器可以沿南北向安装，并利用单轴太阳跟踪技术，随太阳自东向西转动。有些槽式集热器被封闭在类似温室的结构中，以保护机器并提高能源效率。槽式集热器可满足 340℃ 左右的工业用热需求[35]，能源效率典型值为 65%～80%[36]。

- 线性菲涅尔式聚光器。菲涅尔式聚光器与槽式集热器类似，只不过不使用大型抛物面镜。菲涅尔式太阳能聚光器采用一系列平面（或微曲面）镜，通过为每个镜面设置不同的摆放角度，将光线聚焦在一条线上。菲涅尔式聚光器的能源效率为 40%～65%，低于槽式集热器[37]。由于菲涅尔式聚光器的镜面结构较为简单，因此生产成本较低，且只需通过镜面的转动就可对太阳进行追踪，不像槽式集热器必须使整台集热器进行转动[38]。菲涅尔式聚光器可满足 212℃ 左右的工业用热需求[39]。

---

i 译注：即吸热板后隔热空间中流体管内的水。

太阳能集热器可与储热技术配合，以增加太阳能的供热时间。在储热过程中，可以使储热材料发生相变（即固—液转变或液—气转变）而不是通过温度变化来减少热损失，相变储热的前景较好。相关机构目前已对100多种相变储热材料进行了研究，探索将这些材料用于120~400℃范围内的工业用热需求，但目前尚未实现商业化[40]。

在工业热力需求中，有35%~45%的热力可以通过太阳能供热实现（见图6.2），但太阳能供热的能力因地理位置差异很大。日照强烈、每天日照时间长的地区，太阳能供热的潜力较大。此外，工厂的年/日生产计划与日照充足月份/时段的匹配程度，也会对该企业的太阳能供热系统设计产生很大影响。例如，某些食品（如西红柿和坚果）的加工工厂利用太阳能供热的潜力很大，因为这些工厂的运行集中在夏秋两季，且工作时间主要在白天[41]。

因此，在估算太阳能供热的潜力时，不仅要考虑技术层面的问题，还要考虑该区域的地理条件和产业情况。美国一项县级层面的研究发现，各类太阳能集热器对减少工业领域燃料需求（以及相关的CO_2排放）的技术潜力分别为：平板型集热器为3%、线性菲涅尔式聚光器为8%、抛物面槽式集热器为11%、配备储热装置的抛物面槽式集热器为15%[42]。（这些数字之间不是相加的关系。例如，抛物面槽式集热器的技术潜力中，已经包含了线性菲涅尔式聚光器的技术潜力。）

太阳能供热系统的用地需求可能很大。例如，美国如果要通过抛物面槽式集热器和储热技术实现上文提到的15%节能率，在夏季运行的系统需要近5500平方千米的用地，在冬季运行的系统需要近19000平方千米（约占美国陆地面积的0.2%，相当于新泽西州的面积）。这主要是因为冬季的日照时间较短，日照强度也较低[43]。太阳能供热系统必须靠近有热力需求的工厂。因此，对位于城市的工厂而言，用地需求是所面临的一个挑战。

4.3.5 自动化

在广义上，自动化（即机器人）可以通过两种方式提高工业能源效率。首先，机器人对工具的使用比工人更快速、更精确，从而可以最大限度地减少工具的操作时间和相关能源消耗。例如，目前大多数气焊接是工人手工完成的，操作速度相对较慢；而机器人可以更迅速地完成焊接任务，缩短每个产品使用焊枪的时间，从而节省燃料[44]（自动化还可以帮助节约材料，将在第5章中详细讨论）。

其次，与工人不同，机器人作业一般不需要充足的光线，对环境温度的耐受区间也更宽，这使得"黑灯工厂"成为可能。黑灯工厂旨在利用机器人组成工厂，使之在没有照明、暖气和空调的环境中进行生产；只有在排除故障或进行维护时，才需要工人进入车间。黑灯工厂能够节省照明、供暖和空调的能源消耗，这些能源消耗合计占美国工业用电量的16%、美国工业化石燃料消费量的6%[45]。

虽然黑灯工厂的技术已经存在，但长期以来不同企业的尝试表明，这种技术的经济收益并不好[46]。要想让黑灯工厂的技术实现商业化，除节能考虑外，通常还需要其他理由来支持尽可能减少人工操作，如在芯片制造或药品生产过程中需要减少人员活动以避免污染。建成无人员操作的生产系统，其成本往往异常地高，而且生产设备缺乏灵活性，难以适应当前工厂的发展趋势，如定制化程度越来越高、产品更新越来越频繁，以及生产周期越来越短等[47]。

在实践中，即使是高度自动化的工厂，通常也不会完全取消现场的人工作业。例如，德国科技公司博世在2021年开设了一家代表目前先进工艺水平的自动化芯片制造厂。该工厂耗资12亿美元，雇用了700名员工进行现场作业，人数仅为同等规模工厂的35%，但这700人仍然需要工厂为其提供照明、供暖和空调服务[48]。

综上所述，自动化对提高能效的最大贡献在于优化生产过程，而不是黑灯生产。

4.4 工厂以外层面提高能效的措施

在工厂的物理边界以外，实现工业能源效率提高的方法至少有三种：优化供应链、改进产品设计，以及在企业决策中正确评估能效的价值。

4.4.1 供应链

一家公司的供应链，是指为该公司提供其产品所需物料和零部件的一系列生产企业，可以从该公司的直接供应商，一路追溯到原材料开采。供应链的排放，来自这些供应商的用能行为，以及零部件和物料在企业之间的运输活动。因此供应链还可能包括某些下游企业，如订单执行过程中用到的运输公司[49]。

为了满足客户对可持续产品的需求或响应相关监管要求，一些企业希望减少其供应链的能耗和碳排放。利用边境调节机制下的碳定价（详见第 9 章），以及面向产品的全生命周期排放标准（详见第 10 章）等措施，可以激励企业实现其供应链的低碳化。例如，寻找可以达到规定能效水平或排放指标要求的供应商进行合作，或者帮助现有的供应商使用更新、能源效率更高的生产工艺。工业企业也可优化工厂选址，以便与供应商（或目标市场）之间实现更可靠、更高质量的运输，减少运输环节的能源消耗。

大型企业通常对其供应商具有更大的影响力，因此它们最有条件通过谈判促使其供应商使用低碳能源或改进生产工艺。以沃尔玛的可持续发展指数和"十亿吨减排项目"为例，据测算，该项目于 2017—2019 年促使其供应商减少了 9300 万吨当量二氧化碳的排放，并且到 2030 年预计将避免 10 亿吨当量二氧化碳的排放[50]。

4.4.2 产品设计

企业可以通过改进产品设计来减少产品的生产能耗。改进产品设计可以减少生产所需工序的数量，或者降低单个工序的能耗（详见前文）；也可以与一些节材措施相结合（详见第 5 章），从而减少需要加工的原材料，实现节能；此外，还可以帮助节省运输能耗，特别是通过节省运输所需的空间（如运输尚未组装的物品），使集装箱能够容纳更多的产品。

4.4.3 企业决策

人们往往认为，迫于市场压力，产品制造商已经挖掘了全部成本效益较好的节能机会。然而，实际上，工业企业常常会放弃一些节能机会。例如，美国能源部的一项项目于 2009—2013 年，为 2158 家中小型制造商提供能效评估服务，识别出未被开发的节能潜力 15 拍焦[i]/年。这些制造商随后实施了一些节能改造措施，但仅实现上述节能潜力的 33%。相关节能改造的投资额为 1.72 亿美元（按 2019 年价格计算），折合每吉焦节能量的单位投资成本为 11 美元/年。如果将节能量换算为电力、天然气和煤炭，并按 2019 年的能源价格计算（见图 6.5），上述投资的回收期分别为不到 1 年、3.2 年和 4.5 年[51]。美国能源部早

---

i 拍焦，即 petajoule，等于 10^{15} 焦耳，亦有译作"帕焦"。

第 4 章 提高能效

前一项针对大型制造商的评估项目也得出了类似的结论：680 份能源评估共识别出总计 14 拍焦/年的节能潜力，投资需求为 13 亿美元（2019 年价格）/年，但被评估制造商最终只实现了其中一半的节能量[52]。对于未开展过类似能效评估的企业而言，未开发出来的节能潜力可能更大。

面对成本效益较好的节能措施，一些企业无动于衷的原因可能来自以下几个方面：首先，燃料用能的费用支出只占制造商收入的一小部分——在美国，这一数字为 1.4%（见图 4.3）。因此，即使节能措施能显著削减能源支出，所节省的绝对费用可能依然很少（但也有例外，例如，电费可以占到原铝生产成本的 40%，相当于其总收入的三分之一左右，具体比例取决于其利润率[53]）。在这种情况下，由于企业的资金和资源有限，即使提高能效的投资回报率更高，企业仍然会优先投资于产品开发以增加收入，或投入到减少成本最多的领域（如材料、人员和机械）。然而，社会各界对制造商的要求不断提高，企业管理将变得更加高效，对低碳项目的关注也会持续增强。届时，提高能效有望与企业的其他商业目标并驾齐驱。

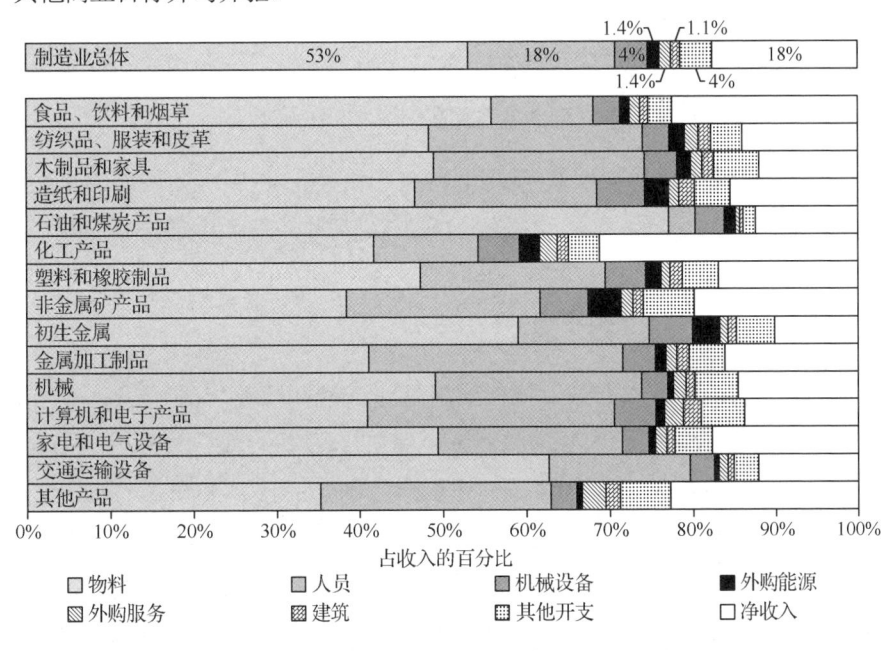

图 4.3　2019 年美国各类制造商收入的不同用途

注："物料"包括原料用能（如炼油厂购入的原油，以及用于制氢的天然气）。"人员"包括员工薪酬、福利，以及外包人员和临时工的相关开支。"机械设备"包括设备采购、租赁和维护。"外购能源"包括用于供能和（自）发电的燃料。

资料来源：美国人口普查局，《2019 年制造业年度调查》，2021 年 6 月 21 日。

其次，提高能源效率带来的好处往往并不仅限于少用能源，人们在评估项目时往往会忽视这一点。例如，针对钢铁工业的一项研究发现，提高能效可以提高生产率；如果在计算提高能效的收益时，也将这部分"协同效益"计算在内，那么项目的节能收益将会增加一倍[54]。能效相关的"协同效益"包括[55]：

- 提高生产力；

- 减少消费者受到能源价格波动的影响；

- 降低容量电费；

- 降低资金成本及相关保险费用；

- 降低维护成本；

- 减少对冷却水和其他投入的需求；

- 减少废弃物的产生和废弃物处置费用；

- 降低履行温室气体减排或常规污染物减排要求的成本；

- 改善工作场所的健康和安全；

- 提高产品在环保意识强的买家中的销售能力；

- 提高产品在执行绿色采购政策的企业和政府机构中的销售能力（详见第10章）。

合理地考虑提高能效带来的多重效益，可以帮助企业在决策中更加重视提高能效的项目。

再者，制造商为了满足季度财务目标和投资者的期望，可能会迫于压力而采取短期视角看待问题，从而对缩短投资回收期提出不合理的要求——优先选择高风险的短期项目，放弃高质量、需长期投资的项目。某机构对七家节能服务公司（帮助客户企业开展能源审计并为其提供节能技术支持的公司）进行了访谈，发现公共机构/公共建筑类的客户[i]（如学校、医院和办公楼）愿意选择投资回收期为十年的节能项目，而制造业类的客户更希望节能项目的投资回收期为两到三年或更短[56]。实际上，十年的投资回收期远远短于工业机械通常的使

---

[i] 译注：原文为 commercial clients，但括号内学校、医院和办公建筑的例子在中文语境下分别属于公共机构（学校和医院）和公共建筑（办公楼），因此此处意译。

用寿命，在工业领域，十年的投资回收期往往具有较好的成本效益。企业管理层需要把企业的长远发展置于首位，并将这一观念传达给投资者和员工，以支持提高能效（和其他低碳技术）的投资，使其效益在未来几十年内积微成著。具有战略思维能力，还能帮助企业在未来 30～50 年内实现温室气体零排放，而这正是政府和社会对企业提出越来越严格要求的最初原因。

最后，一些企业（尤其是小型制造商）可能缺乏资金，因而难以对资金需求更多、能源效率更高的设备进行前期投资。政府可以通过贷款机制、补贴、税收减免和设备优惠等政策，帮助企业克服这些障碍，相关内容详见第 9 章。

目前有一些工具，可以帮助企业改善与提高能效相关的决策。国际标准化组织（ISO）为企业的"能源管理体系"制定了一套指南，即 ISO 50001。这里所说的"能源管理体系"并不是一种技术设备，而是一套基于实践的企业管理方法。ISO 50001 能够帮助企业制定用能政策，设定企业能效目标，收集用能数据，定期评估用能表现，并在能源管理实践中不断进行改进[57]。还有一些 ISO 50001 的相关标准对具体的实施细节进行了说明，包括如何开展能源审计（ISO 50002），如何评价能源绩效（ISO 50006）等。

4.5 提高能效对工业领域实现零排放的贡献

提高能效是当今工业领域一种成本效益较好的减排方式。它不仅能够减少工业领域对化石能源的需求，还能减少对零碳能源的需求，从而加快工业清洁转型的速度并降低其成本。许多提高能效的技术已在单个设备层面得到应用，这些技术已为人们所熟知，并逐渐成为全球实践的标准。然而，涵盖整个生产设施，甚至延伸到工厂层面之外（如供应链、产品设计和企业决策）的能效措施，通常更加重要，但往往未得到足够重视。企业唯有全面了解提高能效的多重效益，而不仅仅关注能源消耗的减少，才能做出更加明智的能效投资。

绝大多数节能技术目前已实现商业化，具备大规模推广的条件。因此，通过制定标准来促进技术推广是一项非常有效的政策措施（详见第 10 章）。此外，还可以通过提供面向小型制造商的融资优惠或节能改造补助等政策来推动节能技术的应用（详见第 9 章）。作为一项"无悔措施"，提高能效应成为各类工业低碳化战略的重要组成部分。在节能的基础上，电气化、氢能、生物质能和碳捕集等技术可用于满足剩余的能源需求。

第 5 章 材料效率、材料替代和循环经济

大多数工业能耗和温室气体排放都与材料的生产密切相关，尤其是钢铁、塑料、化肥等化工产品，以及水泥的生产。尽管目前已经出现了针对这些材料的低碳甚至零碳生产工艺，但实现规模化应用仍需要大量投资，并且依赖技术创新以降低新工艺的成本。因此，通过减少全社会对于原材料的需求，可以有效减少新增投资需求，从而加速脱碳进程。广义而言，实现这一目标可以通过三种主要方式：提高材料效率、进行材料替代，以及推进循环经济的发展。

5.1 材料效率

"提高材料效率"是指，在生产相同产品时使用更少的材料。材料效率的提升并不会引起产品质量的下降或功能的减弱，甚至还能在某些情况下对产品进行改进（例如，使产品轻量化，从而更易操作或更省油）。

与能效提升（详见第 4 章）一样，材料效率的提升也可以降低工业企业的成本，即使在没有相关支持性政策的情况下也是如此，因为企业需要购买和加工的材料减少了。尽管如此，在材料效率方面仍存在相当大的潜力尚未开发。企业可能会出于以下几方面原因，导致实际使用的材料比理论上最低的材料消耗要高出很多：

- **设计和组装的复杂性**：对既定的产品和建筑而言，其零部件的标准化程度越高，组装起来往往就会越容易。例如，钢梁在建筑中的不同位置所承受的荷载各不相同。然而，在建筑内的不同位置、角度和高度的多种规格的钢梁会使工程设计和建筑施工更加复杂和耗时。减少使用钢梁的规格种类可以简化设计并加快施工。

- **安全裕量**：对于在故障时可能会造成较大危害的产品，如建筑和桥梁，工程公司会在设计这些产品时使其最大承载力大于其使用寿命期的预期承载力。这通常需要增加额外的材料用量。一定的安全裕量是必要的，但设计公司为了避免因产品故障而受到谴责，常常会在设计中增加过多的安全裕量，尽管它们只负责设计产品而不负责购买建材。

- **组件成本**：组件的成本并不总是随着材料用量的减少而降低。例如，与直形结构相比，弧形结构更加节材，并且机械强度也更高，但弧形钢梁的成本要高于直形钢梁，并且弧形钢梁在打包运输时对空间的利用效率也较低。

- **熟悉度**：企业如果要创造新的节材设计，则可能需要改变成熟的生产流程、步骤和工具（如压模和模具）。

- **市场接受度**：一些买方可能会质疑节材产品是否与材料密集型产品一样耐用和实用。

下列技术策略有助于提高材料效率，从而降低生产成本和工业温室气体排放。

5.1.1 节材组件

最直接地提高材料效率的措施之一，就是利用兼具节材设计和对等功能的组件对普通组件进行替代。例如，Allwood 和 Cullen 两位学者通过对汽车、结构梁、钢筋和管道等常见产品开展工程案例研究，发现"只需对产品设计进行优化，并控制其在使用前和使用过程中的荷载，我们就可以在不改变材料服务水平的前提下，使其金属用量在目前的基础上减少30%"[1]。

材料效率提高可能会导致构件的复杂性增加，但可以通过非现场制造（off-site fabrication）来解决。例如，在同一个混凝土构件中使用直径和间距各不相同的钢筋，就可以有效减少混凝土中的钢筋用量。但在施工现场对钢筋进行复杂排布既耗时又容易出错，因此可以预先在工厂中将钢筋焊接成材料效率较高的钢筋网片，轧制后运送到施工现场，这样可以减少 15%~30%的钢材消耗[2]。

在某些情况下，组件在安装过程中需要达到的抗压强度远远大于其使用过程所需的，为此需要增加额外的材料用量。例如，海底管段在建造时，需要能够承受 2.5 千米长的管道从铺管船上滑向海底时的重量，而一旦铺设完成将不再需要如此大的承载力。创新的安装方式，如分段铺设并在其到达海底后加以连接，将大大减少所需材料用量[3]。

5.1.2 人工智能辅助设计与模拟仿真

计算机辅助设计（computer aided design，CAD）是指通过计算机绘制技术图纸和设计图，通常在二维和三维空间中进行产品建模。CAD 是当今产品设计的标准化技术，但计算机在其中发挥的作用很大程度上仅限于充当人类工程师的绘图和计算工具。

计算机有可能承担更多的设计工作。机器学习和人工智能（artificial intelligence，AI）可以做出新颖的设计，并通过物理和化学仿真来预测其实际性能。计算机可以利用演化算法对设计进行迭代调整（例如，对最成功的部分设计元素进行随机的小改动，同时舍弃最不成功的那部分设计元素），并反复运行模拟分析，以不断趋向具有前景的方案。随机引入不同的初始方案有助于拓展搜索空间[i]（此处指潜在设计方案的集合），从而不会囿于局部最优（此处指无法再通过稍微调整特征，进一步提高性能的设计方案），也不会错过一些具有截然不同特征的优秀设计[4]。

人工智能辅助设计在优化复杂产品方面最具应用前景，如新材料、催化剂、生物分子和半导体，因为这类产品的设计蕴藏着巨大的搜索空间。但它也可用于其他各种类型的产品，包括 3D 对象[5]。机器学习在提供相关数据（如与各种材料相关的温室气体排放量数据和不同制造工艺的能源需求数据），并且将"优化温室气体排放表现"纳入适应度函数（优化目标）的前提下，能够明确优化产品的环境表现，包括其在使用阶段的环境表现。例如，机器学习可以在建筑物的早期设计阶段帮助评估各种设计决策将如何影响其在建成后的能耗和排放[6]。

5.1.3 自动化

自动化是指运用计算机控制的机器（如机器人）来执行生产步骤，通过提高加工精度来提高材料效率。例如，工业喷涂机器人可以使涂料均匀地分布在

---

i 译注：在计算机科学和优化问题中，指所有可能的解决方案的集合。

第 5 章 材料效率、材料替代和循环经济

物体表面,同时最大限度地减少涂料浪费;切割机器人则可以尽量缩小在板材上切割不同零部件的间距(有时也使其呈棋盘格状分布),从而可以从同一板材上切割出更多的零部件。

1. 增材制造(3D 打印)

增材制造,即 3D 打印,是指利用计算机控制的机器,通过材料的逐层沉积来制造实体。最早的 3D 打印机发明于 20 世纪 80 年代,通过立体光刻技术(详见下文)制造树脂材质的实体[7]。如今,许多类型的材料都可以用来进行 3D 打印,包括热塑性塑料、金属、陶瓷、玻璃、混凝土、纸张、纱线和食品[8]。以下是几种常见的增材制造技术[9]:

- 熔融层积成型技术(fused deposition modeling,FDM)对原材料(通常是热塑性塑料)进行加热塑形,随后使其冷却硬化。

- 立体光刻技术(stereolithography,SLA)利用光固化树脂制造物品实体,通过紫外线照射使其固化。

- 选择性激光烧结技术(selective laser sintering,SLS)利用激光使原料粉末(主要是尼龙)的颗粒相互熔合并对其塑形。

- 选择性激光熔化技术(selective laser melting,SLM)利用高功率激光使金属原料粉末熔化并对其塑形。

在增材制造技术下,物料只会在需要的位置进行沉积,从而减少了产品生产过程中的材料损耗(如钻孔、粉磨和锯切)。此外,增材制造可以形成复杂的三维形状,在某些情况下可能有助于兼顾节材和产品强度提升。

虽然 3D 打印技术的材料效率较高,但并非完全没有浪费。其可能导致的材料浪费包括支撑结构(在打印过程中用于临时支撑悬空部分的直立结构)、失败品和试印品[10]。

增材制造在产业规模上主要用于快速原型制作、生产定制化零部件(如用于牙科和修复学),以及零部件形状复杂且必须轻量化的情况(如航空航天应用和设计高性能自行车)[11]。增材制造的打印速度较慢,并且根据具体打印技术的不同,打印出的零部件有时还需要经一些后续加工步骤才能呈现理想的质地。因此,增材制造并不适合用来进行简单形状零部件(如梁柱、钢筋和螺栓)的大批量生产。工业领域的产出材料中,有很大一部分都被用来进行这类生产(并

且作为增材制造可用材料之一的混凝土，其大部分已经在施工现场被浇注到了定制形状的模具中），这可能会限制增材制造对工业温室气体的减排潜力。

2. 数字化

数字化是一种极致的材料效率提升方式，即利用非实体化的数字产品取代实体产品。常见的例子包括通过互联网推送的新闻文章、电子书、有声读物、音乐和视频。数字产品通常需要依靠材料密集型的设备（如计算机或智能手机）来获取其内容，因此数字化能够实现较好环保效益的前提是，数字产品的购买者已经拥有了合适的设备，或者即使需要购置新设备，也可以利用新的专用设备（如电子阅读器）取代足够多的纸质书籍。

提供数字化服务可以间接减少材料需求。例如，举行视频会议可以减少人们的出行需求，从而减少对汽车，以及道路、停车场和机场航站楼等材料密集型基础设施的需求。推广网上购物可以减少人们对实体商店面积的需求。然而，数字化会增加人们对其他类型基础设施的需求，尤其是对数据中心的需求，但计算技术的快速发展（如能效提升和虚拟服务器）能够在帮助数据中心跟上需求增长的同时，限制相关能耗和实体化服务器基础设施的增加[12]。

展望未来，数字化无论是机遇还是极限都充满了未知。一些目前看来难以数字化的产品和服务，未来也可能在虚拟现实、触觉反馈和其他无法预测的技术作用下实现数字化。

5.1.4 化肥

按质量计，化肥是化工行业产量最大的产品（见图2.2）。化肥为作物生长提供养分，尤其是氮。如果对植物吸收氮的能力进行优化，防止氮素流失到地下水和大气中，就可以减少化肥的用量。具体方法如下[13]：

- 种植耐低氮的作物品种。

- 避免施用超过作物需要的肥料。施肥前使用土壤探测器（一种能检测并显示土壤pH值和养分含量的仪器）来对肥料需求进行准确评估[14]。

- 作物播种几周后对氮素的需求量最大；施肥时间应配合作物需求。

- 在根部附近施肥，而不要施加在土壤表面。

- 种植冬季覆盖作物，以减少因渗漏和径流造成的氮素损失。

- 使用硝化抑制剂和脲酶抑制剂来延迟肥料的分解和溶解。这将使氮素的释放更加缓慢，有助于作物对其进行吸收。

- 与快速释放氮素的肥料（如无水氨、硝酸铵和硫酸铵）相比，缓释肥料配方（通常基于尿素）在某些地区可减少50%的氮素损失。

- 避免不必要的灌溉，防止土壤过度潮湿。地下滴灌有助于更好地控制土壤湿度（也更节水）。

- 在某些情况下，长期少耕可能会减少氮素损失。

- 种植多年生作物（可连续多年产出粮食的作物），而非一年生作物（只能存活一个生长季的作物）。多年生作物需要的肥料更少，因为它们能提高土壤留存养分的能力，并且不需要每年重新种植整株作物[15]。尽管目前全球80%的粮食作物都是一年生作物，但研究人员正在为一些常见作物开发多年生品种，包括水稻、小麦和豆科植物[16]。

一些土壤微生物会将部分未被作物吸收的氮素转化为一氧化二氮（N_2O），这是一种强力的温室气体。因此，上文讨论的各种方法不仅可以减少化肥需求，还有助于避免农业一氧化二氮的排放。

5.1.5 水泥

第3章中对水泥和混凝土的材料效率提升策略进行了详细介绍。

5.2 材料替代

材料替代是指，利用低碳材料对高碳材料（特别是钢材、塑料和混凝土）进行替代。理想的替代材料应该具有制造排放低、使用性能好、价格合理，以及全球供应充足等优点。但能够完全满足这些条件的材料相对较少。本节将重点介绍一些最有前景的材料替代方案。

5.2.1 木材

如今，木质结构和木制屋面材料在小型住宅建筑中常见，但大型建筑的材料仍以钢材和混凝土为主。层压（多层）木质建材可以替代钢材和混凝土，并在近年来使大型木结构建筑成为可能。以下是层压木材的一些具体品种[17]。

- **胶合层压材（胶合木）**是指将多层干燥的结构木材胶合在一起而形成的材料。胶合期间需对各层木料加压加热，直至胶液完全固化。各层木料的木纹应沿着同一方向，通常平行于木梁的长边。与实木一样，胶合木也会表现出热胀冷缩的特性。该材料主要用于柱、梁和其他必须沿某一轴线方向受力的承重构件。

- **交叉层压木材**（cross-laminated timber，CLT）与胶合木类似，但相邻木料层彼此呈 90°，因此每一层的木纹都与其相邻层的木纹彼此垂直。这类木材一般用于建筑的各个表面，如墙壁和地板。

- **其他层压木材**产品包括钉合木（nail-laminated timber，NLT）、销钉层压木材（dowel-laminated timber，DLT）和层压单板木材（laminated veneer lumber，LVL）[18]。这些木材品种在层接方法或木层厚度方面各不相同，但都是基于同样一个原理，即多层木质材料比普通木材更加坚固。

基于这些创新材料，全球现已建成了若干木结构的摩天大楼，包括挪威的 Mjøstårnet（高 85 米）、奥地利的 HoHo Wien（高 84 米）和瑞典的 Sara Kulturhus（高 75 米）[19]。这些建筑均采用层压木材建造，分别建成于 2019—2021 年。

基于欧洲中部气候条件对建筑开展全生命周期分析（包括建造过程、建筑使用寿命内的能量消耗，以及使用寿命结束后的建筑拆除废弃物）的结果显示，木结构建筑对气候变化的影响要比传统材料建成的同类可比建筑低 22%～25%[20]。此外，用木材建造建筑或制造其他耐用产品可能是储存森林捕获的 CO_2 的有效方法；但如果要大规模采用这种方法，则需要注意避免造成森林的过度砍伐和生物多样性的丧失[21]。

木材对其他建材的替代在很大程度上取决于全球的木材供应。例如，2018年，全球锯材（横梁、托梁、板条等）和人造板（胶合板、刨花板、纤维板等）的总产量为 9.01 亿立方米，而混凝土的产量约为 140 亿立方米，是前者的 15 倍[22]。在这样的差异下，即使全球结构木材的产量发生大比例增长，依然也只能取代一小部分混凝土的使用。

5.2.2 有机肥料

目前，全球约一半的农作物收成有赖于化肥，而化肥主要由化工行业基于化石燃料生产（详见第 2 章）[23]。农业废弃物可以制成有机肥料，其来源包括

第 5 章 材料效率、材料替代和循环经济

动物粪便、作物残留物、污水和食物残渣等有机物的分解。简单来理解，施用有机肥料就是在农田中施用动物粪便，这是一种在全球范围内普遍采用的传统做法[24]。然而，更好的方法是，利用厌氧消化装置对有机废弃物进行处理，不仅可以生产肥料，还可以生产沼气（作为能源使用，详见第 7 章）。

化肥的主要作用是为作物提供三种关键养分：氮、磷和钾。据统计，2014 年全球氮肥产量为 1.13 亿吨，磷肥产量为 5300 万吨，钾肥产量为 4200 万吨（见图 5.1）。

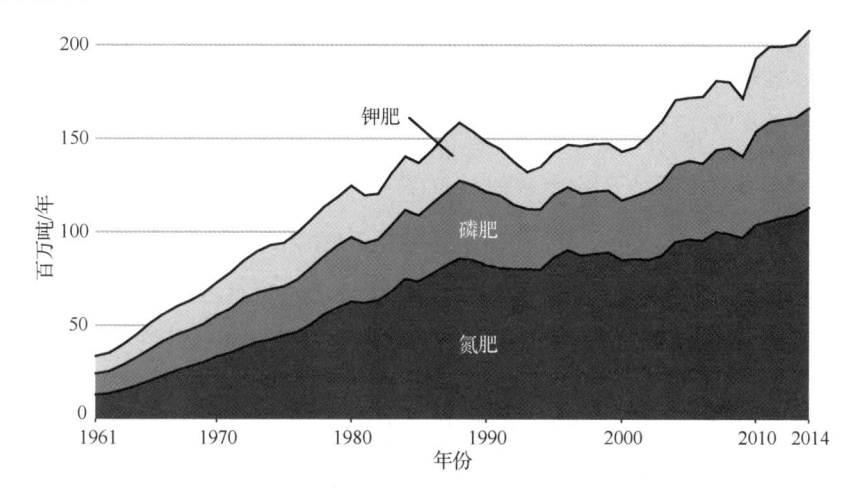

图 5.1 全球化肥产量，按养分类型

资料来源：Nick Primmer 和世界沼气协会（WBA）政策、创新和技术委员会，《沼气：迈向 2030 年的路径》，伦敦，2021 年 3 月。

有机肥料不仅含有上述的全部三种养分，还含有其他营养成分。表 5.1 列出了沼渣（一种有机肥料，厌氧消化的产物之一）的养分及含量。

表 5.1 沼渣的养分及含量

来源	氮（N）	磷（P_2O_5）	钾（K_2O）	镁（MgO）	硫（SO_3）
农业废弃物	3.6	1.7	4.4	0.6	0.8
食品废弃物	4.8	1.1	2.4	0.2	0.7

注：表中所示为湿式（含水量约 95%）厌氧消化产物的养分含量。养分/沼渣比值的单位为千克/吨。

资料来源：Sarika Jain, David Newman, Ange Nizhou 等，《沼气的全球潜力》，世界沼气协会，伦敦，2019 年 6 月。

利用有机肥料对化肥进行替代，能够产生两大关键效益：

- 减少生产化肥所需的化石能源。

- 提高粮食安全水平。化肥产能和出口能力过于集中在少数几个国家，存在供应安全隐患。磷肥由磷酸盐岩制成，而全球57%的磷酸盐岩均产自中国和摩洛哥；67%的钾肥产自加拿大、俄罗斯和白俄罗斯[25]。

在此基础之上，利用厌氧消化装置生产沼渣还能带来一些额外的效益：

- 能够避免因废弃物分解而产生的甲烷排放。2019年，动物粪便、垃圾填埋场中的有机废弃物和污水的分解共产生了22亿吨二氧化碳当量的甲烷排放，约为欧盟温室气体排放总量的三分之二[26]。

- 可以产生有益的沼气能源，从而替代一部分化石燃料的使用（详见第7章）。

- 有利于妥善处置废弃物。如果对农业废弃物处置不当，容易对人们的健康和环境造成负面影响。一些国家因对作物残留物进行焚烧处置，造成了空气污染。许多国家将动物粪便储存在潟湖（lagoon）中，然后施用于田地，但这会污染水道，并损害附近社区居民的公众健康。受影响的通常是低收入的农村社区，因此对动物粪便进行妥善处置有助于提升社会公平（详见第12章）。

- 厌氧消化可提高作物对肥料养分的利用率[27]。

人类活动每年会产生690亿吨污水（废水）、330亿吨动物粪便、20亿吨作物残留物和13亿吨食品废弃物[28]，但只有2%会进行厌氧消化处理[29]。这似乎表明有机肥料拥有很大的增产潜力。然而，大部分未经消化分解的动物粪便已经用作了肥料，而废水的含水量非常高（故养分密度低），因此，有机肥料的实际增产潜力可能不如想象中大[30]。此外，一些污水系统受到了有毒化学物质[尤其是全氟和多氟烷基物质（PFAS）]的污染，因此来自这些污水系统的产物不适合用作肥料[31]。

据世界沼气协会估计，通过对更多的污水和食品废弃物进行厌氧消化，可以替代全球5%～7%的化肥需求[32]。但这只是保守估计，并没有考虑其他有机肥料的潜力，如作物残留物、尚未用作肥料的动物粪便、未来可能种植的生物能源作物，以及藻类等水生生物质。如果将这些因素也考虑在内，有机肥料的最大潜力可能会比世界沼气协会的估计值高出许多，具体数字则取决于将哪些有机肥料方案纳入考虑范围。

5.2.3 石材

自古以来，石材就是一种建筑材料。其物理特性与无钢筋混凝土相似：抗压性强，抗拉性弱[33]。由于石材只需开采而无须制造，其隐含排放（embodied emissions）相对较低。英国一项研究发现，砂岩、花岗岩和大理石的碳排放分别是普通混凝土的50%、70%和86%左右[34]。

遗憾的是，石材的使用难度较大。混凝土可以根据需要被浇筑成任何形状，或浇注在钢筋周围以提高抗拉强度，但石材必须通过雕刻才能形成所需的形状，而且无法进一步加固。此外，相同重量下，石材的成本大约是混凝土的两倍，并且如果要获得性能适宜的优质石材，可能还取决于附近是否有合适的采石场[35]。

5.2.4 生物塑料

传统塑料的生产以化石原料为基础，化石能源会造成温室气体排放，生产过程也会有温室气体产生（详见第 2 章）。生物塑料（或生物基塑料）是由可再生的生物原料（如淀粉、纤维素和植物油）制成的塑料材料。目前主要有八种生物塑料，其原料和生产工艺各不相同，如通过热加工和生物炼制等过程进行制备，或在真菌、蓝藻和大肠杆菌等微生物的作用下生成[36]。生物塑料可以在许多用途上替代传统塑料，如用于制造注塑成型产品、透明食品包装、泡沫塑料、合成橡胶、油漆和涂料[37]。

针对相关材料的全生命周期分析发现，利用生物塑料替代化石基塑料，可显著减少温室气体排放。与同类化石基塑料相比，淀粉基热塑性塑料（聚乳酸；PLA）可使全生命周期温室气体排放量减少 50%~70%，而生物基聚氨酯和聚对苯二甲酸丙二醇酯（PTT）可分别减排36%和44%[38]。

生物塑料的缺点之一是成本较高。例如，聚乳酸比同类化石基塑料贵20%~50%[39]。此外，生物塑料的生产需要基于合适的有机原料，如聚乳酸的生产就需要以玉米或甘蔗为原料，而这些有机原料的种植与获取需要占用土地，因此将与土地的其他农业（用于食品和生物能）和非农业（作为动植物生境、碳封存森林等）用途进行竞争。第 7 章的"生物能"部分将对能源和原料作物的可持续性进行详细讨论。

5.2.5 纸制材料

纸制品在某些用途中可以替代塑料，如包装、一次性餐具（盘子和杯子），以及购物袋。与塑料相比，纸制品在环保方面具有一定的优势，包括基于生物而非化石原料、可生物降解和堆肥，以及更易回收（许多类型的塑料都被排除在路边回收项目外，塑料袋也容易干扰回收机械的运行）。纸制品可以利用各种植物纤维作为原料，因此在世界各地都可以广泛获取。

由于纸制品在分解过程中会产生二氧化碳和甲烷，因此，如果在报废时对其进行填埋处理，形成的全生命周期温室气体排放将高于塑料[40]。回收利用、堆肥或焚烧供能可能是更好的处置方式。

与纸制品相比，塑料具备的理想物理特性更多。例如，塑料比纸更结实，而且防水、耐腐蚀，可以制成透明材料，还能形成聚酯纤维等织物。因此纸制品只能在一些特定的最终用途中取代塑料。当纸张用于包装，特别是食品和饮料包装（如牛奶盒和果汁盒）时，其内外衬会用聚乙烯塑料（有时内部还衬有铝层）。

在某些情况下，同样是对一次性塑料进行替代，可重复使用的产品可能比纸制品更加环保。例如，可重复使用的购物袋（一般由聚丙烯或聚酯纤维制成）如果能够在使用 6~20 次后再行废弃，其环境影响将低于一次性的纸袋和塑料袋（具体取决于购物袋材质，以及是否将一次性购物袋作为垃圾桶衬进行二次使用）[41]。

5.2.6 辅助胶凝材料和填料

辅助胶凝材料和填料可对水泥中的部分熟料进行替代，详见第 3 章相关内容。

5.3 循环经济

循环经济是一种关于经济发展模式的思想，其核心在于力求在产品和材料生命周期的每一阶段发挥其最大价值，同时最大限度地减少对原生材料的需求，并尽量避免产生无法回收的废弃物。在建设循环经济的过程中，常用的方法按优先级从高到低排列，包括延长产品寿命、提高产品使用强度、转让或转售、

第 5 章 材料效率、材料替代和循环经济

维修、翻新和再制造,以及回收(见图 5.2)。

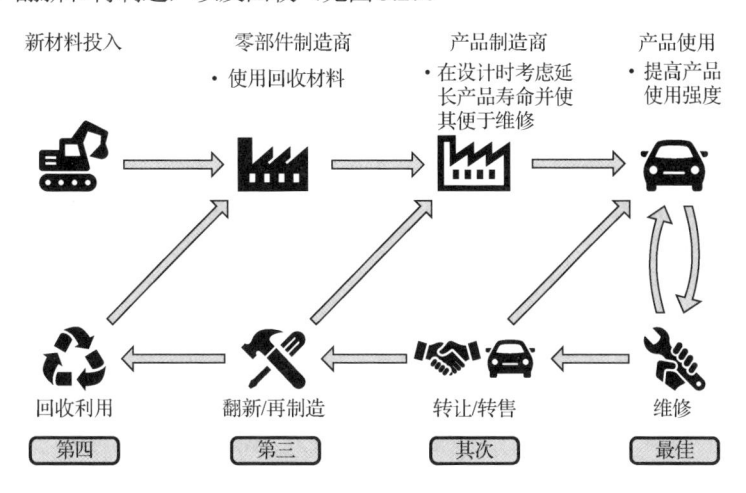

图 5.2　循环经济中的物质流示意图

注:循环经济致力于使产品在其生命周期的每个阶段都能发挥最佳用途。

5.3.1　延长产品寿命

减少新生材料需求的首要方法之一就是,确保既有产品和建筑尽可能地经久耐用。这不单纯只是涉及提高产品物理耐用性的问题,还要考虑到会促使消费者和企业更换旧产品的各种复杂原因[42]:

- 随着时间的推移,产品可能会发生损坏或性能下降。例如,房主会在炉膛无法再正常工作时将其更换掉。

- 产品仍能按设计运行,但与新产品相比显得陈旧或过时;常见于电子产品的更新换代。

- 产品仍能按设计正常工作,但已不再适应用户当前的需求。例如,孩子长大后,父母可能就不再需要婴儿车了。

- 产品仍能按设计运行,但市场对该产品的需求量下降了。例如,随着线上购物的日渐普及,市场对商场类建筑的需求减少(但对仓库的需求增加)。

因此,必须找到更换产品的原因,在此基础上探讨如何延长产品寿命。

对于因损坏或老化故障而被弃置的产品,应从设计上提高耐用性和易维修

性。对某些产品而言，可能只需要在设计上稍加改动就可以做到这一点。例如，冰箱最常见的一类故障原因是压缩机电机轴承老化。压缩机电机轴承只占冰箱组成材料的很小一部分。生产更加耐用的轴承或使冰箱压缩机电机更易更换，可以延长整台冰箱的使用寿命[43]。

对于一些容易过时的产品，有时为了延长产品使用寿命，可能在设计之初已经考虑了方便进行部件升级的因素。例如，一些计算机的显卡并不会焊接在主板上，而是可以由用户自行更换。还有其他一些情况，弃置的产品可能会在别的市场上继续使用。例如，性能良好的旧手机可以在翻新后继续销售。截至2020年，全球有很多翻新 iPhone 在印度等国出售[44]。

对于不再适应用户当前需求但性能正常的产品，应转售或转让；本章后续内容将对此进行详细讨论。

对于市场需求量降低的产品（如过时的电子产品或需要召回的产品）而言，人们很难或并不希望延长其寿命，此时回收利用是最好的方案。但建筑例外——改造既有建筑物并赋予其新用途，在经济上具有显著优势，这一过程被称为"适应性再利用"。改造后的建筑通常既美观又实用，还能保留历史风貌。适应性再利用的例子包括将仓库改建成阁楼公寓，将教堂改建成艺术演出场地，以及将火车站改建成酒店等。

在某些情况下，财政激励措施或政策的错位可能会导致建筑寿命不长，如中国的建筑。第 11 章将详细探讨这方面政策的相关挑战和解决方案。

5.3.2 提高产品使用强度

减少材料需求的另一个方法是更高强度地使用既有产品。许多产品和建筑的利用率很低。例如，美国一辆典型的汽车被人们所使用的时间仅占其寿命的 5%，且平均每次搭载 1.67 人，这意味着在其整个使用寿命内的总体载重能力利用率仅为 2%[45]。洗衣机和烹饪用具的利用率同样很低。商业楼宇在非营业时段经常闲置。这些例子意味着，既有产品在理论上具备很大的潜力，可以对它们进行更加频繁的使用，而不一定需要制造新的产品。

共享是提高产品使用强度的主要方式。例如，顺风车/拼车服务和公共交通可以提高交通工具的使用率，自助洗衣店能够提高洗衣机的使用强度，而共享工作空间则有助于减少对私人办公室的需求。一般而言，提高产品和建筑的使用频率大都不会显著缩短其使用寿命[46]。

但在实践中，提高产品的使用强度具有一定的挑战性，因为共享可能会降低产品或服务的私密性、可获得性或便利性。例如，一般的家庭更倾向于使用私人洗衣设备，而不是自助洗衣店或共用洗衣房，因为这样做，该家庭就可以随时使用洗衣设备，并且可以私密地洗衣，也不用担心衣物被盗。共享出行服务和公共交通在某些方面增加了出行便利性（如无须寻找车位），但用户/消费者也需要做出一些对应的妥协，例如，需要等待车辆到达，乘坐期间缺乏私密性，以及无法满足长途公路旅行（如度假）的需要。共享办公室则会使设备、财产和数据的安全存放问题变得更加复杂。

尽管如此，针对某些特定类型的物品，依然有一些前景较好的共享方案。例如，一些城市和社区建立了工具出借库，向社区成员出借家用和园艺工具[47]。一些创客空间提供针对机床、缝纫机和类似设备的共享服务。一些线上平台允许个人用户在平台上出租闲置的居住和仓储空间、车辆、乐器、工具、露营装备，甚至服装。未来，基于共享库和点对点出借的共享模式可能有机会进一步普及。

5.3.3 转让或转售

当一件物品的所有者不再需要该物品时，最环保的处理方式是将其转让或出售给有需求的其他所有者。这样就可以节省对该物品进行回收利用或再制造所需消耗的能源。如果受让方原本计划购买新的物品，转让或转售行为还有助于减少基于原生材料的产品制造（如果受让方原本对该物品没有需求，则转让行为不会减少对原生材料的需求，但有助于改善人类福祉）。

转售对于状况良好的建筑物和车辆而言很常见，对于其他物品则不然。例如，美国在2009年共产生了113亿千克的废旧纺织品，其中被转售、捐赠和回收的比例仅占15%，其余85%则进行了填埋或焚烧处置。

制造商和零售商可以采取以下措施来提高物品的转让率和转售率：

- 从设计上延长产品使用寿命，使其能够经历多任所有者并保持良好的状态。
- 在产品包装和标签上对产品使用寿命结束后的处理方式进行说明，包括具体的转售、捐赠和回收渠道。

- 与逆向物流公司合作，更好地管理退货商品和积压库存。2019 年，美国共有 51 亿件商品被退回商店，价值 4000 亿美元[48]。一半以上的零售商选择将退货商品直接送往垃圾填埋场，原因在于相较于检查商品、将商品及包装恢复至可销售状态并通过旧货店或折扣商等渠道转售，直接弃置的成本反而更低。2019 年，这部分直接填埋的退货商品占美国退货商品总量的 25%以上，超过了 23 亿千克[49]。商家对未售出库存（尤其是服装）的处置方式与之类似，通常会进行销毁[50]。有效逆向物流，配合合适的转售、捐赠和回收渠道，可将退货商品和积压库存的填埋率降至 4%[51]。

- 零售商也可以通过一定的方式参与到转售中，包括回购本品牌的二手商品（通常向卖方提供品牌代金券而非现金），并加以转售。这样做可以提高品牌忠诚度，并减少来自外部商家的竞争。Patagonia、REI、Lululemon 和宜家等零售商都有类似的回购计划[52]。

5.3.4 维修

对损坏的物品进行维修可以使之继续在现任所有者手中发挥作用，或被转让给下一任所有者。然而，一件产品维修起来是否容易，甚至能否进行维修，取决于该产品的初始设计，以及能否获得相关的替换零件、软件、工具和维修手册。制造商可以采取以下一些简单易行的措施来提高其产品的可维修性[53]：

- 使产品外壳易于打开（例如，使用普通螺丝，而不是高安全性螺丝或胶水）。

- 确保各个零部件都可以进行拆卸和更换。

- 提供备用零部件。

- 确保产品维修无须使用特殊工具或专用工具。

- 在电线和电路板上增加标签提示。

- 在产品包装内应包含适当的说明文件，如零配件清单、电路示意图和引脚分配图。

- 在网上提供永久有效的诊断软件、固件和驱动程序。

遗憾的是，一些制造商会故意对维修行为加以限制，如从设计上使产品难以维修，使用软件锁（如数字版权管理），以及不提供备用零部件、维修手册、相关工具和诊断软件等[54]。常见的原因为：制造商希望旧产品可以直接被替换，从而可以增加其新产品的销量；最大限度地降低制造成本（便于维修的模块化设计会增加成本）；美观（螺丝可见，但胶水不可见）；商家认为比起维修旧产品，消费者更喜欢购买新产品；出于保护知识产权、网络安全和避免法律责任及声誉损害（如果维修后的产品性能不佳）等考虑[55]。因此，可能需要通过立法来促进商家提高产品的可维修性。第11章将对维修权（right-to-repair）立法展开讨论。

5.3.5 翻新和再制造

翻新和再制造是指制造商将使用过的产品恢复到性能良好和可销售状态的过程。这两个概念并没有统一的定义，有的公司将它们交替使用，或采取"更新""重新调试""重新认证""重新组装""修复"等相关说法。一般而言，翻新包括表面清洁、检查和验证产品能否正常运行的试验，但不包括将产品完全拆卸和更换老旧零部件。

再制造过程更为完善和彻底，包括拆卸和更换老旧零部件，从而使再制造产品具备与新产品相当的性能和质量。在某些情况下，再制造零部件可应用于不同的最终产品中，再制造的汽车零部件就是一个常见的例子。

翻新通常适用于小型的耐用消费品，如电子产品、电动工具、照相机和厨房小家电。对于汽车零部件、车辆和重型机械（如建筑设备）而言，则是再制造的成本效益更高，因为这些产品本身价格较高，从而使得为再制造而付出的努力物有所值。重型设备的再制造可使其使用寿命延长约80%[56]。2014年，全球再制造产品的销售总额超过了1000亿美元，其中只有5%~10%是直接面向消费者的产品[57]。

消费者偏见是妨碍翻新和再制造产品市场进一步扩大的挑战之一。消费者可能会担心翻新和再制造产品在品质上不够可靠，或是感性地认为被先前所有者接触过的产品不够卫生[58]。此外，消费者往往会对翻新/再制造产品的环境效益认识不到位[59]。加强消费者教育，帮助他们了解商家严格的清洁、测试和整修规程，并科普相关环境效益（如减少温室气体排放），可能会对此有所帮助。

再制造也适用于建筑部件。在有的情况下，建筑物的适应性再利用（详见上文）可能不具实操性，或者不是经济上的最优方案（例如，由于地价上升，开发商希望对建筑所在地块进行更高密度的填充式开发）。区别于传统的建筑拆除方式，钢梁可逆连接等新兴技术使建筑物的快速安全拆解成为可能，从而能够促进建筑物部件的再利用[60]。原有建筑拆解后，部分地基和构造柱可以用于原址上的新建建筑中，这也是目前常见的混凝土建筑构件再利用场景，但未来的建筑中可能会采用利用化学或机械方式进行可逆连接的标准化混凝土构件，为混凝土构件再利用提供了新的可能性[61]。自愿性绿色建筑标准，如美国绿色建筑委员会的 LEED 评级体系，将建筑商对旧建材的再利用行为作为加分项[62]。

5.3.6 回收利用

回收利用是指将产品分解成组成该产品的材料，如钢材、玻璃、铝材、纸和塑料等，并应用于新产品的过程（对有机材料进行堆肥处理有时也被归入回收利用范畴）。在考虑采取环保行动时，回收利用可能是消费者最先想到的策略之一。然而站在环保的角度，回收利用并不如维修、转售、翻新等其他循环经济措施的受青睐程度高，这是因为前者更加耗能，并且可能出现材料污染等问题，从而容易导致物料损失或"降级回收"（downcycling，指回收材料的用途在价值上低于其原始用途）。尽管如此，对于一些过时或严重损坏的产品，以及一些包装材料而言，回收利用往往是最佳的处理方案。与生产相应的原生材料相比，材料回收利用可使纸制品的全生命周期温室气体排放量减少 35%～40%，玻璃和塑料制品减少 45%～55%，金属制品减少 50%～85%（见图 5.3）。

全球仅有 19% 的固体废弃物得到了可持续管理，包括 13.5% 的回收利用和 5.5% 的堆肥处理。另外几种常见的处理方式包括焚烧、填埋和露天堆放，占固废总量比重分别为 11%、37% 和 33%[63]。不仅如此，各国的固废回收利用率差异也很大。在经合组织国家中，韩国的回收利用率最高（64%），而如果将堆肥手段也记入，则是斯洛文尼亚最高（72%）（见图 5.4）。中国在 2017 年发布了《生活垃圾分类制度实施方案》，要求 46 个重点城市在 2020 年底前建立生活垃圾分类及相关回收利用体系。据估计，中国在 2019 年的垃圾总体回收利用率约为 5%～20%[64]。许多中低收入国家并没有普及垃圾回收利用体系。

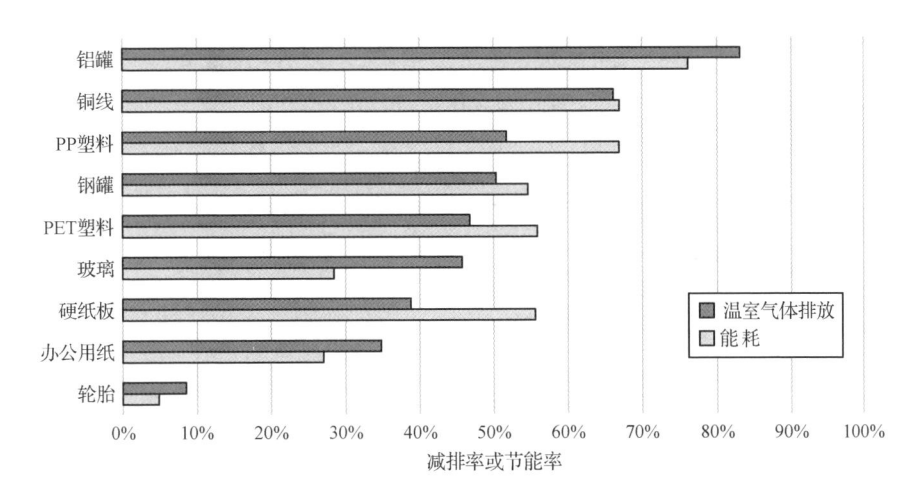

第 5 章 材料效率、材料替代和循环经济

图 5.3 回收利用带来的温室气体减排量和节能量

注：图中数据指与生产对应的原生材料相比，生产再生材料在全生命周期内所实现的节能减排效果（分别以节能率和减排率表示）。图中数据不考虑因回收利用减少材料填埋对能耗和温室气体排放产生的影响（可能使其增加或减少，具体取决于材料的回收利用过程中是否分解，以及填埋场是否会收集和利用垃圾填埋气体供能）。PP = 聚丙烯；PET = 聚对苯二甲酸乙二醇酯。

资料来源：美国国家环境保护局，"各个版本的废弃物减量模型：Current WARM 工具-第 15 版"。

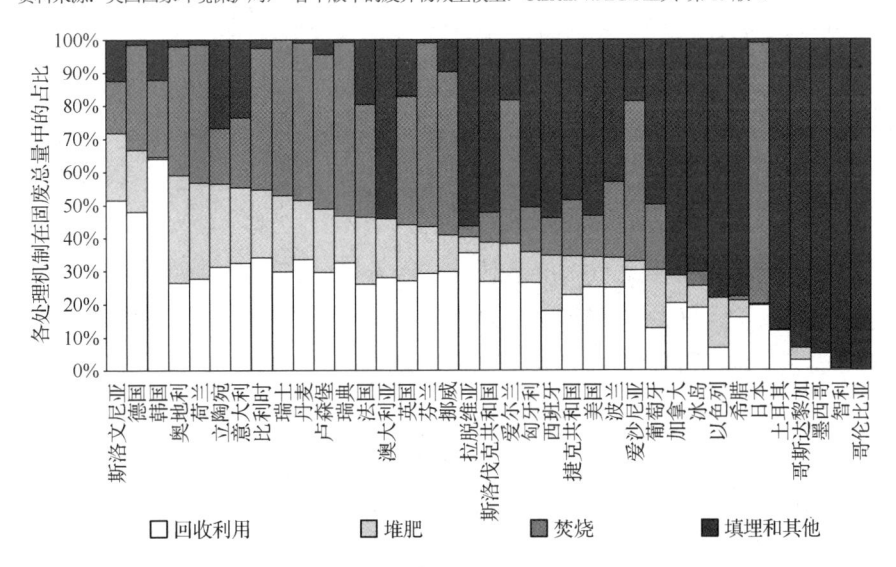

图 5.4 经合组织（OECD）国家的固废处理机制

注：大多数国家数据为 2019 年数据，部分国家数据为可获取的最新数据。新西兰是唯一未在图中出现的 OECD 国家，因为该国没有相关数据。

资料来源：经合组织，"经合组织环境统计"，2020 年。

不同材料的回收利用率各不相同。在美国，生活垃圾中超过三分之二的纸和纸板都得到了回收利用，但其他材料的回收利用率则要低得多——金属、玻璃和塑料的回收利用率分别为34.1%、25.0%和8.7%（见图5.5）。以一个高收入国家而言，美国的塑料回收利用率很低。相比较，欧洲和中国的塑料回收利用率分别为30%和25%[65]。

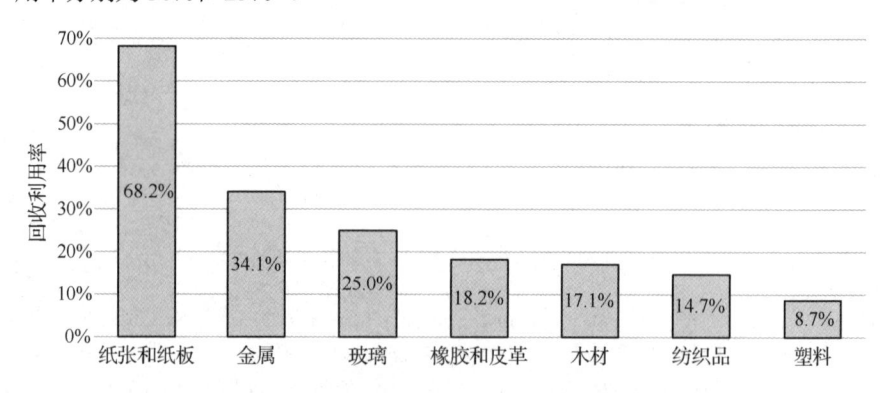

图 5.5　2018 年美国生活垃圾中各种材料的回收利用率

注：图中回收利用率仅限于生活垃圾中各种材料的回收利用率。例如，成型和加工废钢、拆除建筑物和报废车辆中的钢材一般都会回收利用，但不属于生活垃圾。因此，美国钢材的总体回收利用率（详见第1章）远高于本图中"金属"的回收利用率。

资料来源：美国国家环境保护局，《推进材料可持续管理：2018 年概况》，2020 年 12 月。

材料回收利用率低的原因之一是受其他材料的污染。第1章中详细讨论了从杂质（如铜）中分离出钢材的难点，第2章中也对塑料回收利用中的污染问题进行了介绍。塑料回收利用的经济性尤其差，因为塑料价格便宜，而生产新塑料通常要比回收利用旧塑料的成本更低。在美国，87%的居民可以通过相关回收计划将聚对苯二甲酸乙二醇酯（PET；回收等级[i]1）或高密度聚乙烯（HDPE；回收等级 2）塑料瓶、壶送去回收利用，31%居民所能参与的回收计划可以回收聚丙烯（PP；回收等级 5）塑料的盆和桶。但面向其他类型塑料制品的回收计划只覆盖了全美 7%的居民[66]。回收中心无法处理的塑料会被填埋、焚烧，或者出口至其他国家进行回收利用、填埋或焚烧[67]。2015 年，最易回收的几类塑料产品——PET、HDPE 和 PP 塑料包装，占全球塑料总产量的比重还不到25%（见图5.6），而真正得到了回收利用的塑料仅占塑料废弃物总量的18%（另有 55%进入了垃圾填埋场或露天堆放场，24%进行了焚烧处置，约 3%

---

i 译注：即塑料制品底部三角形回收标识中的数字；数字越大，回收等级越好。

第 5 章　材料效率、材料替代和循环经济

被排往了海洋）[68]。

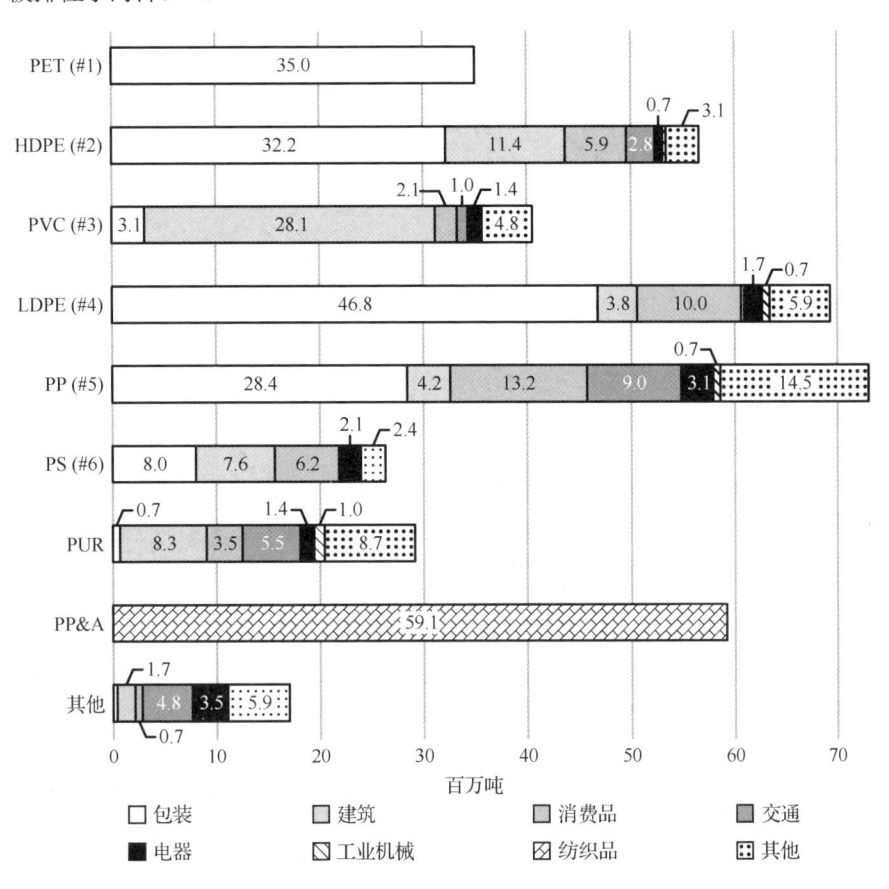

树脂	包装	建筑	消费品	交通	电器	工业机械	纺织品	其他
PET (#1)	35.0							0.7 / 3.1
HDPE (#2)	32.2	11.4	5.9		2.8			3.1
PVC (#3)	3.1	28.1	2.1	1.0	1.4			4.8
LDPE (#4)	46.8		3.8	10.0	1.7			0.7 / 5.9
PP (#5)	28.4	4.2	13.2	9.0	3.1		0.7	14.5
PS (#6)	8.0	7.6	6.2		2.1			2.4
PUR	0.7	8.3	3.5	5.5	1.4	1.0		8.7
PP&A							59.1	
其他	1.7	4.8	3.5		0.7			5.9

图 5.6　2015 年全球塑料产量，按其树脂种类和用途终端划分

注：编号#1—6 表示每种树脂塑料的回收等级，该编号可能出现在硬质塑料制品的三角形或"循环箭头"标识内（编号越大，回收等级越好）。PET = 聚对苯二甲酸乙二醇酯；HDPE = 高密度聚乙烯；PVC = 聚氯乙烯；LDPE = 低密度聚乙烯；PP = 聚丙烯；PS = 聚苯乙烯；PUR = 聚氨酯；PP&A = 聚酯、聚酰胺和丙烯酸。"其他"包括聚碳酸酯（PC）、丙烯腈-丁二烯-苯乙烯（ABS）、聚甲基丙烯酸甲酯（PMMA）、聚丙烯腈（PAN）和聚乙酸乙烯酯（PVA）。图中塑料类型包含了图 2.2 中的热塑性塑料、热固性塑料、纤维和弹性体，但数据年份和来源有所不同。

资料来源：Roland Geyer, Jenna R. Jambeck, Kara Lavender Law,《人类历史上所有塑料的生产、使用和命运》,《科学进展》, 第 3 卷, 第 7 期（2017 年 7 月 19 日）: e1700782。

以下技术方法有助于提高材料的回收利用率：

- 研发和应用更好的材料分离技术，以减轻材料污染的不利影响，提高回收材料的质量。

- 转向多流回收模式（即分类回收，由消费者将玻璃、纸张和塑料等可回收废弃物分类放入不同的回收箱中），以减少材料污染，提高成功回收材料的比例。例如，被放入单流（混合）回收箱中的玻璃最终只有 40% 能够被回收利用，但被放入玻璃专用回收箱的玻璃则有 90% 可以进行回收利用[69]。不过，改用多流回收模式需要对消费者进行相关教育，并且会增加废弃物收集和处理成本[70]。

- 生产商可以在产品和包装中选用更易于回收的材料，并从设计上使产品所用的各类材料彼此之间易于分离。例如，生产者责任延伸制度等政策（详见第 11 章）可以激励制造商在其产品设计和包装方案的选择中考虑材料的可回收性。

从根本上来说，某些材料（如混合塑料）的回收成本高于填埋成本，可能依然会是不变的事实，而如果没有生产商愿意在新产品中使用回收材料，回收利用就无法进行。在这样的情况下，可能有必要鼓励甚至要求生产商在产品和包装中改用更易于回收的材料，作为提高材料回收利用率的第一步。第 11 章将对相关的政策制定进行详细介绍。

5.4 材料效率、材料替代和循环经济对实现零碳工业的贡献

大多数工业温室气体排放与金属、水泥和塑料等材料的生产密切相关，因此，通过减少最终产品所需的材料用量（而不影响其质量或功能），可以实现一种具有成本效益的减排方法。提升材料效率不仅有助于降低燃烧和能源相关的排放量，还可以减少工业过程排放、化石原料的消耗，以及报废产品焚烧或腐烂时的排放，甚至是原材料和成品在收获和运输过程中的排放。利用精巧的产品设计和计算机控制的生产流程，可以生产出高品质且节材的产品。

用低碳材料替代高碳材料，如用木材代替混凝土，是作为上述策略的有益补充。然而，种植木材和生产生物塑料等替代性材料往往需要增加土地使用；替代材料难以大规模满足人们对传统材料的巨大需求；某些替代材料（如生物塑料）的生产过程仍会产生温室气体排放。材料替代在工业领域的低碳发展中能发挥一定的作用，特别是在化肥等领域，但难以成为核心的脱碳路径。

第 5 章 材料效率、材料替代和循环经济

在循环经济的思维框架下，一系列无须开发新技术的节材措施可以被实施。例如，在设计时更加注重延长产品使用寿命、提高可维修性，促进产品的转让或转售，使产品易于拆卸和再制造，优先选择回收难度小且回收成本效益高的材料，以及更多地使用回收材料生产产品。这些措施的难点不在于技术，而在于如何为对企业提供经济激励、解决产品共享和转售过程中的物流问题，以及提高回收利用的经济性和相关服务的普及度。第 11 章将探讨如何利用政策工具克服上述挑战，并推动经济体实现产品和材料的高度循环利用。

第 6 章 电气化

实现工业领域零碳排放的关键是，以零碳能源取代化石燃料。其中，电力是工业领域最重要的清洁能源之一。随着电力生产商和公用事业服务商逐步采用风能、太阳能等可再生能源，并辅以提升电网灵活性的技术，如输电线路跨区域互联、需求响应计划，以及基于化学电池、氢能、压缩空气等形式的储能，电力行业的脱碳前景可期。工业电气化将显著增加电力需求，但工业领域也能够通过提供需求响应服务，反向支持电网的调峰和脱碳。本章重点探讨需求侧的电气化，即工业企业如何在确保生产安全和成本效益的前提下，以电力替代工艺中使用的化石燃料，以及这一转变对电力需求的影响。

6.1 工业电气化潜力取决于工业供热

确定工业领域的电气化潜力，需识别哪些具体用途的化石燃料可以被电力替代。本章将以下两类用途排除在工业电气化的范畴之外。

- **原料用能**是指用作工业过程化学投入的那部分燃料，它约占全球工业领域化石燃料总用量的30%，在美国这一比例接近50%（见图6.1）[1]。原料用能为工业产品提供物料，因此无法直接用电力替代。然而，氢气，特别是依靠电力生产出的零碳氢气，可以作为原料的替代方案。第7章将详细讨论清洁氢的生产；第1章（钢铁工业）和第2章（化学工业，约占工业原料用能总量的四分之三）分别探讨了化石原料的氢能替代路径。

- **非生产用能**是指不直接用于产品生产过程的工业能源消耗。例如，用于提高工人舒适度而提供的工厂供暖、空调和照明，以及叉车和其他车辆在厂区的运输活动等。这类用能仅占美国工业领域非原料性化石燃料消耗的 8%（见图 6.1），其电气化更适合归入建筑和交通领域技术（建筑

第 6 章 电气化

用电热水器和热泵；车辆电气化）的范畴，因此非生产用能不在本章讨论范围内。

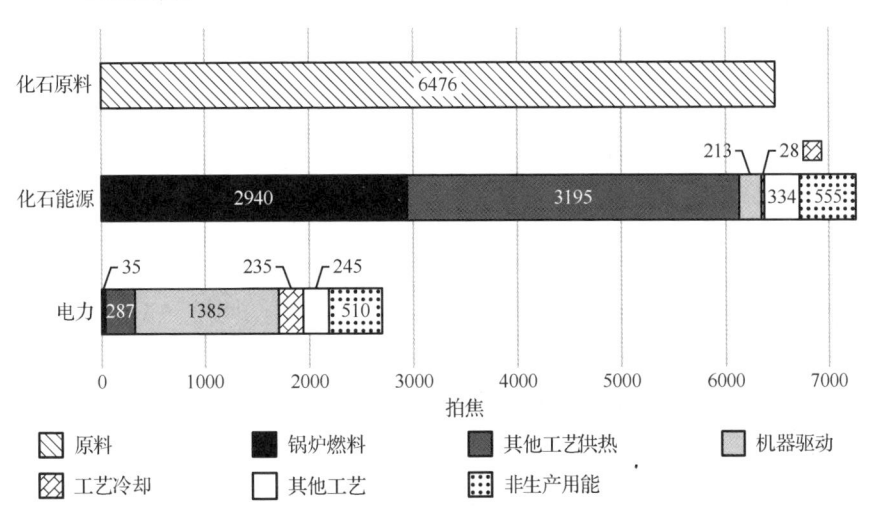

图 6.1 2018 年美国工业领域化石燃料和电力的用途

化石原料：6476
化石能源：2940 / 3195 / 213 / 334 / 28 / 555
电力：287 / 35 / 1385 / 235 / 245 / 510

图例：原料、锅炉燃料、其他工艺供热、机器驱动、工艺冷却、其他工艺、非生产用能

横轴：0 1000 2000 3000 4000 5000 6000 7000 拍焦

注："机器驱动"包括泵、传送带、风扇、机器人和生产过程中的其他运动部件。"其他工艺"包括电化学和其他工艺。"非生产用能"包括为提高工人舒适度而提供的建筑供暖、制冷和照明服务，以及使用车辆在施工现场周围运输物品等。图中数据不包括未说明能源种类和最终用途的能耗（如生物质和废弃物、炼厂燃料气、高炉煤气和从区域供热厂等外部供应商处购买的蒸汽）。

资料来源：美国能源信息署，"2018 年制造业能源消耗调查（MECS）——2018 年 MECS 调查数据"，2023 年 5 月 25 日。

排除上述用途，化石燃料在工业领域中主要为工业过程供能，即燃烧后为工业过程提供热能或动能。具体用途主要有：

- **锅炉**是用以产生热水或蒸汽的大型设备。几乎所有的工业行业都要用到蒸汽——它是加热材料、蒸馏液体、预热燃烧气体，以及执行其他生产任务的常用介质。蒸汽的使用通常要借助换热器，从而避免其与待加热的流体或产品混合，并且有利于蒸汽的回收和再利用。蒸汽还可以单独或在热电联产锅炉系统中（详见第 4 章）驱动汽轮机，以提供动力或工厂自发电。如今，几乎所有的锅炉都使用化石燃料，占美国工业过程化石能源使用量的 44%[2]。

- **其他工业过程用热**是指工业产品生产过程中的所有其他用热，如生产水泥过程中的窑炉加热，或在炼钢过程中加热高炉。其他工业过程用热占美国工业过程化石能源用量的47%[3]。

- **机器驱动**是指泵、风扇、传送带和机器人等运动工业设备的运行。该用途占美国工业用电量的一半,但只占工业过程化石能源用量的3%[4]。
- **其他工业过程用能**（绝大部分是为化学反应增加非热能形式的能量）和少量未说明最终用途的能耗,合占工业过程化石能源使用量的最后6%[5]。

除燃料和电力外,工业领域还从外部购买热力,即通过管道从为附近设施供热的热力企业引入热水或蒸汽。外购热力占全球工业能耗总量的5%[6]。热水和蒸汽由锅炉产生,因此针对工业锅炉的脱碳技术同样适用于热电厂的锅炉。另外,工业领域也可以采用其他的供热手段来替代蒸汽。

以上针对工业用能的回顾表明,工业领域燃烧化石燃料主要是为了供热。热力占美国工业过程总能耗（不含原料用能）的91%[7]。因此,工业电气化在很大程度上可以归结为如何利用电力产生热能（或者在少数情况下,如何利用非热能形式的电气化替代方案来取代基于热能的工艺）。

6.2 工业温度要求

一些工艺过程,包括炼钢和某些化学反应,需要将投入物料加热到极高的温度。这种情况下,温度可以被理解为材料热能密度的一种体现。无论采用电力还是燃料燃烧,热能都可以传递给物料,但同时热量会通过熔炉、化学反应器或其他容器设备的外壁不断散失。燃烧供热时,热量还可能通过废气流失。因此,在工业生产中,必须持续提供足量且合适温度的热能,以抵消热损失,确保生产快速高效地进行。

各种电加热技术在大量提供不同温度的高温热力时,其表现和成本效益各不相同。因此,将工业用热需求划分为不同的温度区间,有助于更好地了解各个区间的热力需求分别适合采用什么样的技术。一半以上的工业过程（包括锅炉）热力需求都必须超过 500℃。例如,化工行业的蒸汽裂解炉运行温度约为850℃,水泥窑的工作温度为1300～1450℃,高炉的工作温度为1600～1800℃。少数工业过程的温度需要达到2000℃以上；其中一个例子是,人造石墨的生产,温度高达 3000℃[8]。

工业领域对低温热力的需求也相当大。例如,欧洲12%的工业用热需求在

100℃以下，另有 26%所需温度在 100～200℃之间（见图 6.2）。这些温度的热力需求常见于食品和饮料加工、纸浆和纸张生产，以及利用外购金属和其他材料制造机械或车辆。

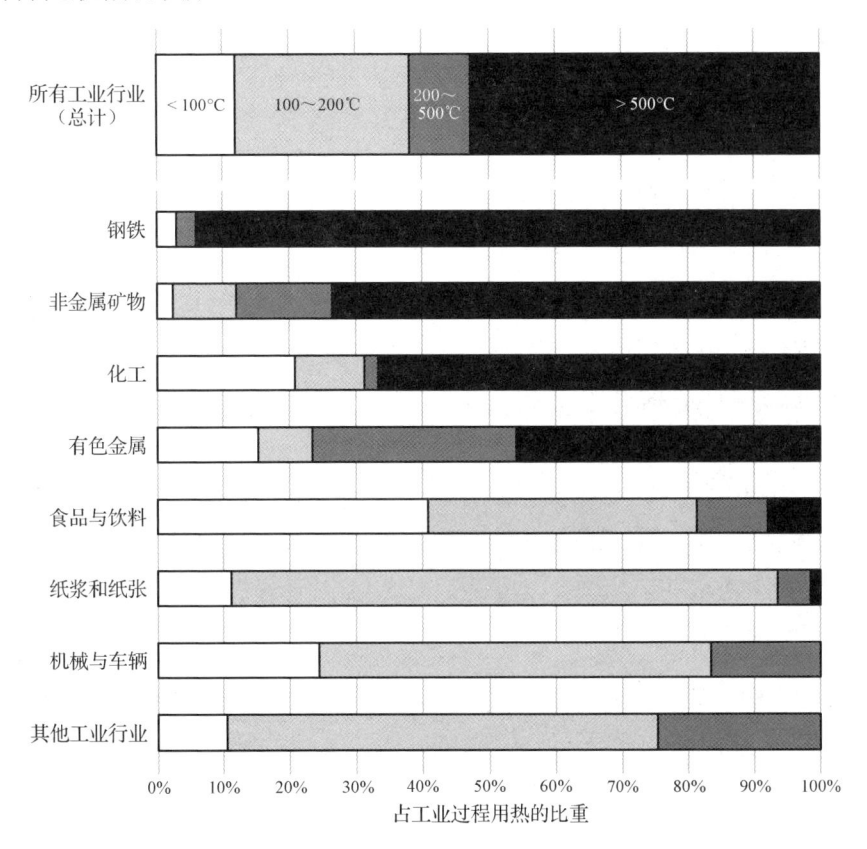

图 6.2　2012 年欧盟工业用热需求的温度分布情况

注：图中数据指工业过程（包括锅炉）用热，不包括非生产用热（如为提高人员舒适度而提供的建筑供暖服务）。
资料来源：欧盟委员会，《关于当前和未来（2020—2030 年）供暖/制冷燃料部署（化石燃料/可再生能源）的规划和分析：工作包 1：2012 年终端能源消费》，2016 年 9 月。

化石燃料可以使大多数工业过程（包括炼钢）达到足够高的温度，但也有上限。有机材料燃烧时，火焰温度可以超过 2500℃，但这部分热量无法在没有温度损失的情况下传递到熔炉中，因此熔炉可以达到的最高温度要比这一数值低（约 1800～2000℃）[9]。某些电气化技术应用，如电阻炉、感应炉和电弧炉，可以达到更高的温度。

6.3 电加热技术

电力可以通过许多方法转化为工业生产所需热能。每种方法在产热效率、面向加工材料的热量传导、可达温度，以及其他考虑因素等方面都各有优劣。

6.3.1 热泵

热泵是比较特别的电加热技术方案，该技术并不直接生产热力，而是将热能从一个地方转移到另一个地方。

热泵的工作原理与冰箱类似。将制冷剂或工作流体装在封闭管道回路中，使其通过热源（如空气或地面）和散热器（需要加热的材料或设备）。管道在与热源和散热器接触时，会被分为许多小管盘，以增加热交换面积。流体进入热源之前，会通过膨胀阀对其进行降压，以使其冷却。冷却后的流体从热源吸热并蒸发为气体，再在进入散热器前对其进行压缩，以使其升温。升温后的气体温度高于散热器，因此会向散热器传热并凝结成液体。随着液体被送回膨胀阀，以上循环会再次进行（也有一些采用机械蒸汽压缩的开式循环热泵，常用于余热回收，详见第 4 章[10]）。

热泵的主要优势在于能效很高。电阻加热等技术的能效接近 100%，这意味着基本上所有的电能都转化成了热能；而热泵却可以提供几倍于其电耗的热能。这是因为热泵在工作时并不需要产生新的热能，而只需要转移已有的热能。人们通过"性能系数"（coefficient of performance，COP）来衡量热泵的能效，该参数是指热泵提供的可用热能与其耗电量之比。例如，在用电量相同的情况下，COP 为 4 的热泵提供的热能是电阻加热器的四倍。

遗憾的是，热泵的供热温度上限不高，并且其 COP 会随着工作升温的增加（热源和散热器之间的温差增大）而降低。市面上大多数高温工业热泵的最高供热温度为 90℃，但也有少数热泵的最高供热温度为 95~150℃，还有一种型号的热泵的最高供热温度可达 165℃[11]。不过，这些高温热泵的性能会较普通热泵有所下降。升温为 40℃时，工业热泵的平均 COP 为 4；升温达到 80℃时，COP 会降至 2.5；而当升温高至 130℃时，COP 则仅略高于 1.5（见图 6.3）。当热泵的 COP 接近 1 时，其能效与电阻加热器相当，而后者的购置成本更低。因此，与其他电加热技术相比，热泵只有在 COP 值高于 1 时才具有成本和能效优势。

目前，热泵可实现的输出温度高达 165℃，大约能够覆盖工业热力需求总量的三分之一。

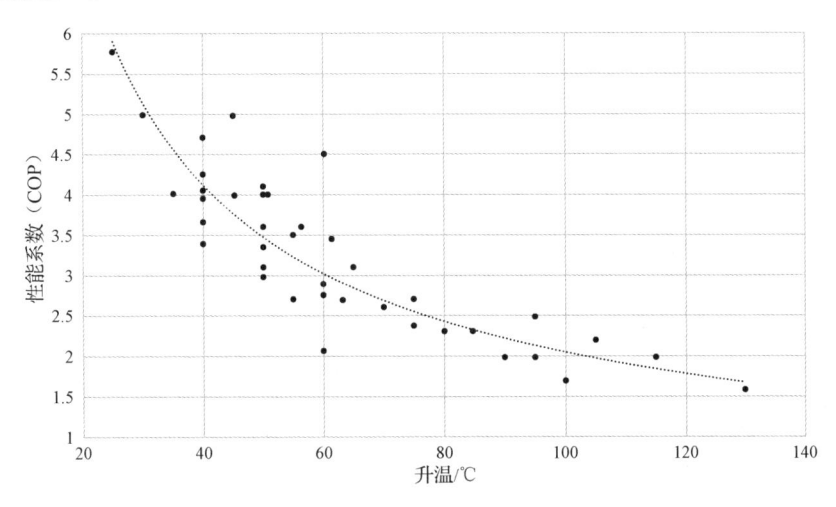

图 6.3　工业热泵能效与输出的升温之间的关系

注：工业热泵的能效（性能系数或 COP）随着热泵工作输出升温的增加而降低。图中每个点都代表一个特定型号的工业热泵在特定输出升温下的能效表现。

资料来源：Cordin Arpagaus，Frédéric Bless，Michael Uhlmann 等，《高温热泵：市场概述、技术现状、研究现状、制冷剂和应用潜力》，第 17 届国际制冷与空调大会，美国印第安纳州西拉法叶城普渡大学，2018 年，1876 号论文。

6.3.2　电阻加热

电阻加热可能是人们最熟悉的一种电加热技术。其工作原理为使电流通过电阻器生热；电阻器是一种可以将电流的部分能量转化为热能形式的材料（少量能量会被转化为可见光，这就是该技术中的加热元件会发光的原因）。在电力充足的情况下，电阻器可达到的供热温度取决于其物理和化学特性：电阻器的工作温度绝不能使其熔化、氧化或发生化学分解。

电阻加热元件最常见的材料是镍铬合金，其熔点为 1400℃。镍铬合金常用于热水器和吹风机等家用电器，在工业领域也可用于加热金属零件、焊接和高达 1250℃的其他精密热应用[12]。在更高温的应用中，钨是常见的电阻加热元件材料，因为其在所有金属单质中的熔点最高（3422℃），并且在氩气、氦气等惰性气体的保护下可提供高达 3000℃的热力[13]。一些特定用途的高温熔炉常使用各种钨制组件，这些特定用途包括金属零件的退火和热处理、真空金属化涂层

（在物体表面沉积气化金属），以及金属的扩散粘结和钎焊等[14]。

电阻器几乎可以将电能 100%地转化为热能，但这些热能不一定能够全部高效地传递给目标材料。如果加热元件能够完全浸入待加热材料（如水）中，热传递效率可能会非常高。然而，在其他情况下，如为熔炉加热时，加热元件产生的部分热能在到达待加工材料之前可能已经散失。相比之下，感应加热可以直接作用于合适的材料，提高加热效率并减少热量损失。

6.3.3 感应加热

感应加热的原理是电磁感应这种物理现象：变化的磁场可在暴露于其中的电导体内产生电流（而反过来在电流周围也会产生磁场）。交流电所提供的电能是周期性变化的，因此使交流电通过电磁铁（即导线线圈）可以在周围产生周期性变化的磁场。如果将导电材料（如大多数金属）暴露在磁场中，材料内部就会产生电流并形成闭合回路，这种电流被称为"涡流"（eddy current）。导电材料具有一定的电阻率，因此可将涡流的部分电能转化为热能[15]。

上述最后一种特性涉及通过电阻将电能转化为热能，即上一节讨论的电阻加热。两种技术的主要区别在于：电阻加热需要使电流通过专用的加热元件，再经加热元件将热量传递给待加工材料；但感应加热只需将待加工材料暴露在一个变化的磁场中，就可以直接在材料内部产热。这种直接性具有多种优势，如减少了流入周围环境的热损失，加快了材料的加热速度等。

通过改变电流和电磁铁的设计或放置方式，可以精确控制感应加热的产热量[16]。该技术的另一个优点是电磁力可以产生天然的搅拌效果，有助于均匀混合熔融金属[17]。

现代感应加热技术的"电—热"转化效率可达 90%以上[18]，虽然低于电阻加热的情况（接近 100%），但该技术能更有效地将热量传递给目标材料（热损耗更低、热应用更精确），因此可以弥补转化效率的不足。

电阻加热可以达到的温度受到加热元件特性的限制，即加热元件的温度不能使其熔化或化学分解。感应加热由于没有加热元件，因此可以达到更高的温度。例如，欧洲联合环状核聚变反应堆利用感应加热技术将磁悬浮等离子体的温度提高到了 1 千万摄氏度，远远超过任何一个工业过程所需的温度[19]。工业上使用的感应加热温度范围为 100～3000℃[20]。

在工业领域，感应加热的用途很多，如钎焊（连接金属零件）、通过快速加热和冷却循环来硬化金属、金属零件回火、焊接、退火（加热零件以消除内应力并提高延展性）、锻造（在金属成型前对其进行加热以形成最终零件）、熔化金属，以及在焊接或其他工艺前预热材料。感应加热适用于黑色和有色金属，但对铝和铜等电阻率较低的有色金属需要采用不同于其他金属的工作频率[21]。

感应加热只适用于导电材料。对于不导电的待加热材料，可以将感应器（通常由耐高温的导电材料制成，如石墨）放置在其附近或与其接触，通过感应作用对感应器进行加热，再通过热辐射或热传导将热量从感应器传递到目标材料。其最后一步与电阻加热类似[22]。感应器有多种用途，主要用于精确控制热量施加的几何形状。然而，这种间接加热方式可能无法实现直接加热材料的一些效率优势[23]。对于需要对绝缘材料施加大量高温热力的行业（如水泥和化工行业），感应加热可能并不适用。

6.3.4 电弧和等离子枪

当高压电击穿气体形成等离子体（一种类气态的导电物质）时，会产生电弧。电弧能够发出强烈的热能和可见光。闪电就是自然界中一种常见的电弧。

电弧炉是电弧的一种常见应用，用于开展基于废钢或直接还原铁的钢材生产。使用时，将熔化的材料置于电弧炉的炉底，向石墨电极施加电流，并使电极沿炉顶孔洞插入炉内，从而在电极和金属之间形成电弧。金属通过两种方式获得热能：电弧的辐射能和金属本身的电阻加热。电弧炉可将金属加热到1800℃[24]。第1章中对电弧炉炼钢有更详细的介绍。该设备还可用于制造其他一些材料，如金属合金、电石（碳化钙）和磷[25]。

电弧的应用还包括一些小型电弧熔炼炉，用途包括粉末材料熔融、退火和电弧铸造等。这些设备通常用于工业研发而非大规模生产，其温度可高达3500℃[26]。除各种熔炼炉外，电弧的另一个重要应用是电弧焊接（通过熔化一部分金属工件来对其进行连接）。

等离子枪是一种利用电弧将气体（通常是干燥空气、氧气、氮气或氩气）转化为等离子体并从喷嘴喷出的工具。其常见应用之一是等离子切割枪，它通过向金属工件发射一小束带电等离子体来对其进行切割。等离子枪还可用于非切割用途，如对消耗臭氧层物质进行销毁、去除工业气体中的有机分子，以及回收灰尘和飞灰[27]。瑞典 Cementa 公司发现，利用等离子枪为水泥生产提供电力供热的成本效益较好[28]。

6.3.5 电介质加热（无线电波、微波）

电介质加热是指，利用无线电波或微波加热电介质材料（含有极性分子的材料，如水和某些塑料）。该技术利用无线电波或微波产生高速振荡的电场，待加热材料中的极性分子在电场的作用下，会因趋于与电场方向保持一致而来回旋转，由此导致分子间产生碰撞和摩擦，从而提高材料的温度[29]。基于微波的电介质加热可达到数百万摄氏度的高温［国际热核聚变实验反应堆（ITER）计划水平］，其工业应用的最高温度出现在某种专用微波炉中，高达 2200℃。不过，低于150℃的工艺应用更为常见。

工业设备将电能转化为无线电波或微波的能效约为 70%[30]。无线电波和微波加热大致相似，但前者更能深入材料内部，因此加热更均匀；而微波能量更高，加热材料更快[31]。电介质加热在食品加工业很常见，可用于食品烘烤、解冻、干燥、烹饪和消毒等工序[32]。电介质加热技术还可用于其他工业过程，如橡胶硫化、绝缘材料生产，以及纸板、乳胶、矿粉、药品和建筑材料的干燥[33]。

6.3.6 红外线加热

红外线加热有时也被称为"辐射加热"。所有温度高于绝对零度（−273.15℃）的物体都会发出红外辐射，并且物体温度越高，红外辐射强度越大。红外摄像机伪彩色成像和非接触式温度计确定温度的原理都是依靠对这种辐射进行测量的。红外线加热器包含一个发射器，加热（通常是电阻加热）后向外发出红外辐射，再利用反射器（通常由阳极氧化铝制成）将红外辐射导向目标材料，从而对其进行加热。

在红外线加热器中，陶瓷发射器将热能转化为红外辐射的能效为 96%，而装有钨丝的石英灯发射器能效为 85%，金属管发射器的能效仅为 56%[34]。红外线加热器在工业领域常见于一些低温应用，如油漆和粉末涂料的干燥和固化，以及热敏材料（如塑料和木材）的加热；在这些应用中需要对温度进行精确控制，以防材料损坏[35]。与电动或基于天然气的对流烘箱相比，红外线加热可减少 20%~50%的热损耗，这是因为红外辐射穿过空气时的热损耗极小，而对流烘箱必须要先对空气进行加热，从而只能将部分热能传递到材料上[36]。

红外线加热器可达到的最高温度受到发射器物理特性的限制，即发射器的工作温度不能使其熔化或化学分解（与电阻加热器中的加热元件类似）。陶瓷发射器可将材料和部件加热到700℃，而石英发射器可将材料加热到近1400℃[37]（发射器自身所承受的温度高于其加热温度）。

6.3.7 激光（红外线、可见光、紫外线）

激光器是一种能连续发射出相干聚焦光束的装置。在激光器内部，激光介质吸收能量后，会将材料中的电子激发至更高能级。而当电子从高能级跃迁至较低能级时，就会发射出光子、形成光波，光波的波长由激光介质决定。光子可以被处于较低能级的原子吸收，也可激发处于较高能级的原子发射出另一个相同的光子（峰谷对齐、运动方向相同；即相干）。如果激光介质中一半以上的原子处于激发态，则发射的光子将多于吸收的光子，从而形成级联（cascade）[i]。激光介质的一侧是一面反射镜，另一侧则是一面与之平行、部分透明的镜子。有些光子的运动方向恰好垂直于镜面，则会在镜面间来回穿梭，导致介质发射出许多彼此平行的光子[38]。一些光子会从部分透明的那一面反射镜中射出，再经透镜被聚焦成光束，或聚焦到特定焦距的一点上。

在制造业的激光应用中，二氧化碳气体（通常用于切割硬质材料）和掺有金属镱离子的光纤是两种常见的激光介质。掺镱激光器的能效最高：典型的工业用掺镱激光器将电能转化成光能的能效可达30%，如在较低功率下运行可达50%[39]。激光可以高效地传输光能，短距离空气传输几乎不会产生损耗，并能对材料的特定区域进行精准处理。

激光可用于多种工业操作，包括切割、雕刻和标记、焊接、剥离油漆及其他涂料，以及钻孔。激光还可用于材料烧结（将材料颗粒熔融成固体块状物）——增材制造（3D打印）的关键技术之一。由于激光致力于在较小面积上施加能量，而且"电—热"转换效率相对较低，因此不太适合用于批量整体加热，如在水泥生产和炼钢中熔化大量材料。

激光可将材料加热到远高于工业需求的温度。例如，美国国家点火装置中有世界上功率最大的激光阵列，可将目标材料加热到1亿摄氏度[40]。

---

i 译注：上一能级发射出的光子激发下一能级原子发射光子，一级接一级串联在一起。

6.3.8 电子束

对真空中的灯丝施加电流，使其释放出电子，再利用电场和磁场对其进行引导，即可形成电子束。电子束与激光一样，可以在非常精确的范围内施加能量，可用于焊接和零件加工。与激光相比，电子束有时能实现更大的切割深度和更高的焊接质量。不过，电子束焊接和加工需要在真空中进行（以防止电子撞击空气中的分子），而且会发出 X 射线，因此必须由机器人操作[41]。电子束还可用于高度真空的熔炉，以提炼某些高强度的耐热或活泼金属[42]。

电子束相关工艺的成本高昂[43]。与激光一样，电子束也主要适用于精密应用，而非批量热传递。

6.4 热电池

热电池是一种将电能转化为热能，再将储存的热能供工业过程使用的设备。工业热电池通常由大量受热不分解的蓄热材料（如石墨块和硅砂）组成，并加以隔热外壳[44]。电池充电（蓄热）时，对其内部的电阻加热器通电，使其产热并对周围的蓄热材料进行加热。释放热能时，传统的做法是向电池中泵送气体，使其通过电池吸热后再输送到需要加热的工业设备。也可以打开电池隔热外壳上的窗板，以（蓄热材料发出的）可见光和红外光的形式提取热能，这是一种新兴的方法[45]。热电池可提供高达 1500～1700℃的热能，足以满足绝大多数工业过程的需要[46]。两阶段（将电能转化为热能，然后从电池中提取热能）总体能效约为 95%[47]。

许多工业设施每天保持二十四小时运行，以最大限度地提高资本回报率，并减少程序的反复启停。然而，批发电价每小时都会根据一系列因素而变化，包括电力总需求、可再生能源发电量、输电线路拥堵情况等。用户可以在电价便宜的时候购买额外的电力，使装有热电池的工业设施将热能储存起来，并在电价较高的时候使用储存的热能。这样做可以将工业设施的电力供热成本降低一半至三分之二，使之比天然气供热更具成本竞争力[48]。在热电池的作用下，工业设施还能帮助电网削减峰值负荷，从而减少为维持电网可靠性而产生的新建发电容量需求。

装有热电池的设施甚至可以为电网提供需求响应服务，从而为制造商提供额外的收入来源（许多工业设施用户以零售电价而非批发电价购电。零售电价的时段波动性显著低于批发电价，但为了覆盖维护电网和满足峰值需求的成本，会比批发电价贵得多。如果某个工业设施可以避免在高峰时段购电，其对电网造成的压力就会较小，因此可能有资格享受较低的零售电价）。

热电池的另一个应用领域是离网工业设施。拥有自备电厂或与电厂签订单独供电合同（通常涉及离网可再生能源）的工业设施，可能以低于电网电价的价格购电。然而，为保证连续可靠的热能供应，工业企业可能并不愿意在离网应用中完全依赖波动性可再生能源（风能和太阳能）。而热电池可以有效平抑可再生能源的出力波动，使离网设施在风光发电资源不佳的情况下仍维持运行，从而让工业企业完全通过可再生能源供能成为可能。

从理论上讲，用于储电的化学电池（如锂离子电池）具有许多与热电池相同的优点。不过，热电池的初始投资成本要低得多，因为其组成材料价格廉价且易于获取。例如，对大规模生产的热电池而言，每千瓦时容量的成本约为27美元（包括用于电力输入、能量存储和热能提取的各个电池组件），而锂离子电池组于2022年的每千瓦时容量成本约为150美元[49]。因此，即使在电力电池不具备经济效益的情况下，热电池也具有较好的成本效益。

供热温度高达1500~1700℃的工业热电池正处于早期商业化阶段。以往的系统能够储热数小时，并且一般都是基于熔盐[50]。这类系统已在商业应用（特别是聚光太阳能热发电厂）中表现出了可靠性，但与基于石墨和二氧化硅等耐腐蚀性固体材料的热电池相比，熔盐系统的温度上限较低（600℃），且单位容量的初始投资成本较高（约每千瓦时15~35美元）[51]。

6.5 热能替代

在某些情况下，利用电能的非热效应，可以替代工业过程中对热能的需求。

6.5.1 电解

电解是指直接使用电流对物质进行化学分解。在某些情况下，电解可以替代加热来驱动化学反应。目前，电解法在铝冶炼以及氯碱工业的氯和氢氧化钠生产中应用广泛。此外，电解是目前最成熟的绿氢生产技术（详见第7章），其在铁矿石冶炼（详见第1章）和水泥生产等领域的应用正处于研究阶段[52]。

6.5.2 紫外线

紫外线（UV）主要应用于工业领域，对某些紫外线敏感的聚合物（如涂料和黏合剂）进行消毒和固化。在某些加热灭菌场景（如食品工业）中，紫外线也可以作为替代手段。然而，由于许多物质的不透明性限制了紫外线的穿透深度，其应用范围有所限制。利用紫外线来固化黏合剂和涂料可以作为加热固化的低温替代方案（大多数热固化环氧树脂需要加热至100～150℃）[53]。

6.6 工业活动、温度和技术

表6.1概括了工业各行业的主要用热活动，以及适用于这些活动的电气化技术。该表中技术的选取依据包括用热方式（例如，焊接工艺要求将温度精确控制在特定范围内，而金属熔化可在更宽泛的温度区间内进行）和能效（例如，激光和电介质加热的能效可能不足以在大量供热时实现较好的成本效益）。

表6.1 工业用热需求和电气化技术

工业活动	温度范围/℃	典型应用行业	适用的电气化技术
冶炼（从矿石中提取金属）	430～1650	钢铁、有色金属	电解、电阻加热、等离子枪
熔化金属	430～1650	钢铁、有色金属	电弧炉、感应炉
熔化绝缘材料	800～1650	玻璃、陶瓷	等离子枪、电阻加热
煅烧	800～1100	水泥、石灰	等离子枪、电阻加热
生产蒸汽、煮沸、蒸馏	70～540	化工、食品加工	热泵、电阻加热
焊接	900～1500	机械、车辆、建筑、金属制品	电弧、激光、电子束
切割、钻孔/镗孔	120～3500	机械、车辆、建筑、金属制品	电弧、激光、电子束
金属热处理（退火、回火等）	100～800	金属制品、车辆	感应加热、红外线加热
加热绝缘热敏材料	70～300	食品加工、塑料制品、木制品	电介质加热、红外线加热
固化黏合剂和涂料	100～150	车辆、其他	紫外线、红外线加热
模塑/成型	120～300	塑料制品	电阻、电介质加热
消毒/巴氏杀菌	100～370	食品加工	热泵、紫外线、电介质加热
烘烤、解冻、干燥	100～370	食品加工、橡胶、某些矿物和建筑材料	红外线加热、电介质加热

续表

工业活动	温度范围/℃	典型应用行业	适用的电气化技术
超高温工艺	2000~3000	人造石墨、特种金属、气相沉积涂层	电弧加热、感应加热、激光、电子束

注：本表列出了工业领域的各项用热活动、常见温度范围、各种活动的典型应用行业，以及可能非常适合为这些活动供热的电气化技术。

资料来源：Jeffrey Rissman, Chris Bataille, Eric Masanet 等，《全球工业脱碳的技术和政策：直到2070年的减排驱动因素概览与评估》，《应用能源》，266期（2020年5月15日）：114848；Permabond 工程胶粘剂公司，"热固化环氧树脂——确保黏合剂正确固化"，2023年5月24日；Eco Molding Co.公司，"Injection Molding Temperature" (blog), Ecomolding，2023年5月24日；Ramūnas Šniaukas, Gediminas Račiukaitis，《利用激光对厚钨板进行微切割》，激光制造大会，德国慕尼黑，2015年6月22—25日。

6.7 电气化的潜力和成本

现有的电加热（和热能替代）技术非常多，其中一些技术完全可以提供高温热力，满足各类工业需求。德国波茨坦气候影响研究所的研究人员发现，欧洲78%的工业领域非原料用能需求都可以通过商业化技术实现电气化，而如果将正在开发的技术（如化工行业的电加热蒸汽裂解炉和面向水泥窑的等离子点火技术）也考虑在内，则99%的能源需求都可以实现电气化（见图6.4）。

工业用热电气化的主要障碍不在于技术原理，而在于成本。从统一的单位能源当量来看，为工业用户提供同等热量时，用电成本分别是天然气的1.7倍（印度）、2.1倍（中国）、4.5倍（欧盟）和5.5倍（美国）。相较煤炭，电力的成本溢价更为显著：在中国，用电成本是用煤成本的6.9倍，在美国和印度是7.8倍，在欧洲是9.2倍（见图6.5）。然而，煤炭还存在许多无法反映在价格中的问题，如需要更昂贵的燃烧设备、更高的废气处理成本，以及因空气质量管理导致的选址困难。这些因素使煤炭的实际成本被低估，进一步加剧了其与电力之间的价格差距。

尽管如此，工业电气化通常意味着用电力替代煤炭，尤其是在以煤炭为主要工业能源的国家（如中国和印度）。在美国和欧洲，工业领域使用的天然气多于煤炭，且更严格的空气质量标准使燃煤企业承担更高的非燃料成本。因此，这些地区的工业电气化更侧重于在电力与天然气之间进行相对成本比较。

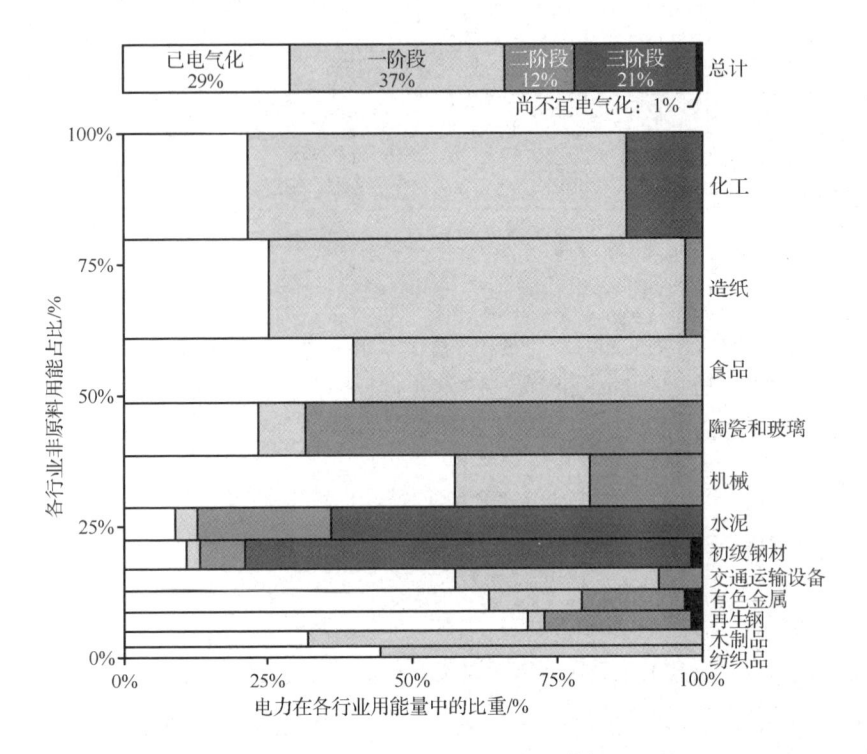

图 6.4　欧洲工业领域的电气化潜力

注：图中数据为 2015 年欧盟工业领域非原料用能情况。电气化技术按成熟度分为三个阶段：一阶段为多行业通用的成熟技术；二阶段为已在部分行业投入使用的技术，这些技术需要进行针对具体行业的适应性调整和针对操作人员的专业培训，才能在更大范围内推广应用；三阶段为研发中的技术。

资料来源：Silvia Madeddu，Falko Ueckerdt，Michaja Pehl 等，《欧洲工业领域通过供热的直接电气化（"电一热"转化）可以实现的二氧化碳减排潜力》，《环境研究快报》，第 15 册，第 12 期（2020 年 11 月）：124004。

在美国和欧洲，电力和天然气之间的价格差异在一定程度上是由针对工业企业的优惠待遇所造成的，而非因为两种燃料的物理特性差异。例如，美国居民用户购买天然气的平均价格为每吉焦 9.86 美元，几乎是工业用户（每吉焦 3.41 美元）的三倍[54]。欧洲的情况与此类似[55]。工业企业之所以能够享受较低的能源价格，主要是由于其购买量大且季节性波动小，以及可以基于维持产业竞争力、创造就业及其他经济效益等立场，向监管机构争取较低的能源价格（面向工业企业的电价也比居民用户更低，但差价要比天然气小得多）。在另一些国家，尤其是中国，工业用户支付的能源价格高于居民用户。

图 6.5 中的电价反映的是电网电价，但一些大型工业设施可能会建设专门的离网发电设施，或与电厂签订单独的供电合同，这样就能以远低于电网零售电价的批发电价购电。此外，如前所述，配备热电池的工业设施可以在电价较

低时购买更多的电力，从而避免在电价较高时购电（即使工业用户支付的零售电价不随时段波动，但拥有热电池的用户依然可能享受到较低的零售电价，作为不在高峰时段购电或为电网提供灵活性和需求响应服务的回报）。

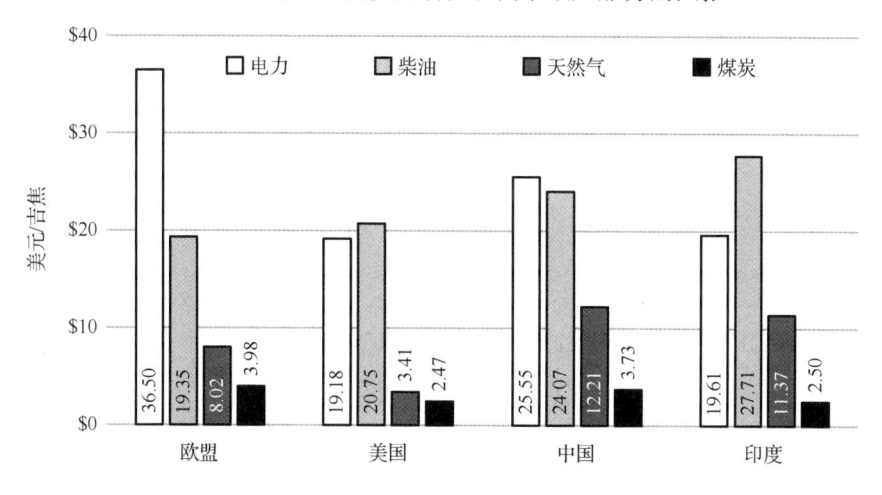

图 6.5　2019 年各地区的工业燃料价格

注：图中价格包含税费和补贴，且为面向工业能源用户的价格，因此通常与面向非工业能源用户的价格不同。图中数字已统一换算为各种燃料或电力中的单位能量（吉焦）价格，但并没有考虑各种能源在利用效率上的差异。

资料来源：美国能源信息署，《2020 年年度能源展望》，2020 年 1 月 29 日；欧盟委员会，"欧盟和主要贸易伙伴的能源价格表"，2023 年 5 月 25 日；欧盟委员会，《关于能源价格、成本及其对工业和家庭影响的研究，最终报告》，2020 年；能源创新（EI）智库和世界资源研究所（WRI），"印度能源政策模拟模型"，2023 年 6 月 11 日；CEIC 数据，"中国柴油价格"，2023 年 6 月 11 日；中国国家电网，"电价图解"，2020 年 5 月 20 日；CEIC 数据，"中国天然气价格：36 个城市"，2023 年 6 月 11 日；IHS Markit, Xinhua Infolink，《中国煤炭月报》，2020 年 1 月。

虽然人们应该意识到上述价格差异的存在，但能源价格并不能说明一切。在实际应用中，还应考虑每种燃料转化为热能的效率，以及其中有多少热能可以被有效地施加到待加工的工业材料或部件上。电力在这方面具有优势，可以部分或完全弥补其价格较高的缺点。

6.7.1　效率因素

通过燃烧的方式，并不能将储存在化石燃料中的能量百分之百地提取出来。化石燃料燃烧会产生废气，废气会带走大量热能（造成热损失），从而使之无法转移到待加热的设备或产品中（其中一些热能可以在回收后用于温度较低的工艺，但减少热损失是比余热回收更好的做法）。燃料中含有的水分和燃烧过程中形成的水分（燃料中的氢原子与空气中的氧结合而成，且无法通过燃料的预干燥来避免其产生），在蒸发时也会消耗热能，尤其是后者。此外，热能还会经由机械开口或直接通过机械表面流失。

工业炉窑的理论最高能效随着工作温度的升高而降低。对于不对助燃空气进行预热的熔炉（假定没有热能会通过炉壁或炉口损失）而言，工作温度在500℃时其能效为75%，在1000℃时为50%，在1500℃时为23%（不过，利用余热对助燃空气进行预热可将热损失减少32%~65%）[56]。以一台工作温度为1340℃且不对助燃空气进行预热的熔炉为例，对其燃料能量分配情况的工程估算结果如下[57]：

- 废气损失为57%；
- 燃料水分（1%）和燃烧过程中形成水分（9%）的蒸发，共10%；
- 炉口（6%）和炉皮（3%）损失，共9%；
- 有效热能为24%（即能效为24%）。

电气化技术不会产生燃烧废气，也不需要蒸发燃料水分和燃烧产生的水分，从而避免了这些主要的热损失途径。此外，一些电气化技术（如感应炉）可以直接加热材料，从而减少通过炉口和炉皮发生的热损失。例如，印度新型感应炉的总体能效为81%~87%[58]。因此，用电气设备替代化石燃料设备的成本效益取决于具体应用。用能效为85%的感应炉取代能效为25%的煤炉，可减少70%的能源需求，从而使印度电力对煤炭的相对价格从煤炭价格的7.8倍降至2.4倍。剩下的差价可以通过一系列政策来弥补，包括在煤价上对煤炭的空气质量和公共健康危害进行内部化，实施相关的温室气体管控政策，或采取两者结合的方式（请注意，由于热废气和燃烧形成水分造成的能量损失并非化石燃料燃烧所独有，这些能量损失模式也发生在氢或其他可再生燃料的燃烧中，将在第7章中详细讨论）。

但燃烧供热可以实现比上述熔炉更高的能效。锅炉可能是基于化石燃料供热的工业设备中能效最高的一种。现代工业蒸汽锅炉通过从废气中回收热量，预热助燃空气，并回用高温冷凝水的方式，可实现85%~90%的"燃料—蒸汽"转化能效（已有示范规模的技术达到了94%）[59]（热水锅炉能达到的能效比蒸汽锅炉更高，最高可达98%，但工业过程通常需要蒸汽[60]）。中国作为最大的工业蒸汽使用国，其工业蒸汽锅炉的能效通常为70%~79%，蒸汽系统（包括蒸汽分配和冷凝水回收）的总体能效仅为61%[61]。此外，并非所有的蒸汽中的能量都传递给了待加热的材料。蒸汽在通过换热器时，可被提取的热能不超过

第 6 章　电气化

75%，这意味着从燃料到待加热产品的能效最多只有 46%[62]。如果不使用换热器，而是将蒸汽注入需要加热的流体中，则可以对蒸汽的全部热能加以利用，但这种方法对许多使用场景并不适用，而且会导致无法回用冷凝水（即在蒸汽处于封闭循环的情况下），因此锅炉必须对低温给水进行加热，而这将导致 10% 的能效损失[63]。

因此，从天然气到待加热产品的整体能效在各种蒸汽系统之间存在很大的差异，但对中国而言，50%可能是一个合理的基准能效。电阻锅炉将电能转化为蒸汽的能效接近 100%，但蒸汽系统的其他部分仍会有损失。用电气化技术对蒸汽系统进行整体替代将有助于提高能效。

在工业热泵可以满足的温度范围内（约占全球工业热需求的三分之一，详见前文），电力相对于其他能源可能已经具备了成本优势。根据工作温差的不同，热泵的性能系数通常为 2~5（即能效为 200%~500%）。Agora Industry、FutureCamp Climate 和 Wuppertal Institute 三家研究机构共同开发了一项工业热泵初始投资和运营成本分析工具，该工具可估算出工业热泵在怎样的燃料价格范围会比天然气锅炉的成本效益更好（见图 6.6）。

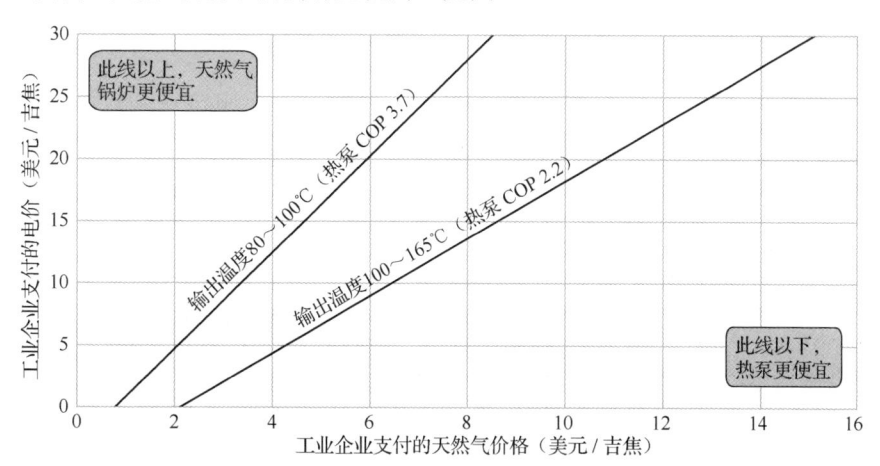

图 6.6　使工业热泵与天然气锅炉供热成本一致的能源价格组合

注：图中每条线均表示使工业热泵和工业天然气锅炉单位热能输出的总体成本（包括燃料/电力、资本、人员和维护成本）相等的能源价格组合。图同一规格的天然气锅炉，分别与性能系数（COP）为 3.7 的热泵（对应输出温度为 80~100℃）和 COP 为 2.2 的热泵（对应输出温度为 100~165℃）进行比较。资本、人员和维护成本基于德国 2019 年的数据。

资料来源：Agora Industry，FutureCamp Climate，Wuppertal Institute，"Power-2-Heat：工业过程供热的直接电气化——用于估算转换成本的计算器"，德国柏林，2022 年 9 月 9 日。

6.7.2　成本因素

鉴于电气化技术的多样性，以及其在减少供热过程热损耗方面的潜力，很难将电气化技术与同类化石燃料技术的初始投资成本进行比较。例如，电阻锅炉由于结构相对简单、活动部件较少且无须安装排气管，其初始投资成本通常低于燃料锅炉[64]。但是，这种直接的初始投资成本的比较预设了工业设施已经有足够的电力容量来运行电锅炉，也忽略了采用更高效传热机制来替代蒸汽、节省能源的可能性。因此，在评估初始投资成本时，对提供同等服务的不同系统进行总体比较，而不是直接比较同类设备，可能会是一种更好的做法。

在供热设备的整个生命周期内，能源成本要大大高于其初始投资成本，特别是对于那些经过多年研发和改进、充分降低了初始投资成本的商业化设备。例如，一个典型的工业燃料锅炉在其整个使用寿命内，燃料占总成本的96%，初始投资设备占3%，运行和维护占1%[65]。对新建工厂而言，成本效益最好的工业供热技术方案，通常都需要以最低的能源成本为加工材料或产品提供所需的热能。在相关的工业节能改造中，还必须考虑新技术与现有设备的兼容性、厂房的物理布局，以及是否会引发一连串升级需求等。

6.8　电气化所需增加的发电量

实现工业领域的化石燃料非原料用途的脱碳，需要增加大量的电力。以下将给出一个基于假设的说明性估算。2019年，全球工业领域燃烧了94艾焦的化石燃料供能，并购买了6艾焦的热能（见导言部分的图0.4），总计100艾焦。保守估计，在工作温度不超过165℃的情况下，工业领域将燃料的化学能转化为有效热能或做功的能效为80%，在工作温度较高的情况下为60%。假设可以通过平均性能系数为2.5的热泵对30%的工业用热需求实现电气化，并且其余70%的工业用热需求可通过平均能效为95%的电阻、电弧和感应加热等技术实现电气化，那么这些替代所需要的电力规模将略低于15,000太瓦时，相当于2019年全球终端用电总量的65%[66]（如果通过绿氢燃烧而非直接电气化来满足这部分供热，所需的电量将在此基础上再增加一倍多，这是因为氢燃烧与化石燃料燃烧具有相同的热损失模式，此外将电力转化为氢气时还有热损失）。

使用绿氢进行化石原料脱碳将进一步增加电力需求。例如，如果2019年的37艾焦化石原料需求（见图0.4）可以完全用氢（基于能效为70%的碱性电解水制氢，详见第7章）来满足，则将额外需要14,500太瓦时的电力，即在2019年全球电力需求总量的64%。因此，如果要使2019年全球工业领域用于能源和原料用途的化石燃料全部由电力替代，全球发电总量将需要增加129%（比翻一倍还要略多一点）。未来于2050—2070年，全球工业电气化所需的总电力可能会增加，也可能减少：一方面，能效提升、材料效率改进和循环经济等措施可以大幅降低工业产品单位产量的能耗（详见第4~5章），另一方面，为了满足人类发展的需求（详见第12章），工业产量必然会增加。

电力领域脱碳并不在本书讨论范围内。然而，工业领域可以通过能效提升和循环经济等措施来减少自身需求，并在无法获取零碳电力的情况下利用生物质能（详见第7章）和碳捕集技术（详见第8章）等，来减轻电力领域的负担。此外，一些工业设施可以帮助平衡电网中的波动性发电能源（如风能和太阳能），使自身运营时间与这些能源发电最强的时段与/或电力总需求较低的时段保持一致（需求响应），从而帮助电网用较少的发电容量满足更多的电力需求。

6.9 电气化对实现零碳工业的贡献

清洁电力是为各种工业过程提供零碳热力的最有效途径，特别是在除初级炼钢、炼油及化工原料用能之外的大多数工业领域，因此应优先推广。与生产和燃烧绿氢（或氢基燃料）相比，直接使用电力效率更高；而相较于生物质能，电力更易推广，且对土地使用的影响较小（详见第7章）。

尽管电力在能效方面具有显著优势，但在中高温应用（即超出热泵供热温度的场景）中，天然气或煤炭供热通常成本更低。为缩小这一差距，可采取以下措施：降低清洁电力的价格（例如，对采用现代电气化技术的行业提供补贴，以及加速低成本风能和太阳能的部署）；实施碳定价（详见第9章）等政策，使化石燃料用户承担燃料燃烧带来的外部性成本，从而促进清洁电力和化石燃料的公平竞争；强化排放标准（详见第10章）等非经济类政策，推动工业领域电气化转型。热电池作为一种技术解决方案，既能帮助并网企业降低电力成本，也能帮助依赖廉价可再生能源的离网设施实现稳定运行。

由于工业领域过去对替代性电气化技术关注不足，目前许多基于化石燃料的工业技术尚无成熟的商业电气化替代方案。因此，亟需进一步研发，以开发和改进关键工业技术的电气化版本。例如，一些化工企业已组成联盟，致力于研发电力驱动的蒸汽裂解炉（详见第 2 章）。第 11 章将详细讨论加速工业技术研发的政策措施。

第7章 氢和其他可再生燃料

扫码查看参考文献

电气化为大多数工业能源需求提供了最有效的脱碳途径。燃料燃烧产生的热废气和水蒸气会造成大量热损失，而电力在加工部件和材料传热方面的效率更高（详见第6章）。然而，化工行业化石燃料用量的70%是原料（详见第2章），电力无法取代；在钢铁行业，电解铁矿石技术与其他零碳炼铁工艺相比还不够成熟（详见第1章）。因此，需要开发可用作化工原料和铁还原剂的零碳能源。可再生燃料特别是生物质能也可用于燃烧供热；由于生物质能的产生不依赖电力，因此可以作为可再生电力的补充。

工业用可再生燃料可分为三类：

- 利用零碳电力生产的**氢气**（H_2）；

- **氢基燃料**，主要是氨、甲醇和合成甲烷；

- **生物质能**，包括固体生物质（如木材）、液体生物燃料（如玉米或甘蔗乙醇）和沼气（及其主要成分生物甲烷）。

氢气具有良好的燃烧和化学特性，是一种很有前景的能源载体和原料，但前提是工业领域必须能够以较低的成本获取足够的零碳氢。此外，还必须克服与氢的储运（或现场制备）有关的挑战，并且对工业设备进行改造或更换。

氢基燃料规避了氢气在储存、运输和设备兼容性方面的许多问题，但将氢转化为氢基燃料会产生能源损失。此外，甲醇和合成甲烷在燃烧时会排放出CO_2，因此，除非其碳原子来自生物质燃烧或直接从空气捕获，否则它们并不属于零碳燃料。氢基燃料是一种很有价值的过渡性燃料，但从长远来看，直接使用氢能对于工业领域而言将具有更好的成本效益。

与氢能相比，生物质能的生产和使用在技术上更为成熟。然而，生物质能的生产和使用必须克服以下方面的重大挑战：通过可持续方式获取（例如，避免不良的土地利用变化）的生物质的充足供应、需水量、储运成本、设备成本、食品安全和空气质量影响。

7.1 氢气

氢气是一种无色、无味的易燃气体。它的密度比空气小，如果释放到大气中，往往会迅速上升和稀释。虽然地下矿藏中蕴含着一些天然氢，但目前还没有商业化的方法可以将这部分氢气提取出来[1]。因此，经济活动中使用的氢气都是人工制造的，因此，氢气是"能源载体"/二次能源，而不是一次能源。

氢气与氧气反应产生水蒸气（$2H_2+O_2 \rightarrow 2H_2O$）。反应过程中会释放出能量，具体形式可以是火焰和热能（适用于氢气燃烧场景），也可以是电能（适用于氢气在燃料电池中消耗的场景；燃料电池是一种将化学能转化为电能的装置）。氢燃料电池在交通领域备受关注，因为燃料电池配合储氢瓶可以替代电池作为一种移动储电手段。工业设施的储电需求较少，因为它们通常可以按需从电网获取电力。虽然燃料电池也可用作工业备用电源，但工业领域使用氢气的重点还是在于将其作为高温热源和化学反应剂。因此，本章讨论的是氢能的燃烧和原料用途，而不是在燃料电池中的应用（对生物甲烷等其他可再生燃料也是如此）。

如今，氢气被用于炼油脱硫和各种化学转化，如分解长链碳氢化合物以生产汽油[2]。氢气在合成氨和合成甲醇的生产中也发挥着重要作用（详见第 2 章）。图 7.1 概述了氢气的各种用途。要实现全球工业领域的零碳排放，就必须在现有用途的基础上进一步拓展氢气的应用范围。

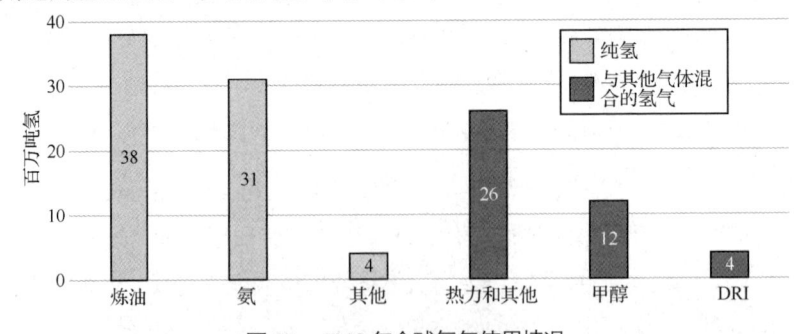

图 7.1 2018 年全球氢气使用情况

注：图中"DRI"指直接还原铁（详见第 1 章）。纯氢的"其他"用途包括化工、金属和电子工业（以及交通领域，但消耗量不到 1 万吨）。与其他气体混合的氢气的"热力和其他"用途主要包括炼钢和化工设施内高炉和蒸汽裂解炉的烟气燃烧。

资料来源：国际能源署，《氢能的未来：抓住今天的机遇》，巴黎，2019 年 6 月。

第 7 章　氢和其他可再生燃料

7.1.1 当代制氢

与化石燃料和生物质不同，氢不含碳，因此燃烧时不会向大气中排放任何二氧化碳。氢气的使用是否会造成二氧化碳排放，取决于氢气的生产方式。

2018 年全球氢气总产量中，有 6900 万吨来自专门的制氢设施，还有 4800 万吨来自其他工业流程的副产品，如从高炉（钢铁行业）和蒸汽裂解炉（化工行业）回收的炉顶煤气。专门的氢气生产主要以天然气为基础，但中国除外——以煤炭为主（见图 7.2）。目前，85% 的氢气均在其生产场所就地消纳，还有 15% 通过管道、船舶或货车运输到其他地方[3]。

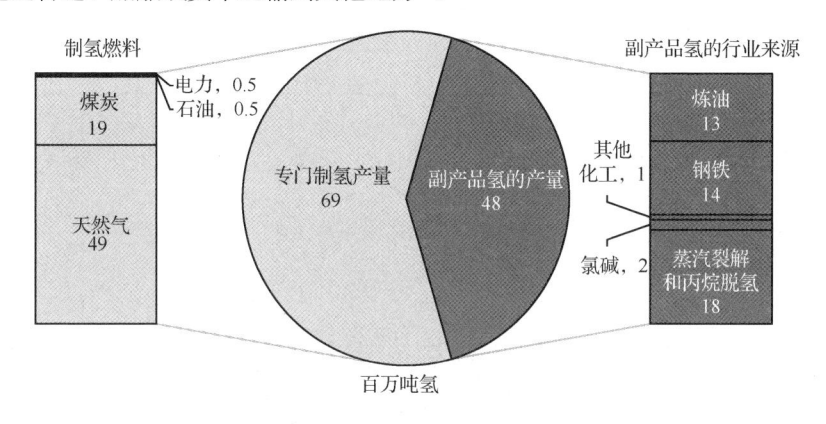

图 7.2　2018 年全球氢气产量，按来源划分

注：所有数值均以百万吨氢为单位。副产品氢来自化工、钢铁和炼油行业［通常来自这些行业使用的化石燃料，但化工行业的氯碱（氯和氢氧化钠）生产例外，涉及氢氧化钠溶液的电解，2018 年，这一工艺产生了 200 万吨氢气（不到氢气总产量的 2%）］，约占电解制氢产量的 80%，其余 20% 为专门的电解制氢产量（50 万吨）。

资料来源：国际能源署，《氢能的未来：抓住今天的机遇》，巴黎，2019 年 6 月。

人们常对氢气赋予不同的颜色，来区分产生氢气的能源或生产路线。不同的文献资料对颜色的数量和对应含义有不同的规定，但最简单的是三色系统。

- **灰氢**指的是用化石燃料生产且不安装碳捕集装置的氢。
- **蓝氢**指的是利用不可再生资源（主要是化石燃料）和碳捕获技术生产的低排放氢。
- **绿氢**指的是用可再生电力生产的氢。

不过，有些文献资料使用的氢气分类颜色要多得多（见表 7.1）。

表 7.1 区分氢气来源的常用颜色

颜　色	氢 气 来 源
黑色	黑煤（不包括褐煤），且无碳捕集
棕色	褐煤，且无碳捕集
灰色	无碳捕集的天然气，且无碳捕集
蓝色	化石燃料，但有碳捕集
绿松石色	天然气，通过甲烷热解制氢
粉色、紫色、红色	核电（电解或加热）
黄色	电网电力或混合电力
绿色	可再生能源发电
白色	天然氢或工业副产品氢

注：生物质气化/生物燃料重整制氢尚未纳入上述颜色分类体系。

资料来源：英国国家电网公司（National Grid PLC），"氢能图谱"，2023 年 5 月 26 日；国际能源署，《氢能的未来：抓住今天的机遇》，巴黎，2019 年 6 月；Michael Roeth，"氢的多种颜色"，FleetOwner，2021 年 1 月 6 日；Sara Giovannini，"（灰、蓝、绿）氢的 50 种颜色"，Energy Cities，2020 年 11 月 13 日。

如今，专门制氢大多采用甲烷水蒸气重整制氢工艺，即将水蒸气加热到 700～1000℃，并在 300～2500 千帕的压力和催化剂作用下与天然气中的甲烷反应。该反应（主要是 $CH_4+H_2O \rightarrow CO+3H_2$）会生成氢气、一氧化碳和少量二氧化碳的混合物。然后，在水气变换反应（$CO+H_2O \rightarrow CO_2+H_2$）中，一氧化碳与水蒸气中的氧结合，产生更多的氢气和二氧化碳[4]。随后，将氢气从气体混合物中分离出来，而二氧化碳则被排放到大气中。现有甲烷水蒸气重整工厂的能效（即用产出氢气中的能量除以原料甲烷中的能量）为 72%～82%，并且每生产 1 吨氢气，会排放 8.3～9.4 吨二氧化碳[5]。

另一种在专门制氢中广泛使用的技术是煤气化。煤在高压下与氧气和水蒸气反应产生合成气，即一氧化碳和氢气的混合物。然后，与甲烷水蒸气重整一样，利用水气变换反应将一氧化碳转化为二氧化碳，从而产生更多的氢气[6]。煤气化的能效为 60%，并且每生产 1 吨氢气会排放 19 吨二氧化碳[7]。中国是使用煤气化技术的主要国家，占全球煤制氢总产量的 80%[8]。

还有几种其他的制氢技术也可用于专门制氢，但规模较小，包括电解（稍后讨论）、部分氧化（使化石燃料与有限的氧气发生反应）和自热重整（甲烷水蒸气重整和部分氧化混合制氢）[9]。其中，只有电解法是具有降碳潜力的生产途径。

7.1.2 零碳制氢技术

目前有几种制氢方式可以不产生温室气体排放,但分别处于不同的技术发展阶段。以下将对这些零碳制氢机制按照现阶段商业规模化程度由高到低的顺序进行介绍。

电解制氢是指给浸没在水溶液中的两个电极之间通电,将水分解成氢气和氧气($2H_2O \rightarrow 2H_2+O_2$)。为了实现零碳制氢,电解制氢过程中必须使用零碳电力——如来自可再生能源或核能发电的电力。电解制氢中用到的电解槽主要有三种。

- **碱性电解槽**是应用时间最长的技术之一。20 世纪 20—60 年代,它一直是最常用的制氢方法,后来被甲烷水蒸气重整所取代[10]。碱性电解槽使用镍基电极和 20%~30% 的氢氧化钠或氢氧化钾溶液作为电解质[11]。在各类电解槽中,碱性电解槽的成本最低(每千瓦 500~1400 美元),能效适中(63%~70% 的输入电能被转化为氢气中的化学能)[12]。但也有一些缺点,如负载范围窄、电流密度低和工作电压低[13]。因此,开展促进电化学反应的催化剂研究,以及改善电子传输的电解质研究,可能有助于提高碱性电解槽的成本效益[14]。

- **质子交换膜(PEM)电解槽**,又称"聚合物电解质膜电解槽",通过固体聚合物膜将两个电极隔开。20 世纪 60—70 年代,PEM 电解槽刚刚问世时,人们认为该设备的能效很高,但碱性电解槽的能效在此后几年超过了 PEM 电解槽。如今的 PEM 电解槽能效为 56%~60%[15]。由于该设备需要采用昂贵的耐腐蚀材料(铂、铱、钌),因此成本较高(每千瓦 1100~1800 美元)[16]。PEM 电解槽的主要优点是其工作电流密度的范围较大,并且能够承受输入电力功率的频繁变化,这使得它在平衡以可再生能源(如太阳能和风能)为主的不稳定电网时具有重要作用[17]。

- **固体氧化物电解(SOEC)槽**又称"高温电解槽",是最新的一种电解形式,目前尚未商业化。SOEC 使用固态陶瓷电解质,这种电解质在高温下允许氧离子通过。工作时,电解槽需加热到 700~800℃,然后施加电势。水在阴极分解成氢气和带负电荷的氧离子。氧离子通过陶瓷电解质迁移到阳极,在阳极形成氧气,并释放出额外的电子,完成回路。高温减少了分解水所需的电量[18]。SOEC 是能效最高(74%~81%)的一种电解技术，但其成本也最高（每千瓦 2,800～5,600 美元）。SOEC 电解槽的独特之处在于能够逆运行（即像燃料电池一样将氢气转化为电能），因此可以为电网提供平衡性服务或为工业设施提供备用电源。遗憾的是，高温往往会使陶瓷材料降解，并缩短 SOEC 电解槽的使用寿命，因此该领域的一项研究重点是如何提高其耐用性和延长其寿命[19]。

生物质能制氢工艺主要为生物质气化，以及液体生物燃料或生物甲烷重整。这两类工艺分别与煤气化和甲烷水蒸气重整类似，但使用的原料是生物质能而不是化石燃料[20]。生物质中的碳会以 CO_2 的形式释放，因此这些工艺的 CO_2 影响取决于原料生物质或生物燃料的碳中和特性，本章在后文中对这一主题进行讨论。这类基于生物质的制氢工艺可配合碳捕集与封存技术（详见第 8 章），从而实现极低甚至负的净排放。

热解制氢是一种将碳基燃料（主要是甲烷）转化为氢气的方法，同时产生副产品固态碳[$CH_4 \rightarrow 2H_2+C(s)$]而不是 CO_2 气体。这种技术将燃料在无水、无空气的环境中加热到约 980℃使其热解；由于环境中没有氧原子，因此反应生成的碳无法与氧结合形成 CO_2[21]。理论上该工艺的能效可以达到 59%，但实际应用中的能效表现数值低于这一数字[22]。

不同的热解制氢技术的排放表现各不相同。如果热解制氢系统通过燃烧天然气供热，则其 CO_2 排放量相对于甲烷水蒸气重整工艺而言并不会减少。基于可再生电力的等离子体炬供热系统是碳排放最低的热解制氢技术之一，但该技术仍会因天然气的生产、输配和泄漏间接产生 CO_2 排放（其排放量约为甲烷水蒸气重整制氢工艺的 28%）[23]。此外，采用该技术还需对产出的固态碳进行储存，并防止其氧化［部分碳可用作炭黑（详见第 2 章），但大规模使用热解制氢技术可能会产生大量炭黑，从而在通过该技术满足全球对氢的需求之前，先导致全球炭黑需求的提前饱和］。

热解制氢也可以使用生物质原料，但这会带来一系列挑战，包括原料中的杂质、设备成本增加，以及产生不需要的焦油副产品等[24]。世界各地已建立了少量针对该技术的试点工厂；美国一家名为 Monolith Materials 的公司在内布拉斯加州运营着一座应用该技术的设施，并计划在 2026 年建成世界上第一座大型热解制氢工厂[25]。

热化学分解水制氢工艺使用 500～2000℃的温度来驱动化学反应，分解水产生氢气。研究人员已对 300 多种热化学制氢工艺进行了研究，但还没有一种能够实现商业化[26]。一般来说，这些工艺的供热依靠定日镜（反射镜）阵列所汇聚的太阳热能，或者裂变反应堆产生的废热。不同工艺的能效各不相同，但依靠太阳热能进行供热的工艺能效约为 20%，核能供热的能效约为 45%[27]。有些热化学制氢工艺还涉及电解[28]。

光电化学制氢是通过太阳光和专用半导体将水分解成氢气和氧气的工艺。这类制氢系统存在多种物理结构。人们研究最深入的一类系统采用电极面板的结构，其设计与太阳能光伏板相似；但成本效益最好的一类系统是利用光催化剂颗粒在电解质溶液中形成悬浮液来制氢的[29]。光电化学制氢工艺仅停留在实验室阶段[30]。

生物制氢是利用微生物制取氢气的工艺。在以暗发酵为基础的生物系统中，微生物将富含能量的有机分子（如糖类和植物物质）分解成更简单的分子，其中一些可通过酶转化为氢。微生物电解池利用微生物分解生物质时释放的能量和少量的附加电压来制取氢气。在光生物制氢系统中，具有光合作用的微生物（如绿藻和蓝藻）通过光发酵或生物光解作用，利用太阳能将生物质转化为氢气[31]。人们正在针对生物制氢系统开展实验室规模的研究，目前该类工艺制氢速度慢、能效低，远未达到商业应用程度。

7.1.3 氢的运输

作为一种气态燃料，氢在许多工业应用中可以替代天然气。然而，氢具有的某些物理特性，使之在运输、储存和用作燃料时的情况变得复杂。

氢气分子的直径很小。这使它能够穿过许多材料进行扩散，包括天然气输送网络中常用的铁管和钢管。然而，氢气分子也更容易通过阀门、连接处和接头处逸出，这会导致宝贵的氢气发生流失，并且随着时间的推移，管道和设备也会因氢脆现象而损坏。因此，储存和运输纯氢的管道和储罐必须由耐氢腐蚀的材料制成（或作为其内衬），如聚乙烯、尼龙或纤维增强复合材料[32]。

全球大约有 300 万千米的天然气输送管道，此外还有更多向家庭和企业输气的小型管道[33]。如果要为氢气建立类似的输配系统，将非常昂贵和耗时（虽然现有的一些天然气管道可以改造成输送纯氢的管道，但只有在这些管道不再用于输送天然气时才能这样做，而且费用也会很高）。

氢气通过现有管道与天然气混合运输,但天然气输配系统中不同的组件所能容纳的混氢比例各不相同。输气管道可容纳高达 20% 左右的氢气,但压缩机只能容纳 10% 的氢气,而燃气轮机和发动机等设备在不对密封和控制系统进行改造的情况下,可能只能容纳 2%~5% 的氢气[34]。但无论如何,在现有天然气输配系统中混合运输氢气就意味着要继续大规模使用天然气,而这是不符合零碳工业的要求的(除非天然气由零碳的合成甲烷组成,否则混氢运输将不能带来任何减排效益)。因此,天然气掺氢气运输并不是一种合理的温室气体减排机制。

氢气可以通过船舶进行远距离运输,但要再将氢气从船舶运输至工业设施则通常涉及运输方式的改变。货车可用于将氢气运输至相关设施。但是,货车运输无法满足大量、持续的氢气需求,如氢基直接还原炼铁厂和化工厂原料供应。

由于这些限制,向工业设施供应纯氢主要有两种策略:

第一,工业设施可以自行制氢,基于小型模块化电解槽制氢可能是最实用的方法。目前,紫外线光刻和化学气相沉积等需要用到氢气的制造工艺,以及氯碱工业等,都采用现场制氢。其他行业,如钢铁厂等,将来也可以进行现场制氢[35]。

第二,可以建设氢能产业园,将需要氢气的工业设施聚集起来。在这类工业园区中,可以利用大型集中式的设施制取氢气,并通过专用的氢气管道将氢气输送给企业。有限的配送范围可以降低成本,并方便企业及时获取氢气。例如,挪威公用事业公司 Statkraft 和钢铁企业 Cesla 计划在 Mo 工业园开发一个以电解为基础的"制氢中心",为园区内的高温工艺提供绿氢[36]。另一个例子是德国北部的清洁氢能海岸线项目,覆盖的地理范围更大[37]。

氢气可以以压缩气体的形式被运输,也可以转化为其他分子材料(液态有机氢载体即 LOHC,或是金属氢化物)后再行运输。液态有机氢载体的单位体积能量密度比压缩氢气更高,且物理特性与原油和汽油相似,从而简化了运输和储存[38]。到达目的地后,可通过逆反应释放出氢气,并恢复至脱氢的 LOHC。然后,将 LOHC 运回氢源重新充氢。

氢气与 LOHC 结合会释放能量,而要从 LOHC 中分离出氢气则需要吸收能量。LOHC 从结合到释放氢气整个过程的能效为 54%~74%,取决于所采用的具体 LOHC 种类。但是,如果氢化过程产生的热能能够得到有效利用,或者脱氢过程吸收的热能可以由其他工业过程中的废热来提供，则实际能效可以达到 72%~84%。如果既能有效利用氢化产热，又能"无偿"提供脱氢吸热，则实际效率可以达到 84%~99%[39]。金属氢化物的情况与 LOHC 类似，但在技术上不太成熟。

LOHC 对工业领域的氢气运输而言可能不够有吸引力。通常在必须对大量氢气进行长距离运输（如国际氢贸易）或长期储存（如用于季节性电网平衡）的情况下，LOHC 的效益才会达到最大。LOHC 在汽车方面的应用也很有前景，因为其能量密度较高，从而可以实现更长的续驶里程与/或采用更小的油箱。相比之下，工业设施不需要长期储存大量氢气，而且可以在制氢设施附近选址。在工业领域，使用压缩氢气可实现更高的能效（压缩和减压方式进行氢气运输的能效为 97.3%），并能避免 LOHC 脱氢所需的能耗[40]。

7.1.4 氢气泄漏

氢气是一种温室气体，其百年全球增温潜势约为 11，其中包括氢对平流层水汽和臭氧的影响[41]。研究人员指出，大规模使用氢气可能会因氢气泄漏而加剧全球变暖[42]。目前，最为相似的温室气体泄漏案例是天然气系统中的甲烷泄漏，研究人员认为氢气的泄漏率与甲烷类似。然而，由于以下原因，氢气泄漏造成的气候风险要小得多。

- 全球 90%的石油和天然气相关甲烷泄漏来自油气开采（井口和油田作业），只有十分之一来自天然气运输、储存和分配[43]。氢气的来源（大多）是制取而不是从地下开采的，因此在开采泄漏方面与甲烷没有可比性。

- 天然气广泛用于建筑、工业和发电领域，但氢气的用量要小得多（主要用于化工等特定行业）。较少的用量使绝对泄漏量也较少。

- 人们大多选择对制氢设施输电，并在工业设施或工业园区内就地生产氢气，而不是长途输氢，从而便于检测氢气泄漏和限制泄漏的发生。

- 氢气的百年全球增温潜势是甲烷的 40%，因此在泄漏量相当时氢气的气候影响更弱。

在向绿色工业转型的过程中，氢气泄漏对气候的影响并不一定是政策制定者最关心的问题。然而，政策制定者仍然应该为输氢管道制定高质量标准，因为泄漏可能导致一定程度的气候影响和意外火灾。

7.1.5 氢气的燃烧排放

在空气中燃烧氢气并非完全无污染，因为燃烧热会导致大气中的氮和氧发生反应，形成氮氧化物（NO_x）。NO_x 的形成量随着火焰温度的升高而增加。氢气的燃烧温度比甲烷高，因此在通常的燃烧条件下，其 NO_x 排放量可能比甲烷高几倍[44]。不过，工业设备可以从设计上限制火焰温度（通过调节进气量、燃料量和再循环烟气的流量，并确保各种气体充分混合，使反应在整个燃烧室内分散进行），以最大限度地减少 NO_x 的产生。在这种超低 NO_x 排放设备中，燃烧纯氢产生的 NO_x 比甲烷少 25%，因为氢气燃烧可能产生 NO_x 的化学途径比甲烷减少了一种（这种化学途径的影响在纯氢和甲烷火焰温度相同时比较明显，但当二者的火焰温度不同时的影响可能会被削弱甚至抵消）[45]。

7.1.6 工业设备中的氢气应用

为使用化石燃料而设计的工业设备如不进行改造，一般不能燃烧氢气。如前所述，这些设备可能用到了可以使氢气扩散和逃逸的材料和密封口。此外，氢气的密度比甲烷低，因此需要更大体积的气体才能提供相同的能量。这会影响设备对气体流速的要求。

氢气具有较高的扩散性和火焰速度，这会影响氢火焰的行为表现。产生氢火焰所需的点火能量较低，因此氢气泄漏会造成火灾危险。由于氢气是无色气体，泄漏时不易被发现，因此可能需要使用泄漏探测器。氢火焰主要产生肉眼不可见的紫外线（其辐射热和红外线也难以感知），因此可能还需要紫外线火焰探测器[46]。

为确保工业领域能够安全处理和使用氢气，各国制定了相关的规范和标准对涉氢工业设备进行认证[47]。目前，许多行业都在安全地使用氢气，未来还会有更多的行业加入。然而，改用氢气需要对现有设备进行更换或重大改造。高炉和蒸汽裂解炉等工业设备价格昂贵，使用寿命长达数十年，提前退役可能意味着大量经济损失。

因此，通过化学方式将绿氢转化为与现有工业设备兼容的燃料将是一种很有前景的解决方案。这样做不仅能够立即实现脱碳效果，还能避免设备淘汰，同时无须等待燃氢设备的商业化。下一节对这些氢基燃料进行讨论。

7.2 氢基燃料

氢气可以通过化学反应转化为其他燃料,这些燃料可以用作化工原料(详见第 2 章)或燃烧供能,从而有助于克服储存和使用纯氢所面临的挑战。氢基燃料主要有氨、甲醇和合成碳氢化合物(主要是甲烷)。

7.2.1 氨

氨气(NH_3)是一种无色气体,通过适度降温或加压很容易液化,其储存条件与丙烷和压缩天然气类似。利用氢气制氨是化工行业一项成熟的商业化工艺(详见第 2 章)。在哈伯-博施工艺中,大气中的氮气与氢气在 20~40 兆帕的压力和 400~650℃的温度下反应,生成氨气($N_2+3H_2 \rightarrow 2NH_3$)[48]。目前最佳的合成氨生产能效约为 55%~60%,但大部分能量损失都发生在氢气的制取过程中。将氢转化为氨的能效约为 88%[49]。

氨的优势为:比氢更易于储运(但不如甲醇和合成甲烷);其形成无须使用捕获的 CO_2;一百多年来,氨广泛用于工业生产,因此为人们所熟悉。利用电力制氨的成本(基于燃料提供的单位能量)大约是用电生产甲醇或合成碳氢化合物的一半[50]。

不过,氨作为燃料也有一些缺点。氨的燃烧热(兆焦/千克)只有甲烷的 40%,可燃度极限(氨在空气中的可燃浓度范围)更窄,火焰速度更低,所需的点火温度更高[51]。由于氨气含氮,其燃烧产生的氮氧化物(NO_x)污染往往比燃烧氢气、甲醇和甲烷(均不含氮)严重得多[52]。此外,氨对长时间暴露其中的生物具有毒性,尤其是对鱼类和爬行动物。不过,氨的密度比空气低,这有助于限制因储氨罐或设备泄漏而可能引发的氨暴露问题。

目前对氨气燃烧的研究主要在交通燃料的背景下进行,并已在少数示范车辆中使用。燃烧氨气也可以成为工业领域的可选方案之一,但由于氨气难以燃烧的特性,采用这种方案将需要对现有设备进行改造。

另外,氨也可以像液态有机氢载体和金属氢化物(前面已讨论过)一样,成为一种储氢运氢的手段,但无须恢复至脱氢状态[i]。这种方法使工业界既能受

---

[i] 氨气脱氢后是氮气,可以排放到大气中。

益于氨便于运输和储存的特点，又能享受氢气优越的燃烧特性。将氨转化回氢的能效为 75%，即全程总体能效（从氢到氨再到氢）大约为 68%，与液态有机氢载体的能效相近[53]。

7.2.2 甲醇

甲醇（CH_3OH）是一种无色透明的不可食用酒精。甲醇在室温下为液体，在储存和运输时既不需要冷凝，也不需要加压。目前，大部分甲醇用于制造化学品（详见第 2 章），但也可以作为燃料燃烧。2019 年全球共生产了 9800 万吨甲醇和甲醇衍生物，其中有 31%（3000 万吨）用于燃烧供能，主要用于汽车[54]。

目前，65%的甲醇是通过天然气蒸汽重整生产的，35%是通过煤气化生产的（主要在中国）。在这两种工艺下，化石燃料都会转化为氢气和一氧化碳的混合物，两者结合形成甲醇。在全生命周期尺度上，天然气重整工艺每生产 1 吉焦能量当量的甲醇会产生约 100 千克二氧化碳，而煤气化则会排放超过 200 千克二氧化碳[55]。

甲醇也可通过其他手段进行制备，如将绿氢与从其他工业过程或大气中捕获的二氧化碳相结合（$3H_2+CO_2 \rightarrow CH_3OH+H_2O$）。以这种方式生产的甲醇被称为"电子甲醇"或"e-甲醇"/绿色甲醇（指生产原料绿氢所使用的能源是电力）。利用化石原料生产甲醇也涉及这种反应路径，因此该工艺所需的技术和催化剂已经实现了商业化[56]。因此，电子甲醇生产的主要挑战就在于前文中讨论的零碳氢制取，以及第 8 章中的二氧化碳的捕获。单就甲醇合成步骤而言，能效约为 80%[57]。目前全球大约有十家正在运营中的电子甲醇工厂，还有十多家已在规划中[58]。

通过生物质气化（类似于中国使用的煤制甲醇路线）或生物甲烷水蒸气重整，也可制取甲醇。然而，对工业用热需求而言，直接燃烧生物质或生物甲烷的成本效益可能更好，因为这样可以避免能量在转换中的损失。在实践中，将生物原料转化为甲醇主要是为了获得适合汽车使用的液体燃料，或将其作为一种化工原料。因此，站在零碳工业能源的角度，电子甲醇比生物甲醇的前景更好。

电子甲醇有几个优点：易于储运；供石油产品使用的同类设备只需稍加改动即可用来处理和燃烧甲醇；与燃烧氢气或氨气相比，燃烧甲醇的技术更为成熟。

电子甲醇的一个重要制约是碳源（原料为二氧化碳）。购买二氧化碳会增加成本，而如果二氧化碳来自化石燃料燃烧或煅烧石灰石（水泥制造工艺），则由其生成的甲醇并不具备低碳特性（从化石燃料或石灰石中捕获二氧化碳，然后转化为甲醇并燃烧，依然会对大气产生二氧化碳净排放）。只有利用从生物质能中捕获或从大气中提取（"直接空气捕获"或 DAC）的二氧化碳，生产出来的才是零碳甲醇，但市场上这些来源的二氧化碳非常少且价格高昂。一种解决方案是将生物甲醇生产与电子甲醇生产布局在一起，这样一来，生物甲醇生产中多余的二氧化碳就可以用于电子甲醇生产工艺[59]（尽管电子甲醇生产可以与任何一种燃烧生物质的产业进行组合布局，但电子甲醇和生物甲醇的化学性质相同，因此可以在运营、物流和销售方面形成协同效应）。

7.2.3 合成甲烷及其他碳氢化合物

零碳氢可以转化为人们熟悉的各种碳氢化合物燃料，包括甲烷、柴油和煤油。由电解氢和二氧化碳制成的上述燃料被称为"合成燃料"。除去生产化学原料的设施，几乎 90% 的合成燃料工厂都生产甲烷；合成甲烷的单位能源生产成本比液体合成燃料低 15%[60]。液体合成燃料更适用于汽车，而合成甲烷成本较低，且与现有天然气基础设施兼容，因此更适用于工业领域。

人们研究了多种电转甲烷工艺，包括热化学、光催化、电化学和生物路线。其中发展最成熟的是热化学工艺，即在 250~350℃ 的温度和 2.5 兆帕的压力下将氢气与二氧化碳（萨巴蒂尔工艺）或一氧化碳（费托工艺）结合在一起[61]。

合成甲烷最重要的优点是它可以单独或与化石甲烷混合后，在现有的天然气管道、储罐和工业设备内进行储运和使用。对于尚不具备条件开展改造和设备更新的行业来说，这可能是一条实用的脱碳路径，也可作为生产 BTX 芳烃的化工原料，尤其是在甲醇制芳烃技术仍未完全实现商业化的情况下（详见第 2 章）。

合成甲烷的主要缺点与电子甲醇一致：需要使用零碳来源的二氧化碳（来自生物质或直接空气捕获）才能生产出零碳的合成甲烷。这种二氧化碳是有限的，而且价格高昂，因此合成甲烷工厂应与燃烧生物质的产业布局在一起。

表 7.2 总结了氢和主要氢基燃料在为工业提供能源时的主要优缺点。

表7.2 氢和主要氢基燃料用于工业供能的优缺点

燃料	优点	缺点
绿氢	能效最优（无化学转化）； 生产成本最低； 无须原料碳	易发生氢脆现象和泄漏，因此需要新的基础设施和设备； 体积能量密度低； 难以运输和储存； 除非使用特殊的燃烧设备，否则NO_x排放量比甲烷高
基于绿氢的合成氨	无须原料碳； 生产成本是电子甲醇或合成甲烷的一半； 比纯氢更易于储运（但不如电子甲醇和合成甲烷）； 可用作氢气载体（但会有很大的能量损失）	燃烧性能差； NO_x排放量最高
电子甲醇	便于运输和储存	需要使用净零碳的原料二氧化碳； 生产成本高
合成甲烷	可使用现有的天然气基础设施和设备	需要使用净零碳的原料二氧化碳； 生产成本高

目前并不存在某个具有压倒性优势的零碳燃料。氢基燃料的生产成本一定会高于氢（因为零碳氢是氢基燃料的必要原料，而任何化学转化都会产生能量损失）。与现有基础设施兼容最好的燃料——电子甲醇和合成甲烷——其生产成本最高，并且需要使用净零碳的原料二氧化碳。相比之下，纯氢的缺点可以通过更换工业设备，以及在工厂或工业园区内部署电解槽来克服。因此，在尚不能实现电气化的领域，未来几十年的过渡期内最为实用的方案可能是采用氢基燃料，与此同时，新建工业设备可以向氢能源设备转型。

7.3 生物质能

除电力、氢气和氢基燃料外，生物质能也有可能成为一种零碳的工业能源（关于生物质能的化工原料和还原剂的用途，请参见第1~2章）。生物质能主要有三种类型。

7.3.1 沼气和生物甲烷

沼气是指细菌在厌氧条件下分解有机物时所释放化合物的混合物。沼气主要由甲烷和二氧化碳组成，还有微量的其他气体，如氧气、氮气和硫化氢。垃垃圾填埋场、厌氧消化池（管理畜牧业动物粪便的机器）和污水处理厂都可以回收沼气。沼气可以直接燃烧，也可以用于分离出甲烷，分离出的生物甲烷与化石甲烷基本相同，可与天然气等同使用[62]。

生物甲烷易于进行工业利用，但由于沼气仅有特定来源，因此供应有限。2018 年，全球沼气产量为 1.5 艾焦，相当于全球工业领域非原料用能的 1.2%[63]。据估计，基于目前各种可用原料的最大潜在沼气产量（在不种植沼气生产专用能源作物的情况下）为：来自作物残留物 12.5 艾焦、来自畜牧业 11.5 艾焦、来自食品废弃物 3.5 艾焦、来自污水 1 艾焦，总计 28.5 艾焦，大约相当于工业领域非原料用能的 22%[64]。然而，如果要完全实现上述的潜在沼气产量，就需要通过厌氧消化池处理全球几乎所有的有机废弃物，这将非常困难。国际能源署通过一项分析提出，到 2050 年要实现全球净零排放，包括在 2050 年使沼气产量达到 8 艾焦，相当于预计同期工业能耗的 5%（但实际上这些沼气中只有一半会用于工业领域，其余则会用于其他领域）[65]。

新建厌氧发酵池生产沼气的全生命周期成本为每吉焦 17～33 美元（主要是摊销的工厂初始投资成本），高于工业用天然气的价格：美国为每吉焦 3.5 美元、欧洲为每吉焦 8 美元，中国为每吉焦 12 美元（见图 6.5）[66]。然而，沼气池还能提供其他一些重要服务（废弃物处理处置、有机肥料生产和温室气体减排），而上述的直接价格比较中并未包含这部分价值[67]。有关有机肥的更多信息，请参见第 5 章的材料替代部分。

7.3.2 液体生物燃料

液体生物燃料是指从生物质（如玉米或甘蔗乙醇）衍生而来的各种高能量密度燃料。液体生物燃料在交通工具中的作用最大，尤其是对一些难以电气化的交通工具（如飞机和轮船）；这类交通工具由于载重或燃料箱尺寸有限，通常因其高能量密度的燃料而增加较高的成本。而工业领域在重量和空间上受到的限制较小，因此不需要因将固体生物质转化为液体生物燃料而承担额外的成本（和能量损失）。尽管液体生物燃料未来可能成为一种工业产品，但预计其在为零排放工业领域提供供热和供电方面的作用有限。[68]

7.3.3 生物质

固体生物质由木屑颗粒、森林残留物和农作物废弃物等材料组成，是成本最低、全球供应量最大的一种生物质能形式。生物质的燃烧特性与煤炭相似，但能量密度较低、杂质较多。2020 年，全球固体生物质产量为 22 艾焦（不包括传统用途的 25 艾焦，如效率低且污染严重的明火烹饪）。工业领域消耗了 9.6 艾焦的固体生物质，占工业非原料用能的 8%[69]。站在满足大规模工业能源需求的角度，生物质是应用前景最好的一种生物质能形式，但仍存在以下主要挑战。

可获取性。生物质必须以可持续的方式生产，同时兼顾对土地的其他有价值用途的保护，如确保为粮食作物留出足够的农田，以及保护自然生态系统。关于通过可持续方式收获的生物质产量这一问题，各类文献中存在很大的不确定性。不确定因素包括土地可用性、能源作物的每公顷生产率、人口增长、人们的饮食结构（肉类生产所需的土地远多于蔬菜和谷物生产），以及气候影响（如水的可用性）。根据政府间气候变化专门委员会一项专家评估的推论，2050 年全球生物质能源的潜力可能为 100～300 艾焦[70]。要实现这一潜力，需要大量增加能源作物的种植，开展精细化的土地和水资源管理，提高每平方千米的生产率，并采取其他的相关措施[71]。

在生物质能总量中，只有一部分用于工业领域，其余流向其他用途，如转化为液体生物燃料、建筑供暖、传统用途等。尽管如此，仍然会有足量的生物质可以作为工业燃料。例如，在政府间气候变化专门委员会模拟的 18 个符合 1.5℃升温目标的情景中，生物质能的预测产量为 118～312 艾焦（中位数为 200 艾焦）[72]。如果选取这些情景中的中位数作为全球生物质能总产量，并假设工业领域的占比为 25%，则工业领域所利用的生物质能预计将达到 50 艾焦，相当于目前工业非原料能源需求的 40%。

碳中和特性。植物从大气中获取碳，因此在理想情况下，生物质燃烧只是将捕获的二氧化碳再排放到大气中，对大气中二氧化碳浓度的净影响为零。然而，在实践中，生物质的使用可能会增加温室气体排放，其中最重要的原因是土地用途的改变。虽然有些生物质可以从现有用地上获得（如农业和林业的副产品），但要实现前文提到的生物质潜力，就必须大幅增加专门的生物质作物种植。生物质作物种植的土地类型选择，会影响生物质作物的温室气体排放特性。如果将森林改造成耕地，那么在该土地上种植的生物质能所产生的减排效应，需要积累很多年才能抵消因森林砍伐而造成的碳排放，这个抵消的过程被称为"碳回收期"。就种植甘蔗和木薯等一般生物质能作物而言，如果原本用地是健康的森林，那么碳回收期为 80～150 年，如果原本用地是退化的森林则为 50～100 年，稀树草原为 20~80 年，草地为 8~20 年；而对于原先用地为耕地或退化土地，碳回收期极短（不涉及土地利用变化产生的排放，因此不需要进行"碳回收"）[73]。

生物质的另一个温室气体排放源是使用氮肥产生的氧化亚氮。第 5 章已对减少化肥使用和氧化亚氮排放的方法进行了介绍。工业用零碳生物质应来自已有的可持续农业和林业所生产的副产品，以及在原先作为耕地用途的土地或退化土地上种植的生物质能专用作物，并采用最佳的肥料管理方法。

物流。生物质能的增长潜力在全球范围内的分布并不均衡，其中，美国东南部、南美洲中部、东欧、赤道非洲地区、印度东海岸和东南亚的潜力最大[74]。生物质必须从种植地运输到工业能源需求地。由于生物质的能量密度较低，并且通常需要在运输前进行预处理，因此其运输成本较高。由于生物质能作物的获取具有季节性，完全依赖生物质的工厂可能需要对其进行大量储存。

储存、预处理和运输通常构成了生物质价格的 20%～50%；对于木屑颗粒这种交易量最大的生物质形式之一，这一数字超过了 50%[75]。因此，与远离生物质生产地或只能获得季节性生物质供应的企业相比，生物质对于那些靠近供应商、所利用生物质在全年都有供应的企业而言更实惠。

非温室气体污染。生物质燃烧会排放一些常规的（非温室气体）空气污染物。木质生物质在工业锅炉中燃烧时，排放的二氧化硫（SO_2）和非甲烷挥发性有机化合物相对较少。然而，其排放的氮氧化物（NO_x）和细颗粒物却与煤炭大致相同（见图 7.3）。这些污染物会对健康造成严重影响。例如，在 2015 年左右的美国，继煤炭消费量多年下降之后，生物质超过煤炭成为通过空气污染导致人过早死亡的主要原因，所占比例为 39%～47%[76]。因此，生物质燃烧需要配合环保处理设备，特别是颗粒物去除技术，如旋风分离器、湿法洗涤器、静电除尘器和布袋过滤器。NO_x 排放可通过烟气再循环、空气分级燃烧，以及燃烧后催化和非催化还原等方式进行管理[77]。在缺乏（强有力）排放标准的国家，企业可能会对污染控制设备投资不足，因此，促进生物质工业利用的政策应配合足以保护公众健康的排放标准来共同实施。

其他影响。以下是利用生物质来满足大规模工业能源需求所涉及的其他挑战：

- 种植更多的生物质能作物会增加淡水需求，农业径流中还可能含有化肥和杀虫剂，从而会对水生生态系统产生影响。

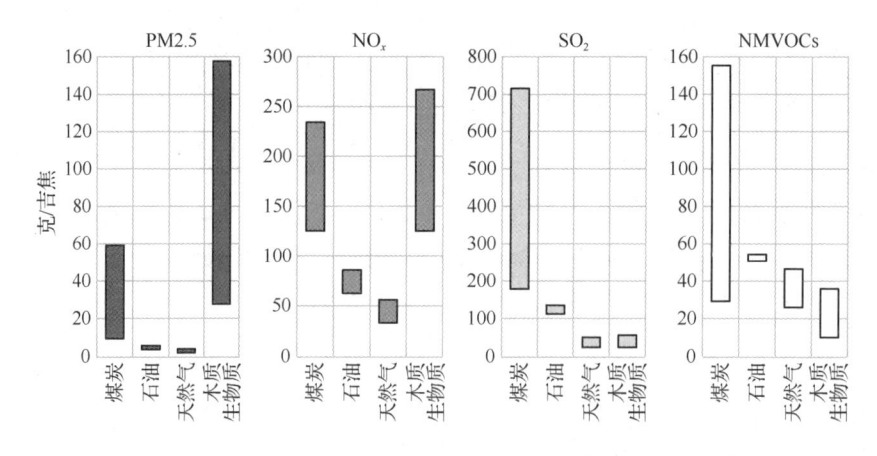

图 7.3　各种工业锅炉燃料的非温室气体污染物排放强度

注：图中每种燃料在每种污染物上的取值范围反映了不同国家情况的不同，如不同国家的煤炭含硫量有高有低，以及各国设备所采取的污染控制措施不同。PM2.5＝细颗粒物；NO_x＝氮氧化物；SO_2＝二氧化硫；NMVOCs＝非甲烷挥发性有机化合物。

资料来源：J. Sathaye, O. Lucon, A. Rahman 等，"可持续发展背景下的可再生能源"，《政府间气候变化专门委员会关于可再生能源和减缓气候变化的特别报告》，第 2 卷，第 2 期（2011）：2，剑桥大学出版社。

- 作物的粮食用途和生物质能用途之间的竞争可能会提高粮食价格，从而降低某些地区的粮食安全水平[78]。
- 为了处理生物质能源杂质较多、能量密度较低，以及常规污染物排放等问题，工业领域的初始投资成本可能增加。

虽然从理论上讲，生物质能有望在零碳工业领域发挥巨大作用，但由于存在上述各项实际问题，前景也许不那么乐观。生物质能与工业企业的空间距离不能太远，生物质还需要产自废弃物，或是来自肥料管理适当的贫瘠土地，兼顾对自然荒野、空气质量、水资源和食品安全的严格保护。即使满足了这些条件，也还需要考虑用于控制常规污染物的设备成本，而只有当生物质是（考虑所有因素）成本最低的一种零碳燃料方案时，才会对工业领域具有吸引力。全球只有一小部分工业企业满足这些条件。

7.4　成本比较

对比不同可再生燃料的成本效益是很困难的，因为影响因素太多。例如，电解氢的成本取决于电解槽的初始投资成本和能效、全年运行小时数和电价，而电价在世界各地的差异很大。因此，图 7.4 所示的全球成本估算只是为了提供一种总体概念，即通常而言哪些能源比其他能源便宜，而不是为了提供适用于特定国家的具体成本数据。

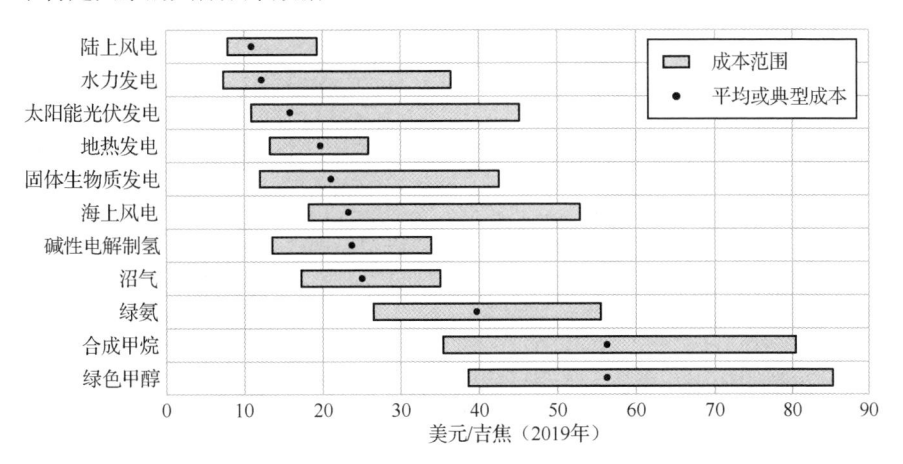

图 7.4 各类可再生能源在 2020 年的生产成本

注：图中电力成本为基于 2020 年建成的公用事业规模发电项目的平准化电力成本。沼气的平均成本反映的是基于农场厌氧消化池或城市污水集中处理厂生产沼气的典型成本。本图选择呈现固体生物质发电（而不是木屑颗粒等固体生物质燃料本身）的成本，因为燃料本身仅占生物质燃烧所提供能源服务总成本的不到一半，而且在热电联产系统中，生物质燃烧通常被用于同时生产热能和电力。

资料来源：Nick Primmer，世界沼气协会的政策、创新和技术委员会，《沼气：通往 2030 年的道路》，世界沼气协会，伦敦，2021 年 3 月；国际能源署，《氢能的未来：抓住今天的机遇》，巴黎，2019 年 6 月；国际可再生能源署，《2020 年可再生能源发电成本》，阿布扎比，2021 年 1 月；Richard Michael，Nayak-Luke，René Bañares-Alcántara，《单独使用绿氨作为无碳能源载体和传统生产替代品的技术经济可行性》，《能源与环境科学》，第 13 卷，第 9 期（2020）：2957-2966；Agora Verkehrswende，Agora Energiewende，Frontier Economics，《基于电力的合成燃料的未来成本》，2018 年。

技术进步和规模效益将使零碳燃料在未来的价格有所下降。例如，到 2050 年，电解氢的成本可能达到 6~10 美元/吉焦，而电子甲醇的成本可能降至 12~31 美元/吉焦[79]。

最后要注意的是，与燃烧供热相比，电力为待加工部件和材料供热的热损失更小，因为电力供热既没有废气，也不会形成水蒸气（详见第 6 章）。考虑到热损失的差异，必须遵循"有电先电"原则，在可以直接电气化的领域优先用电来脱碳。

7.5 可再生燃料对实现零碳工业的贡献

绿氢将在工业领域的脱碳中发挥不可或缺的作用。优先级最高的两个用途是生产初级钢（因为基于电解的替代技术还处于技术发展的早期阶段）和提供化工原料（这些用途无法实现电气化替代）。如果用等量能量的氢替代2019年的化石燃料制氢，仅替代上述两种用途就需要增加4.84亿吨氢气，相当于要在全球氢气实际产量的基础上增加4倍多[80]。如果这4.84亿吨氢是通过能效为70%的电解法生产的，那么所需的电力将达到2.3万太瓦时，相当于2019年全球电力消耗总量（包括所有经济领域）的两倍[81]。因此，即使只将氢能用于价值最高的工业用途，所需的绿氢产量和相关的清洁电力增长也将是极其巨大的。因此，应尽可能地对工业供热进行直接电气化（详见第6章），充分发挥直接电气化的高能效优势（相对于绿氢和氢基燃料的制备与燃烧而言），以减少工业脱碳所需的可再生能源。此外，提高能效、材料效率和循环经济等减少能源需求的措施同样至关重要。

生物质能为避免可再生电力需求的增加提供了另一种选择，而工业领域是理想的固体生物质和沼气用户。生物质能可以缓解电力系统的压力，在具备条件的地区具有较大潜力。尽管持续供应生物质能仍存在一些挑战，但为增加生物质能产量所付出的努力是值得的，同时政府也应制定严格的规范，以保护森林、粮食安全、生态系统、水质和空气质量。

第8章 碳捕集、利用与封存

化石燃料燃烧和某些工业生产过程中会释放二氧化碳（CO_2）。碳捕集、利用与封存（carbon capture and use or storage，CCUS）技术旨在永久性地防止这些二氧化碳进入大气。CCUS 主要包括四个环节：

- **捕集**：从混合气体中分离并生成高浓度二氧化碳。
- **运输**：压缩和运输二氧化碳。
- **封存**：通过地下注入或矿化方式实现地质封存。
- **利用**：将二氧化碳应用于商业材料和产品中，实现资源化利用。

8.1 概述

8.1.1 CCUS 现状

CCUS 技术比某些替代技术（如燃烧绿氢和氢基燃料）更加成熟。2020 年，全球处于运行状态的商业化碳捕集设施共有 26 个，合计二氧化碳（CO_2）捕集能力为每年 3800 万吨[1]。由于并非所有的设施都会在全年内保持满负荷运行，因此这些设施实际捕集的二氧化碳量约为每年 3300 万吨（见图 8.1）。这相当于全球工业领域直接燃烧和过程二氧化碳排放总量的 0.3%（见导言中的图 0.2）。

碳捕集产能总量的 69% 来自天然气加工厂；这些工厂为了生产出符合相关质量要求的管道天然气，需要去除其中的二氧化碳（和其他杂质）。另有 22% 的产能来自生产化学品、合成天然气、化肥和氢气的设施。其余的产能则来自炼油、钢铁生产和燃煤发电[2]。

在捕集到的 3300 万吨二氧化碳总量中，约 2500 万吨用于提高石油采收率（即二氧化碳驱油，CCUS-EOR），通过将二氧化碳注入地下油藏来促进石油开采；而其余的捕集二氧化碳则封存在地下，不涉及相关的燃料生产（见图8.1）（在所有用于提高石油采收率的二氧化碳中，捕集到的二氧化碳只占一小部分，另有约70%都来自天然存在的地下二氧化碳气藏）。但提高石油采收率并不是一种对气候安全的二氧化碳利用方式。有关详情，请参阅本章后文的"二氧化碳驱油"部分。

提高石油采收率并不是二氧化碳的唯一商业用途。提纯后的二氧化碳还可用于尿素（90%以上用于化肥）生产、食品和饮料行业（如为苏打水加气）、冷却（以干冰等形式）、金属加工、灭火、医疗消毒、促进温室植物生长等[3]。上述用途中使用的二氧化碳来自化工和炼油行业（约80%是生产合成氨的副产品），因为这些行业中产生的二氧化碳浓度相对较高，因此不需要额外的分离步骤[4]。

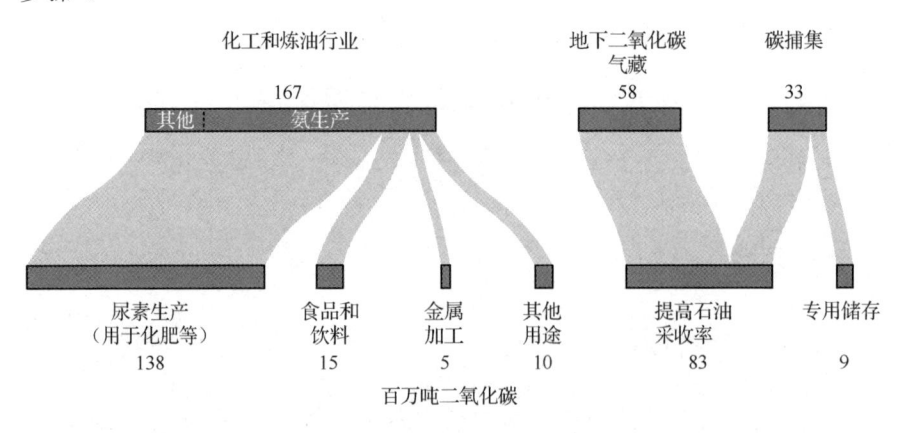

图8.1 2020年全球二氧化碳的来源和用途

注：由于四舍五入，按来源划分的二氧化碳量与按用途划分的二氧化碳量并不完全相等。相关计算假定了碳捕集-专用封存项目的产能利用率与碳捕集-驱油项目相同（87%，不考虑已停运工厂）。

资料来源：全球碳捕集与封存研究院，《2020年全球碳捕集与封存现状》，墨尔本，2020年；国际能源署，《对二氧化碳加以利用：从排放中创造价值》，巴黎，2019年9月；国际能源署，《清洁能源转型中的CCUS》，巴黎，2020年9月。

8.1.2 CCUS的适用场景

CCUS技术将在未来二三十年内对全球工业领域实现二氧化碳零排放发挥重要作用。下面介绍CCUS的六种使用场景，在这些场景下，相较于电气化和使用绿氢/氢基燃料等替代方案，CCUS更具优势。

第 8 章 碳捕集、利用与封存

第一，可用于为绝缘材料提供高温热能的化石燃料燃烧装置部署 CCUS，如用于生产水泥、玻璃和砖块等材料。在需要中低温供热的场景中，有多种电气化方案可供选择，如热泵、电介质加热、红外线加热、电阻加热等。此外，电弧炉和感应炉在熔化金属时也具有较高的能效（详见第 6 章）。然而，对于需要大量高温热力的非金属材料生产来说，电气化技术成本较高，或尚未实现商业化。尽管未来随着技术进步和商业化进程的推进，直接电气化可能为该领域提供更优方案（详见第 6 章），但就现阶段而言，CCUS 技术已较为成熟，因此更有可能率先实现规模化应用。

第二，CCUS 对于处理二氧化碳过程排放至关重要。石灰石煅烧是最大的二氧化碳排放源，其次为金属矿石冶炼、化学品生产、石油精炼以及玻璃和陶瓷制造等[5]。针对这些排放源，除 CCUS 技术外，如新型低碳水泥（详见第 3 章）和电解氢作为化工原料（详见第 2 章）等替代方案也可实现部分减排效果。然而，目前还没有技术可以完全避免所有二氧化碳过程排放的产生。因此，CCUS 在解决这类排放方面具有得天独厚的优势。

第三，CCUS 非常适用于会产生高浓度二氧化碳的工业过程，因为从二氧化碳浓度较高的混合气体中分离二氧化碳的成本更低、能耗更小。产生的二氧化碳浓度最高、分离成本最低的行业包括天然气加工、煤化工（主要在中国），以及合成氨、生物乙醇和环氧乙烷的生产。相比之下，炼钢、水泥生产和甲烷蒸气重整制氢等工业过程排放的二氧化碳的浓度都只是略高于化石燃料燃烧，因此其碳捕集成本与燃料燃烧的碳捕集成本相近（见表 8.1）。需要注意的是，在向零碳工业转型的过程中，上述一些行业（天然气加工、煤化工）可能会在未来逐渐收缩甚至消失，而另一些行业（如合成氨）将会转用除化石燃料燃烧外的替代性生产路线，因此 CCUS 的最大减排机遇就在近期。

表 8.1 各种 CO_2 源的 CO_2 浓度和碳捕集成本

CO_2 来源	CO_2 浓度/%	碳捕集成本（美元/吨）
天然气加工	96～100	15～25
煤化工（煤气化）	98～100	15～25
合成氨	98～100	25～35
生物乙醇	98～100	25～35
环氧乙烷	98～100	25～35
钢铁	21～27	40（仅高炉工序）～100（全厂）

续表

CO_2 来源	CO_2 浓度/%	碳捕集成本（美元/吨）
制氢（甲烷水蒸气重整）	15～20	50～80
水泥	15～30	60（仅预分解窑工序）～120（全厂）
煤炭燃烧（锅炉或 IGCC*）	12～14	40～100
天然气燃烧（锅炉）	7～10	40～100

*IGCC = 整体煤气化联合循环（integrated gasification combined cycle）。

注：表中捕集成本包括用于在捕集后压缩 CO_2 的成本。本表中的成本范围反映的是美国的情况，且不包括运输和封存成本。由于燃料价格不同等因素，各国的碳捕集成本差异很大。

资料来源：国际能源署，《对二氧化碳加以利用：从排放中创造价值》，巴黎，2019 年 9 月；国际能源署，《清洁能源转型中的 CCUS》，巴黎，2020 年 9 月；Adam Baylin-Stern, Niels Berghout, "碳捕集是否过于昂贵"，国际能源署，2021 年 2 月 17 日；Xiaoxing Wang, Chunshan Song，"从烟气和大气中进行碳捕集：一种视角"，《能源研究前沿》，第 8 卷（2020 年 12 月 15 日）：265；Lawrence Irlam，《全球碳捕集与封存的成本》，全球碳捕集与封存研究院，墨尔本，2017 年 6 月。

第四，可以对新型、高效的工业设施进行某些 CCUS 技术改造，而其他替代技术，如制备和燃烧绿氢，以及用电加热替代化石燃料供热等，则可能需要对设备进行整体替换。虽然 CCUS 改造并不便宜，但比起整体替换，改造的成本效益依然更好，即便对较新的工厂或机器而言亦是如此。工业改造对中国而言尤为重要，因为中国的钢铁、水泥和化工设备平均使用年限仅为 10～15 年，一些设备的预期寿命甚至高达 30～40 年[6]。

CCUS 改造对于特定企业/设施来说是否是一个好的选择，除技术方面的考虑外，还取决于该企业如果不开展 CCUS 改造，将会做什么（如响应碳定价和排放标准等政策）。

- 对于那些没有计划进行 CCUS 改造的设施来说，设施就会在没有减排的情况下继续运行，因此开展 CCUS 改造是最理想的出路。
- 对于那些本来就计划进行电气化或转用绿色燃料的设施来说，CCUS 改造反而会推迟其清洁能源转型进程，因而并不是一个好的选择。
- 对于那些本应关停的设施而言，必须要在经济因素（如就业机会的减少和对周边社区的影响）和环境效益（如消除由设施产生的温室气体排放和局部空气污染）之间进行权衡。权衡的结果可能是：位于小城镇或农村地区，并且在当地经济活动总量中占很大比重的大型工厂，应该开展

CCUS 改造；而位于人口稠密的城市地区的小型工厂则应该关停，因为其继续运行将使这类地区的很多居民暴露在局部污染物排放中，而这类地区的替代性就业机会也有很多。

第五，在有可持续生物能源的地区（详见第 7 章），CCUS 可捕集生物能源燃烧或气化产生的 CO_2。储存这些碳可降低大气中 CO_2 的浓度。另外，捕集的 CO_2 还可与绿氢结合，形成化工产品或氢基燃料，从而成为这些产品为数不多的净零排放（产品分解或燃烧时 CO_2 排放量为零）生产方式之一。

第六，工业用热电气化和利用电解氢（绿氢）制造化工原料，都需要大量的零碳发电/绿电（详见第 6 章）。如果使零碳发电量增加到足够满足这些需求（并取代现有的化石能源发电）的程度，可能需要一些时间。因此在清洁电力供应短缺的情况下，CCUS 可以帮助减少温室气体排放量，从而为电网规模扩大和脱碳赢得更多时间。

8.1.3 CCUS 的缺点

CCUS 也有一些会限制其使用的缺点。第一，CCUS 通常关注捕集化石燃料燃烧排放的碳。但化石燃料的生产、加工和运输通常也会排放大量温室气体，而工厂中的 CCUS 并不能削减这部分排放量。2020 年，全球石油和天然气作业泄漏的甲烷达 7700 万吨，煤矿泄漏的甲烷达 4200 万吨，合计占人为甲烷排放总量的近三分之一（占全球温室气体排放总量的 5% 以上）[7]。甲烷泄漏占天然气全生命周期温室气体排放量的 13%～27%（基于甲烷的百年全球增温潜势 28，以及 1.5%～3.5% 的泄漏率进行的估算）。因此，即使 CCUS 的捕集率达到 100%，也远远无法实现化石燃料在全生命周期内的温室气体净零排放。相比之下，电气化、使用绿氢和生物能源等方法，可以同时减少化石燃料的生产和使用。

第二，CCUS 过程也需要用能，如用于碳捕集材料的（脱碳）再生产和 CO_2 的压缩。因此，与未配备 CCUS 的同类同规模工厂相比，CCUS 会使工厂增加 15%～25% 的燃料消耗[8]。这增加了能源成本，并可能增加供应链上游（即化石燃料生产和分配相关产业）的温室气体和常规污染物排放。

第三，CCUS 只捕集 CO_2，而不捕集危害人类健康的常规污染物，如颗粒物、氮氧化物（NO_x）和氨（NH_3）。氮氧化物（NO_x）和颗粒物的直接和间接排放量大致与燃料消耗量呈正相关,相关系数为 15%～25%[9]。如果使用胺类吸收剂施行碳捕集技术,受溶剂分解影响,氨的排放量可能是其他碳捕集技术的三倍以上,但二氧化硫(SO_2)的排放量会减少,因为此类系统需按照相关要求去除 SO_2[10]。

安装碳捕集设备的设施还需要改进尾气处理装置,以去除单位燃料燃烧所增加的 NO_x 和颗粒物排放。但与 SO_2 的情况不同,这类改进(即减少单位燃料燃烧的污染物排放量)效果很小,以至于会被碳捕集过程引起的燃料燃烧增加所抵消,因此工业设施在安装 CCUS 后,其 NO_x 和颗粒物的净排放量可能会增加(见图 8.2)[11]。由于污染性工业设施通常位于低收入的弱势社区,如果依赖 CCUS 来减少碳排放,可能会加剧常规污染物排放在健康影响上的不公平性。有关公平性的更多信息,请参见第 12 章。

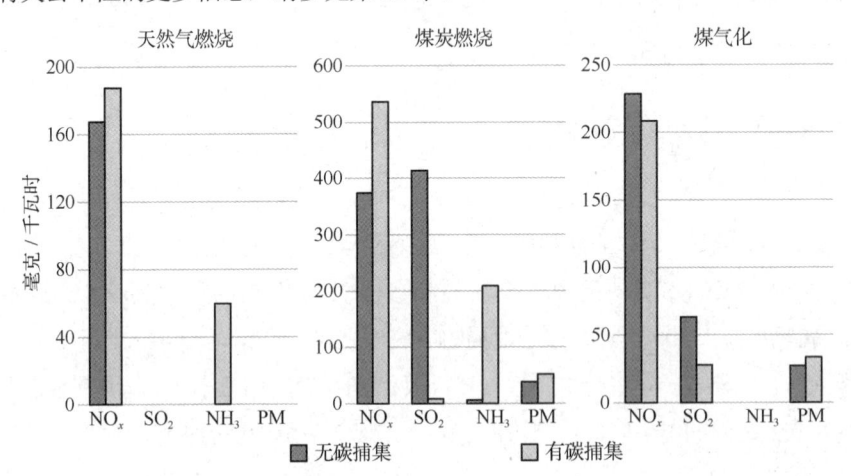

图 8.2 化石燃料过程在安装和不安装碳捕集情况下的常规污染物排放

注:在此图中,天然气燃烧和煤炭燃烧采用燃烧后捕集,而煤气化采用燃烧前捕集。碳捕集需按要求减少二氧化硫(SO_2)的排放,但有时会增加氮氧化物(NO_x)、氨(NH_3)或颗粒物(PM)的排放。

资料来源:欧洲环境署,《碳捕集与储存(CCS)的空气污染影响》,欧洲环境署技术报告第 14/2011 号,哥本哈根,2011 年 11 月 17 日。

第四,如今的 CCUS 项目只能从常规 CO_2 浓度的废气流(如燃料燃烧、钢铁冶炼和水泥生产产生的 CO_2)中捕集到 85%～90% 的 CO_2[12]。超过 99% 的捕集率是可以实现的,但需要更大的设备、更多的工序,并且每捕集 1 吨 CO_2 需要的能耗也更多。因此,如果一个天然气设施的碳捕集系统要实现 99% 的捕集率,成本大约会增加 10%[13]。

第 8 章 碳捕集、利用与封存

第五，发电厂需要能够将捕集的 CO_2 运往用户或储存所在地（或能够留下来自用）。若工厂附近没有可用的地质封存层或 CO_2 用户，则 CCUS 可能不适合该工厂。对潜在封存地点的评估必须考虑这些封存地具有足够的 CO_2 封存潜力，以及全面评估地下水污染和诱发地震（CO_2 注入引发的地震）的风险[14]。

第六，由于碳捕集是一项相对成熟的技术，未来这类技术的成本下降幅度可能要小于电池和绿氢等现阶段还不太成熟的技术。据全球碳捕集与封存研究院的一项研究，化肥厂未来的 CCUS 成本下降潜力仅为 8%、水泥厂为 16%、钢铁厂为 17%[15]。因此，CCUS 的成本效益很可能会在未来被其他脱碳技术超越。

8.1.4 其他碳捕集技术

有两类可视作碳捕集的技术并未在本章进行讨论。第一种技术是甲烷热解，即把甲烷转化为氢气和固态碳。固态碳可以被储存或用于轮胎和颜料等产品制造（但是，如果这些产品在报废时进行燃烧处置，则其中的固态碳将转化为 CO_2）。甲烷热解主要用于制氢，已在第 7 章中介绍。

第二种技术是直接空气捕集（direct air capture，DAC），即直接从大气中将 CO_2 与其他气体进行分离，而不像其他碳捕集技术是从燃烧废气或工业过程排放中分离 CO_2 的。直接空气捕集分离 CO_2 的成本很高（每吨 135~345 美元），因为 CO_2 在大气中的浓度（0.04%）远低于其在废气流中的浓度[16]。捕集大气中的 CO_2 并不能减少工业排放量，因此 DAC 的捕集步骤不在本书讨论范围之内。经 DAC 捕集的 CO_2 可以与其他技术捕集的 CO_2 一样被运输、封存和利用，这些捕集后的步骤在下文中作介绍。

8.2 二氧化碳捕集技术

工业领域的碳捕集主要采用五种方法，其中的三种方法要求先从气体混合物中分离出 CO_2。

- **燃烧后捕集**，指燃烧燃料，然后从烟气中提取 CO_2。烟气中除 CO_2 以外的成分主要是氮气（占空气的 78%）、水蒸气（燃烧副产物），其次是氩气（占空气的 1%）和其他气体。

- **燃烧前捕集**，化石原料通过气化、蒸汽重整、自热重整或部分氧化等方式转化为合成气（主要是 H_2 和 CO 的混合物）[17]；然后通过水气变换反应（$CO+H_2O \rightarrow CO_2+H_2$）将 CO 转化为 CO_2 并获得额外的 H_2[18]。将 CO_2 分离出来，并将 H_2 用于燃烧供能（详见第 7 章）或用作化工原料（详见第 2 章）。该方法主要在于实现 CO_2 和 H_2 的分离。

- 在天然气加工过程中，将 CO_2（和其他杂质）从未经处理的天然气中分离出来，以生产符合相关质量要求的管道天然气。该方法主要在于实现 CO_2 与甲烷的分离，其次是与其他碳氢化合物（如乙烷和丙烷）和各种杂质的分离。

有两种方法可以在燃烧燃料的同时产生相对纯净的 CO_2 流，从而无须分离 CO_2：

- **富氧燃烧**，即利用近乎纯净的氧气助燃，而不是空气。
- **化学链燃烧**，即通过金属氧化物颗粒向燃料供氧。

有好几种 CO_2 分离技术都可用于燃烧前捕集、燃烧后捕集和天然气加工。下文即详细介绍各种分离技术，然后对富氧燃烧和化学链燃烧作讨论。

8.2.1 化学吸收

化学吸收是最常见的 CO_2 分离技术，特别是用于燃烧后捕集和天然气加工。在化学吸收用于燃烧后捕集时，烟气与水接触冷却，并通过 SO_2 和 NO_2 与胺类溶剂的反应脱除这些杂质。随后将烟气送入吸收塔（也称为"胺洗涤器"），接触液体胺类溶剂/吸收剂（最常见的是乙醇胺），使 CO_2 与胺发生化学结合[19]。将充分吸收 CO_2 后的溶剂/吸收剂泵入汽提塔（也称为"再生器"），加热到 100～140℃，使之发生 CO_2 吸收反应的逆反应，恢复为原溶剂/吸收剂成分并释放出纯 CO_2[20]。早期的胺吸收系统要实现溶剂再生所需要的输入能量为 3.7 吉焦/吨 CO_2，而如今最先进的商业系统只需要 2.6 吉焦/吨二氧化碳[21]。

胺类溶剂/吸收剂是最成熟的化学吸收技术，已经商用了几十年[22]。但改良溶剂也是一个活跃的研究领域；研究人员正在寻找性能更好的化学品作为替代溶剂，包括再生所需的能量更少、吸收和释放 CO_2 的速率更快、单位体积可吸收的 CO_2 更多，以及对污染物的耐受性更好。主要的溶剂改良方法包括使用催化剂（特别是碳酸酐酶）、多相胺混合物、沉淀吸收剂、离子液体和氢氧化钠吸收系统。这些方法可将溶剂再生的能源需求降至 1.1 吉焦/吨二氧化碳，但目前仅发展到了实验室阶段[23]。

截至 2020 年，全球仅有一个已经投运的商业化燃烧后捕集设施（加拿大的 Boundary Dam 3 项目，年捕集能力为 100 万吨 CO_2）。该项目使用胺类化学吸收剂。另一个已建成的项目是位于美国得克萨斯州的 Petra Nova 碳捕集设施，但由于无利可图，已于 2020 年关停。还有 11 个处于规划和设计阶段的燃烧后捕集设施，年捕集能力合计达 3700 万吨，但并非所有发展到规划设计阶段的工厂最终都能建成[24]。

与燃烧后捕集相比，胺类化学吸收法在天然气加工厂更为常见，因为要生产管道天然气，必须从未经处理的天然气中去除 CO_2。在美国所有需要去除 CO_2 的天然气加工厂中，超过 95%的工厂都使用胺类化学吸收法[25]［其中一些工厂首先使用膜分离法（下文中讨论），然后使用胺吸收法[26]］。化学吸收法也用于其他行业，如位于阿布扎比的阿联酋钢铁厂[27]。

8.2.2 物理吸收

在燃烧前捕集过程中，通常采用物理吸收法来捕集 CO_2，而不是化学吸收法[28]。在物理吸收过程中，CO_2 会溶解在溶剂中，但不会与溶剂发生化学结合。因此，溶剂再生所需的能量要比化学吸收少得多。不过，溶剂吸收 CO_2 的能力与 CO_2 的分压呈线性相关，因此物理吸收不能有效分离低分压下的 CO_2。燃烧后捕集中产生的 CO_2 分压较低（10～20 千帕），因此化学吸收是首选。相比之下，燃烧前捕集产生的 CO_2 分压更适合物理吸收（2～7 兆帕）。主要的物理溶剂/吸收剂有碳酸丙烯酯、低温甲醇和聚乙二醇[29]。

许多正在运行的商业设施中都采用了物理吸收法，如美国北达科他州的大平原合成燃料厂、堪萨斯州的科菲维尔化肥厂和加拿大阿尔伯塔省的 Quest 制氢厂。

8.2.3 吸附

前文提到的"吸收"是指物质与溶剂整体混合形成溶液，而本节涉及的"吸附"则是指物质只会附着在吸附剂材料的表面。溶剂通常是液体，而吸附剂通常是固体。与溶剂一样，吸附剂也可以通过化学方式（结合）或物理方式（比化学键的引力弱一些）对被分离出的物质进行吸附。正在研发中的 CO_2 吸附剂包括活性氧化铝和活性炭、离子交换树脂、金属氧化物、沸石矿物和水滑石黏土[30]。全球至少有一家运行中的商业工厂采用了 CO_2 吸附法：位于得克萨斯州的美国空气化工产品公司（Air Products），使用甲烷水蒸气重整反应炉[31]。

8.2.4 膜分离

分离膜/半透膜是一种只允许特定化学物质渗透的材料，因此在本质上是一种过滤器。有些膜的壁上布满小孔，可以根据分子量或分子直径大小的不同选择性地过滤分子。也有一些膜是无孔（固体）的，在这种情况下，某些气体可能会先溶解到膜中，通过膜进行扩散，并从膜的另一侧释放出来。例如，第 7 章所述，氢气会在金属中扩散，从而使氢的储存和运输变得复杂。但利用固体金属膜的这一特性，可以实现 H_2 与 CO_2 的分离[32]。

膜的设计应该最大限度地提高待分离材料的溶解度和扩散速度，同时阻止其他材料通过。膜结构可能由多个材料层组成，包括聚合物、沸石矿物和纳米管；可能涉及复杂的内部结构，如转运分子、"分子门"和金属氧化物晶格，这些结构可促进所需分子穿过膜，同时抑制其他分子透过。由于膜分离法不需要消耗能量来再生溶剂或吸附剂，因此有可能降低 CCUS 的能源需求。

自 20 世纪 80 年代以来，基于膜分离法的 CO_2 捕集技术已在天然气加工中得到商业应用，包括巴西国家石油公司（Petrobras）的天然气加工厂——该厂是全球第二大的在运 CCUS 项目[33]。当输入的 CO_2 浓度较高时，商业化的膜分离技术可有效地从甲烷中大量分离出 CO_2；但当输入的 CO_2 浓度较低或对输出 CO_2 的浓度要求较高时，膜分离技术就不再具有经济性了。因此，天然气加工厂只有在井口 CO_2 含量较高时才会使用膜分离法，而且可能会在膜分离工序后再加一个胺类溶剂化学吸收工序，以进一步去除 CO_2，并生产出符合质量要求的管道天然气[34]。膜分离法在天然气加工之外的应用仍处于实验室阶段[35]。

8.2.5 深冷分离

在既定的压力下，每种气体都有一个沸点，气体温度低于沸点时会发生凝结（从气体变成液体）或凝华（从气体变成固体）[i]。在大气压力下，CO_2 的沸点（-78.5℃）比空气中除水蒸气（100℃）以外的其他成分（氧气-183℃、氩气-185.9℃和氮气-195.8℃）要高得多。利用这一差异，可以通过冷却混合气体

---

i 译注：当气体温度直接降至熔点（而非沸点）以下时才会发生凝华；对同一物质而言，既定压力下的熔点温度通常低于沸点温度。

的方式将CO_2从烟气中分离出来。首先将混合气体冷却到水分凝结并予以去除，然后进一步冷却直到CO_2液化分离。当CO_2的浓度较高与/或使用的分离温度显著低于CO_2的沸点（可通过增加混合气体的压力来提高沸点）时，深冷分离最为彻底。该方法的主要能耗在于制冷。深冷分离已在燃烧前捕集（从H_2中分离出CO_2）和燃烧后捕集（从其他烟气中分离出CO_2）中得到应用，两种应用都处于实验室阶段[36]。

8.2.6 富氧燃烧

富氧燃烧又称"全氧燃烧"，是指在纯氧而非空气中燃烧燃料。如果对燃烧过程进行严格控制，富氧燃烧基本上可以消耗掉所有氧气。除颗粒物等少量杂质外，富氧燃烧产生的废气仅由CO_2和水蒸气组成。水蒸气很容易通过冷凝去除，剩下的纯CO_2气流很适合被储存或用在产品中。

富氧燃烧虽然无须进行CO_2分离，但需要将氧气与空气中的其他成分分离。在商业上，纯氧是通过低温精馏生产的，即根据蒸气压力和沸点的不同来分离气体（上一节讨论过的深冷分离方法之一）。目前，该工艺能耗高、成本高昂[37]。相关研究工作主要集中在开发高分子膜和使用沸石或活性炭吸附技术进行氧气分离[38]。富氧燃烧还需要改变燃烧设备以使其适应纯氧，如气密性改造和改变气体流速等。

富氧燃烧广泛应用于玻璃制造等行业，可提高窑炉能效、玻璃质量和生产速度[39]。然而从富氧燃烧在碳捕集方面的应用而言，尽管一些试点示范项目已经成功运行，但还没有运行中的商业设施开展这类项目。美国已有两个商业设施宣布了该类计划，总产能为每年180万吨CO_2[40]。

8.2.7 化学链燃烧

化学链燃烧是指通过金属氧化物而不是以氧气形式向燃料使用过程（燃烧，以及重整制氢或化学品）供氧[41]。化学链燃烧需要两个反应器，彼此循环连接。金属颗粒（铁、镍、钡、锰、铜、钴或钙）先在空气反应器（又称"氧化反应器"）中与空气接触氧化，生成金属氧化物并释放能量。然后，将金属氧化物泵入第二个反应器，即燃料反应器（又称"还原反应器"），金属氧化物还原脱除氧原子，后者与燃料发生反应[42]。燃料反应器中的反应可以是吸热反应（如铁和镍的载氧体），也可以是放热反应（铜、锰和钡的载氧体）[43]。

化学链燃烧比富氧燃烧更节能，因为该技术不涉及从空气中分离氧气这一高成本步骤[44]。不过，其技术要求更具挑战性。金属和金属氧化物颗粒必须快速反应，并在两个反应器之间高速传输，同时避免反应器之间的气体泄漏。例如，要使一个500兆瓦的天然气发电厂持续运转，必须以每秒约1吨的速度形成氧化钡并将其输送到燃料反应器中[45]。天然气燃烧和将金属载体送回空气反应器的速度也必须与之相近。此外，反应物颗粒之间不能发生烧结（融合在一起）。

化学链燃烧仅在实验室规模上进行过示范。相关研究领域包括改进材料处理、使用混合载体材料，以及将纳米级的载体颗粒嵌入较大的非反应颗粒，为载体提供支撑或改善其特性[46]。

8.3 二氧化碳压缩和运输

在某些情况下，一个工序产生的CO_2可被同一工厂的另一个工序所消耗。例如，合成氨生产过程中产生的大部分CO_2都会被同一工厂的尿素生产过程所利用（见图8.1）。而在另一些情况下，则需要压缩CO_2，并将之运输到可以使用或储存的地点。

在运输或封存CO_2之前，必须对其进行压缩，形成超临界流体。超临界CO_2更像液体而不是气体，因此单位体积内可以运输更多的CO_2。CO_2压缩是一项成熟的技术，广泛应用于化肥和石油工业，通常每吨CO_2的电力需求为80～120千瓦时[47]。压缩分级进行；在每一级，压缩机都会对CO_2加压（会导致升温），再冷却CO_2，为下一级做好准备。单台压缩机的效率一般为80%～90%；通过优化压缩级数和每级采用的压缩比，可将压缩用能需求减少高达10%[48]。总体而言，CO_2压缩技术的完善程度已经非常高了，这也限制了未来进一步降低相关能源需求的潜力。

管道是CO_2的主要运输方式。全球现有超过8700千米的在运CO_2管道，每年共运输约7000万吨的CO_2，其中约85%位于美国[49]。大多数管道将CO_2送往驱油项目。一条小型管道每年输送约100万吨CO_2，而一条大型管道每年可输送约2000万吨[50]。陆上管道运输CO_2的成本（不包括管道建设成本）随着管道容量的增加而下降，年输送量为300万吨的管道运输成本为5～6美元/吨二氧化碳/250千米，而年输送量为3000万吨的管道则为1.5～2美元/吨二氧化碳/250千米[51]。

管道建设成本差异很大，取决于管道是在陆上还是海上，是否穿过人口稠密地区，以及穿越的地形类型。油气管道在改造后可以用于CO_2运输，改建成本约为新建CO_2管道的10%；但许多现有的石油和天然气管道已经运行了几十年，考虑到其所剩无几的使用寿命，改造的成本效益可能并不高[52]。

目前，船舶也可用于运输CO_2，但规模很小。在全球范围内，每年通过船舶运输的CO_2总量为300万吨，基本上全部用于食品和饮料行业[53]。大规模的CO_2运输将需要借鉴相关行业以往运输液化天然气和液化石油气的经验，包括设计出适用于CO_2的大型油轮、港口的液化和储存设施、获得各国的运输许可，以及与全球海运业务进行整合[54]。这样的系统成本高昂、建设周期长，而且容易受到国际海运物流瘫痪的影响。因此，CCUS最适合那些选址便利、可以通过管道运往合适储存地点的项目，从而避免了海运的需求。

铁路罐车和货车可实现小批量CO_2灵活运输，精准匹配食品饮料行业对食品级CO_2的分布式供应需求[55]。货车和铁路罐车都无法运输大量的CO_2，因此对CCUS来说并不实用[56]。

8.4 二氧化碳地质封存

为了有效减缓气候变化，必须在长达数千年的时间内防止捕集的CO_2进入大气层。将捕集的CO_2注入地下地质构造中是目前研究和使用最多的封存机制。另一种方式是矿化（将CO_2转化为固体化合物）（其他拟议的碳封存机制，如增加海洋对CO_2的吸收，以及在森林和农田中封存更多的CO_2等，通常与工业CO_2捕集无关）。

8.4.1 二氧化碳驱油

驱油（enhanced oil recovery，EOR，即提高石油采收率）是技术上最成熟的CO_2封存形式。EOR的使用已有50年历史，目前仅在美国就有100多个项目正在运行[57]。为了利用CO_2实现石油采收率的提高，需要在油田中钻多口井；其中一些是CO_2注入井，每口CO_2注入井周围可能有三到四口生产井，从中开采石油。将CO_2加压并泵入注入井，可以通过以下两种机制提高石油产量[58]。

- 液态CO_2可作为能与石油混溶的溶剂，从而有助于将石油颗粒从地下矿物中分离出来。此外，石油-CO_2混合物的粘度低于纯石油，因此更容易流动。

- CO_2 会增加地下压力，从而能将石油从 CO_2 注入井驱赶到生产井。

产出的石油中会混入部分注入的 CO_2。这些二氧化碳在与石油分离后会重新注入井下[59]。

留在地下的碳含量与开采石油会产生的碳含量大致相当。EOR 每生产一桶石油，就需要注入 300～600 千克 CO_2（在不同的 EOR 项目之间，以及同一个项目生命周期内的不同阶段，均会有所不同）；一桶石油会产生 500 千克 CO_2 排放量（燃烧时产生 400 千克，加工和运输时还有 100 千克）[60]。然而，这一比较忽略了与注入 CO_2 相关的上游温室气体排放，包括碳捕集和 CO_2 压缩及运输所需的能源。

一些研究认为 EOR 可减少 CO_2 排放量。这些研究通常假设人们对石油的需求是固定不变的，认为 EOR 取代了常规石油生产，并/或在狭窄的系统边界下评估 EOR 的影响，从而忽略了 CO_2 捕集、压缩和运输所产生的上游能耗（包括这部分能源的生产和所有相关的甲烷泄漏），以及还可能忽略了 EOR 所生产石油在运输、炼油和使用过程中产生的下游排放[61]。"石油需求会保持不变"并不是一个合理的假设，因为许多能源都可以替代石油，甚至能源需求本身也不是固定不变的（因为可能受到节能技术和人们行为变化的影响）。相关的全生命周期分析研究发现，CCUS-EOR 会向大气中增加净碳排放量[62]。因此，要实现温室气体减排，EOR 并不是一种合适的碳封存手段。

也许可以找到某些特定的 EOR 项目，在这些项目中，比起保持原状，利用捕集碳或许可以减少碳排放量，如某个现有的 EOR 项目一直使用地下气藏中自然产生的 CO_2，而如果转用捕集的 CO_2，就能够降低碳排放（见图 8.1）。然而，如果气候政策和清洁技术的发展能够充分减少石油需求，那么 CCUS-EOR 基础设施就有可能在其使用寿命结束之前被迫提前退役，或者相反，CCUS-EOR 资产的存在可能迫使政策制定者推迟实施关键的脱碳政策，以避免给能源公司造成经济损失。鉴于这些风险，CCUS-EOR 对于各行业脱碳目标的实现而言，在经济和环境上并不审慎。

与 EOR 一样，将 CO_2 用于提高天然气采收率（向气田注入 CO_2 以提高产量）和 CO_2 驱煤层气（利用 CO_2 从煤层中释放甲烷），会削弱碳捕集的温室气体减排效益，从而不符合零碳工业的需求[63]。

8.4.2 专用地质封存

地质封存是指向地下注入 CO_2 并予以封存，这部分 CO_2 与油气生产无关。地质封存必须足够深，才能保持足够的压力，使 CO_2 处于液态（通常深度需大于 800 米）；用于封存的地质构造在 CO_2 上方必须有一层无法被 CO_2 渗透的岩石，称为"盖层岩石物"（也称"盖层"，以防止其向上迁移）[64]。适合进行地质封存的两种主要地形为枯竭油气田和咸水层（充满咸水的多孔地下岩层）。现有六个商业规模项目和十三个示范项目采用了咸水层来对 CO_2 进行地质封存，而另外六个示范项目则采用了枯竭油气田。向其他地质构造，特别是玄武岩矿床中注入二氧化碳也是可行的，但相关研究较少[65]。

主要有两种机制可以对注入的 CO_2 进行长达千年的固定。

- 结构封存：盖层和周围的其他构造，从物理上阻挡了高浓度 CO_2 液流的移动。

- 残余封存：CO_2 液流所通过的任意体积的岩石，都会在岩石颗粒之间的孔隙中保留下一些 CO_2。

从更长的时间尺度来看，其他封存机制可能更加重要，包括溶解封存（CO_2 溶于咸水层的水中）、离子封存（CO_2 转化为水体中的碳酸氢根离子和碳酸根离子），以及矿物封存（形成碳酸盐矿物沉淀物）（见图 8.3）。

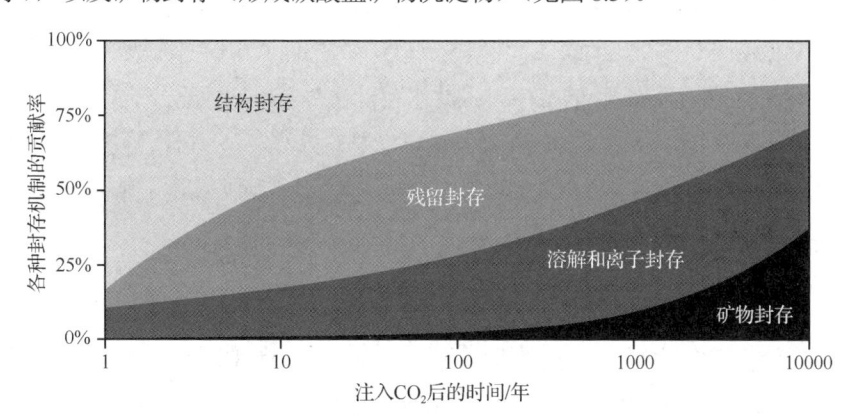

图 8.3 二氧化碳封存机制

注：CO_2 地质封存中，各种封存机制的相对贡献随 CO_2 注入时间的长短而变化。

资料来源：Stephen A. Rackley,《碳捕集与封存》，第二版，剑桥：Butterworth-Heinemann 出版社，2017 年。

相关研究普遍认为，地质封存可以在较长的时间尺度内安全地封存注入的CO_2。政府间气候变化专门委员会于 2005 年所做的一项综述发现，如果封存地选择和管理得当，99%的注入 CO_2 都有可能在地下存留一千年以上[66]；另一份综述报告进一步考虑了不z规范钻井和井身完整性有限的风险，并认为 70%的注入 CO_2 可以在地下存留长达一万年的时间[67]。对于储存在海洋或生物圈（如森林）中的 CO_2 而言，其释放风险大于地质封存泄漏的风险[68]。

针对全球适用的地质封存潜力总量，各类研究的估算差别很大（4～55 万亿吨），但所有的估算值都大大超过实现 1.5℃全球升温目标所需的封存容量[69]。例如，在政府间气候变化专门委员会参考的九十个 1.5℃情景中，全球到 2070 年 CO_2 封存需求的中位数为 2750～4250 亿吨。然而，封存容量在全球的分布并不均衡，因此在未来全球积极部署 CCUS 时，某些地区（如日本）理论上可能会遇到封存限制[70]。

8.4.3 矿化

矿化是指 CO_2 转化为固体碳酸盐矿物的过程。虽然这一过程在较长的时间尺度上会自然发生（包括向地下注入 CO_2 之后），但也可以对其进行加速。

CO_2 可与氧化钙（CaO）或氧化镁（MgO）相结合；但这两种矿物活泼性高，因此在自然界中很少能稳定存在[71]（氧化钙可用于水泥行业的矿化，即水泥在固化过程中和制成后的几十年中吸收 CO_2。然而，生产水泥所产生的过程 CO_2 排放多于矿化所封存的 CO_2，因此水泥矿化并不是一种适合推广的碳封存机制；详见第 3 章）。适合矿化并且储量更丰富的天然矿物是硅酸盐类，如橄榄石、硅灰石和蛇纹石，它们与 CO_2 反应后生成的产物分别为碳酸亚铁（$FeCO_3$）、碳酸钙（$CaCO_3$）和碳酸镁（$MgCO_3$）[72]。

矿化技术尚未实现商业化。目前正在研究的技术路线有几种，其中最成熟的是直接湿法碳酸化。此外，人们还在开展针对各种间接化学途径的研究，包括一些涉及酶和蓝藻的途径[73]。至少有两家初创公司正在积极探索将矿化技术商业化[74]。

8.5 二氧化碳在产品中的应用

除地质封存外，还可以将 CO_2 转化为含碳产品。目前，进入产品中的 CO_2 有 82%用于制造尿素（见图 8.1），而 90%的尿素会转化为化肥[75]。CO_2 的其他产品用途包括碳酸饮料制造、焊接保护气工艺，以及少量其他用途。虽然这些产品中的一小部分可能会将 CO_2 保存数十年（如建筑材料中使用的尿素衍生三聚氰胺树脂），但现有的绝大多数使用 CO_2 的产品都会在产品使用后不久就释放出 CO_2（如在田间施肥或打开碳酸饮料时）。因此，能否将产品作为一种长期的 CO_2 储存形式，取决于人们能否研发出在数千年内都不会化学分解的 CO_2 衍生材料，以及能否发展起针对这类材料的大规模市场。

很少有产品能符合这一标准。化工产品（包括塑料）的使用寿命不够长（详见第 2 章）。CO_2 可与绿氢结合产生合成燃料（详见第 7 章），但这些燃料在燃烧时会释放出 CO_2。即使利用合成燃料取代传统燃料，该过程也只能对碳分子实现一次循环利用，而如果生产合成燃料所用的捕集碳最初来自化石燃料（或煅烧石灰石），则不足以产生气候效益。碳纤维和纳米管等高性能材料可能有足够长的寿命（碳纤维在高达 700℃的温度下仍能表现出抗氧化性能），但其生产的能源密集程度高（生产碳纤维所需的能源是生产初级钢材的 14 倍），而且市场规模较小，因此不适合大规模储碳[76]。

石灰石（主要成分为碳酸钙）骨料也许是唯一具有足够市场规模和长期储碳能力的工业产品，可用作混凝土的非粘凝成分、建筑填充材料和其他类似用途。石灰石骨料本质上是矿化作用的产物（前文已经讨论过），通过出售可以收回一些成本。

从气候保护的角度出发，地质封存仍然是处置捕集 CO_2 最可行的选择，而矿化则可以起辅助作用。

8.6 CCUS 对实现零碳工业的贡献

要在整个经济范围内实现大幅碳减排，需要大规模扩展 CCUS，但这一过程在经济上面临重大挑战。例如，国际能源署在其"2050 年净零排放"情景中预测，CCUS 将贡献 20%的减排总量，这要求 CCUS 行业的规模达到当前全球石油行业的四倍（以压缩 CO_2 的封存量与石油生产量相比）[77]。然而，与石油生产不同，CCUS 需依靠政策干预（如碳定价）才能带来经济价值，这使其规模化变得困难。

CCUS 尤其适用于应对特定的工业排放类型。尤其是在未来二三十年间，CCUS 可用于非金属矿物的高温加热、过程碳排放的脱碳，以及一些设备的改造如钢铁行业高炉的 CCUS 改造。这也能为电网的脱碳和扩建争取时间（详见第 6 章）。二三十年后，工业领域的高温供热预计为完全电气化，使用化石燃料的工厂也应基本淘汰。此后，CCUS 仍可用于处理过程 CO_2 排放，如水泥生产中石灰石的煅烧。

第3部分

政策

第 9 章 碳定价和其他经济政策

尽管已有一些成本效益较好的脱碳方法（特别是在能源和材料效率方面），但如果没有政策支持，工业领域向零碳排放的转型将会是缓慢和不全面的。环境经济政策可以改变企业的经营决策，促进并奖励低碳生产，同时让企业为排放所造成的危害付费。科学设计的政策激励机制有助于形成对低碳发展有利的竞争格局，在这种格局下，促进企业利润增长的商业决策往往会实现温室气体减排，同时产生改善公众健康、创造就业机会等协同效益，并促进社会公平的整体提升。

根据企业碳排放量、能源及材料使用情况的不同，以及采用的是污染技术还是清洁技术等，经济政策会通过征收额外费用或给予经济奖励的方式对企业进行调控。这类政策包括碳定价（碳税和排放权交易）、绿色银行和相关贷款机制、补贴和税收减免、收费、优惠，以及收费和优惠相结合的"收费退费制度"（feebate）等（在第 10 章和第 11 章中分别介绍政府绿色采购和针对研发的财政支持）。

经济政策对工业领域的适用性非常高，因为相对于社会中的其他主体，制造商们在经营中面临的障碍绝大多数都是价格层面的，并且在对政策做出反应时，更倾向于采取利润最大化的方式。例如，出租民宅的房东通常不会为租户购买成本效益较好的节能电器，因为能源费用下降的受益者往往是租户（这类问题被称为"激励分离"[i]，即 split incentives）；而对工业企业而言，生产设备的购买和能源费用的支付都是由企业自行承担的。消费者购买汽车时可能会根据首付价格（而忽略全生命周期燃料成本）、汽车的美观程度或情感因素做出决定。而企业在购买工业锅炉时则更倾向于选择产汽量大、可靠

---

i 译注：指付费或投资方与受益方不一致的情况。

性高，同时还能最大限度降低全生命周期成本的型号。虽然工业企业确实会遇到一些市场障碍（详见第 10 章），对新技术也可能会趋于保守，有时还会不愿意采用成本效益较好的方案（原因详见第 4 章），但它们通常对政策反应迅速，并且决策时理性度高，因此工业领域更容易通过经济政策来实现预期结果。

经济政策是强有力的，但不是万能的，因此最好与强有力的标准、促进研发的政策和其他辅助政策相互配合，协同发挥作用（详见第 10、11 章）。

9.1 碳定价

碳定价政策是指通过政策为温室气体的排放权赋予货币价值。尽管名为"碳"定价，但该类政策可适用于所有温室气体（换算成 CO_2 当量，即 CO_2e）；与仅针对 CO_2 一种温室气体进行定价相比，对所有温室气体定价使人们可以采用多种减排方式，从而降低每吨 CO_2e 的减排成本。碳定价一般有两种方法——碳税和排放权交易，也可采用混合机制。

碳税是指企业每排放 1 吨温室气体所必须支付的费用。该费用（通胀修正后的真实价格）应随着时间的推移而增加，以激励企业加大减排力度，直至实现零排放。费用的增加方式应在政策颁布时通过相关计算公式进行明确规定（即未来费用的增加无须政府或监管者再采取额外行动）。这能保障长期的价格确定性（便于行业做出投资决策），并有助于使该政策免受政治干扰。虽然碳税机制能为生产者提供温室气体排放成本的确定性预期，但由此产生的减排效果是不确定的，因为企业的排放水平受一些不断变化的因素影响，如燃料价格和清洁制造技术的可用性及成本。

总量控制与交易（cap and trade），又称"排放权交易制度"，是指生产者必须获得相关排放许可或配额才能排放温室气体的机制。理想情况下，排放许可由政府拍卖，因此其总量固定，并且价格由市场决定（在实践中，因排放权交易制度，政府会向工业生产商免费发放一些排放许可，并且免费许可的数量会随着时间的推移逐渐减少）。减排成本较低的生产商会选择采取相应的技术减排措施，而不是购买排放许可；而减排成本较高的生产商则会选择购买排放许可。因此，排放许可的价格最终将稳定在该市场的边际减排成本附近，而边际减排成本会随着清洁制造技术的发展逐步降低。排放权交易制度每年拍卖的许可应该越来越少,直到实现零排放;每年的许可发放量应通过公式确定,类似于在碳税框架下通过公式来确定每年的税率。

要设计出一个完善的排放权交易制度,涉及一系列复杂问题,如是否对所有的排放许可都进行免费分配,是否可以结转,是否允许抵消,是否可以跨区域交易,以及其他需考虑因素(后文中讨论)。在排放权交易制度下,温室气体的排放总量是一定的(因为排放许可总量固定),但受排放许可市场价格的影响,企业的减排成本是不确定的。

混合系统同时具有碳税和排放权交易两类政策的特点,通常通过在排放权交易体系中设置"价格范围"(price collar)进行实施。具体是指,对排放许可的价格设置上下限,不允许低于下限(即每次拍卖的最低起拍价)的交易,而如果排放许可的市场价格超过上限,则将由政府新增并拍卖更多的排放许可(增加供给),从而使其价格保持在上限以内(全球多个排放权交易体系的实践经验显示,排放许可的价格一直低于监管机构的预期,因此,至少在短期内,价格下限比价格上限更有可能发挥作用[1])。另外,混合系统制度可体现为碳税框架内嵌的税收调节机制,即设定一个特定的排放总量控制目标,并在排放超过这一目标时自动提高碳税税率。与普通碳税相比,税收调节机制可以降低产生超高排放量的概率,增加实现排放总量控制目标的可能性[2]。混合系统能够在成本和排放总量二者的不确定性之间取得平衡。

碳定价已成为全球普遍采用的政策措施。截至2021年,全球共有64个已经生效的碳定价机制,覆盖了全球21.5%的温室气体排放[3]。在不同的碳定价体系中,碳价差异很大,并且由于各个体系中的豁免行业范围、燃料种类和温室气体种类存在显著差异,因此不同体系所覆盖的排放量占排放总量的比例也不尽相同(见图9.1)。迄今为止,将工业行业纳入覆盖范围的主要碳定价体系(包括欧盟、美国加利福尼亚州、加拿大和中国的碳定价体系)都采用了总量控制与交易制度,并向受影响行业免费发放部分配额。作为可以限制碳定价对行业产生影响的两大措施——碳配额免费分配和碳边境调节机制,在本章后续的"产业竞争力、泄漏和边境调节机制"一节中进行详细讨论。

第 9 章 碳定价和其他经济政策

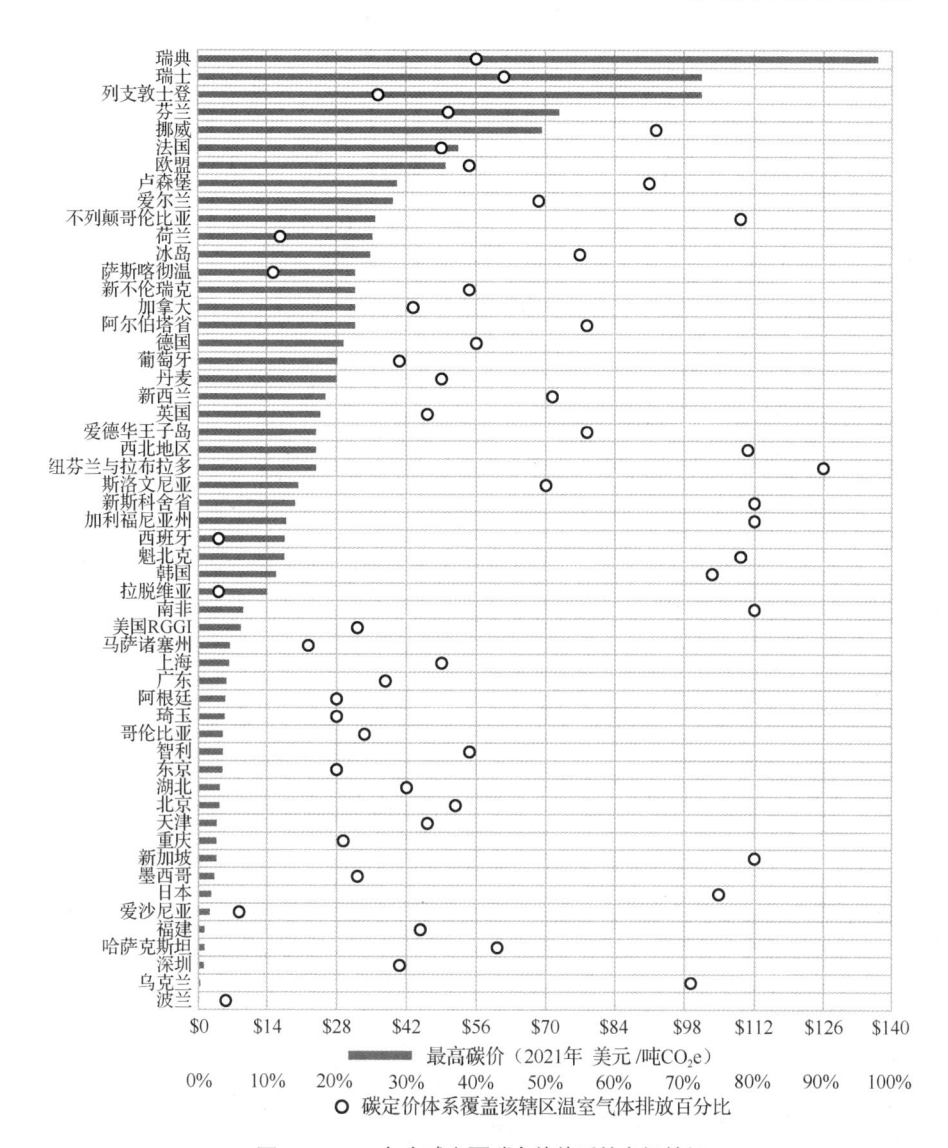

图 9.1 2021 年全球主要碳定价体系的市场特征

注：图中不包括在本书截稿时还没有发布公开数据的碳定价体系（如中国于 2021 年启动的全国碳市场）。有些体系对不同行业、燃料或温室气体种类制定的碳价不同，此处显示的是最高价格。美国 RGGI = 美国区域温室气体倡议。

资料来源：世界银行，"2021 年碳定价状况与趋势"，2021 年 5 月 25 日。

9.1.1 碳定价的减排机制

碳定价可通过三种机制减少排放：技术转型、减少需求和灵活利用税收。

技术转型指各行业通过提高效率或采用低排放技术（即低碳技术，如电气化或使用绿氢）来替代高排放技术（如化石燃料燃烧）。当高排放和低排放技术均已商业化，但低排放技术的成本稍高时，碳定价对技术转型的促进作用最明显。适度的碳税可以改变这两类技术间的成本差异，从而鼓励生产路径向清洁化转型。例如，低温工艺大约占工业用热需求总量的三分之一（详见第6章）；低温热力既可通过化石燃料燃烧产生，也可由工业热泵提供。而热泵的运行成本可能仅比燃烧化石燃料稍高一点（甚至可能更低），具体将取决于电价。因此，碳定价非常适用于推动低温工艺的电气化。此外，碳定价还可以促进企业使用已经商业化的低成本技术来减少非CO_2温室气体的排放，如通过热解法减少一些生产过程的副产品氧化亚氮、避免CO_2直接排入大气，或使用甲烷探测器发现并修复甲烷泄漏点。

然而，当低碳技术尚未商业化或其成本显著高于传统技术时，碳定价对技术转型的激励效果有限。在这种情况下，企业会选择直接支付碳税，而不会改用清洁技术。

需求减少主要是企业在承担碳定价成本后，通过提高产品价格将部分或全部成本转嫁给消费者导致的结果。消费者购买量下降会导致生产规模缩减，从而产生相应的减排效果。不过，除化石燃料和含氟温室气体外，对于大多数商品来说，减少需求并不是碳定价的首选减排机制，因为这种方式减排每吨CO_2e的成本较高，经济效益较低。此外，产品价格上涨会增加消费者负担，并且可能影响经济增长。

当技术转型的成本高昂或无法实现时，碳定价就会通过减少需求来发挥作用。因此，当清洁技术尚不成熟时，碳定价并非最优选择。研发支持（详见第11章）和为示范工厂及处于商业化早期的清洁技术提供财政激励等方式，可以有效降低新技术成本。一旦新技术成本降至接近传统技术的，则可以实施碳定价政策。

最后，碳定价产生的收入可用于资助减排项目，本章的"碳定价收入的使用"一节中对此进行讨论。

9.1.2 谁来承担碳定价成本

碳定价成本通常由最终消费者和高排放制造商来承担，并且该成本在二者之间的分配是动态变化的。政策制定者应该掌握这种动态变化的原理。

第 9 章 碳定价和其他经济政策

许多工业产品都是可交易商品;不论其生产方式如何,商品本身是相同的,并且在既定的地理区域内通常由若干生产商共同销售。这样的可交易商品(如甲醇),其价格由市场决定,而不是由单个生产商决定的。具体来说,一个竞争市场中的甲醇生产商所能收取的价格,是由该市场中的"边际生产商"(即生产成本最高的生产商,但仍能以消费者支付价格出售甲醇产品)决定的。低成本生产商能够赚取市场价格与自身成本之间的差额作为利润。而边际生产商勉强收回成本,利润几乎为零。

在没有碳定价并且基于现有技术的情况下,以清洁方式生产商品的成本通常更高。采用清洁技术的生产商通常作为或接近市场中的边际生产商。而如果实施碳定价,高排放企业的成本增加幅度将超过原先作为边际生产商的清洁技术低排放企业。这样就能缩小甲醇产品的市场价格与高排放企业的生产成本之间的差距,从而降低其利润。通过这种方式削减的高排放企业利润是碳定价收入的来源之一。

对于原先作为边际生产商的清洁技术企业,除非其排放为零,否则他们也必须提高产品价格,将大部分碳定价引起的成本增加转嫁给购买者(具体转嫁多少取决于产品需求的价格弹性)。这会导致所有的购买者都需要为甲醇产品的碳排放支付更高的市场价格,从而为碳定价提供另一个收入来源。

边际生产者与低成本生产者之间的排放强度差异,决定了在这两者之间如何平衡碳定价收入。

以下通过一个简化示例来说明。假设市场上有两家相互竞争的甲醇厂。其中一家每生产 1 吨甲醇的成本为 400 美元,排放 200 千克 CO_2e。另一家工厂的生产成本为 800 美元/吨甲醇,但不排放任何温室气体。甲醇的市场价格为 800 美元/吨,与边际生产成本相同。当碳价(碳税)为 1 美元/千克 CO_2e 时,高排放企业的生产成本将增加至 600 美元/吨甲醇,但低排放企业的成本不变,因此市场价格仍将维持在 800 美元/吨,购买者的成本不会增加。碳定价将能从高排放企业售出的每吨甲醇中获取 200 美元收入,并且这部分收入全部来自高排放生产商利润的降低(每吨甲醇利润从 400 美元降至 200 美元)。

相反,如果两家工厂的排放强度相同(每生产 1 吨甲醇排放 200 千克 CO_2e),碳定价就会使甲醇的市场价格上升到 1000 美元/吨,与边际生产商新的生产成本相等。虽然市场价格上涨可能会略微降低产品需求,但价格的上涨能够完全抵消生产商成本的增加，因此两家生产商每销售 1 吨甲醇的利润都不会受到影响。而碳税将能从他们售出的每吨甲醇中获得 200 美元的收入，这些收入全部来自消费端价格的上涨。

政策制定者通常希望碳定价政策的成本能够尽可能多地来自高排放企业的利润，而不是通过商品价格上涨转嫁给消费者。为此，政策制定者需考虑以下几点：

- 如果对某种商品而言，最高成本生产商采用的生产工艺远比低成本生产商更清洁低碳，那么碳定价就会是一个理想的政策方案，因为在这种情况下，大部分新增成本将由高排放企业通过削减利润来承担。

- 如果生产某产品的所有企业的排放强度相近，那么碳定价的有效性会有所下降，因为此时新增成本最终将由消费者承担。

- 如果某产品的边际成本生产商排放量高于低成本生产商的，那么碳定价就会使低成本生产商的利润增加。但在这种情况下，生产商的利润增长和碳定价的收入都源于消费者支付价格的增加。当市场中边际生产商的排放量远高于低成本生产商的（如在有的市场中，边际生产商生产成本高的原因并不是采用清洁工艺，而恰恰是因为使用过时、低效的化石燃料燃烧设备），碳定价导致的消费者成本增加可能会大大超过其带来的政府收入。对于这类市场，其他政策在减排方面的成本效益可能比碳定价更好，尤其是排放标准（详见第 10 章）。

上述讨论仅适用于普通商品。对于专利药品等差异化产品，通常只有单一生产商。在这种情况下，如果实施碳定价政策，成本将由消费者承担，但不会导致企业利润增加。

9.1.3　碳定价收入的使用

上一节提到了碳定价的收入，但并非所有因为碳定价而支付的成本都会成为政府收入。其中一部分资金会用于支持各个行业的温室气体减排措施。只有在减排成本较高时，企业才会支付碳价。因此，一项碳定价政策对于温室气体减排的激励作用越大，政府从中获得的收入就越少。如果不能确保碳定价政策的大部分收入来自高排放企业的利润，那么所增加的政府收入将无法完全抵销由消费者承担的产品价格上涨。

此外，碳定价的收入还会随着排放总量的下降而逐步减少，并在经济实现完全脱碳时降至零。因此，碳定价不能作为政府的长期增收机制。相反，政策制定者应将碳定价收入视为一种仅能在未来 30～60 年获取到的宝贵资源，并有策略地加以利用，以实现最大的环境、经济和社会效益。

碳定价收入的最佳用途之一是资助工业温室气体减排项目，包括研发投入（详见第 11 章）、示范项目和早期商业化部署的成本分担，以及绿色银行的资本化（在后文中讨论）。这类收入还可用于支持工业节能改造升级，特别是支持小型制造商实施成本效益较好的能效提升措施，因为在这一过程中的主要障碍之一就是针对新型设备进行初始投资。除工业领域外，碳定价收入还能通过支持其他一些项目来产生环境和经济效益。例如，美国每 1 美元的公共交通投资可产生 1.5 美元至超过 3 美元的经济效益，同时还能降低温室气体排放[4]。为提升社会公平程度，还可以将部分碳定价收入资金分配给弱势社区，以及用来帮助煤矿工人等失业工人向清洁工业转型（详见第 12 章）。

另一种策略是利用碳定价收入来降低其他税种的税率，如所得税、工资税、销售税、增值税等。这种方法对负外部性（如污染物排放）[i]征税，而不针对那些对经济有益的行为（如就业、收入和消费），因此有助于提升经济效率。类似地，也可以利用碳定价收入成立一个"碳分红"机制，用来向民众返利。实施碳定价政策，并配合税收减免或碳分红机制，可以确保该政策的实施不会影响政府的收支情况，这对不希望扩大政府支出的立法者来说很有吸引力，但也引发了如何分配相关利益的问题。

- 一种做法是将碳定价收入等额支付给所有符合条件的个人（如所有公民或成年人）。这样做能够有效抵消中低收入家庭因能源和能源密集型商品的价格上涨而受到的影响，因为中低收入家庭在这方面的支出占比高于高收入家庭[5]。这类提案通常在选民中非常受欢迎，因为所有选民都会受益[6]。
- 另一种做法是使减税或分红专门针对社会中收入最低的群体。与等额支付相比，这种方法对 GDP 增长的贡献可能更大（因为在低收入人群的

---

[i] 译注：外部性是指一方或多方的行动和决策使未参与的第三方受损或受益的情况，其中令第三方受损的外部性称为"负外部性"。

收入分配结构中，消费的占比往往更高），并且更有助于减少收入不平等。不过，由于这种提案下，受益人的数量减少，因此政策的政治支持度也可能下降[7]。

- 还可以使减税专门针对能源密集型且易受国际贸易波动影响的行业。将减税支付与生产（或就业等其他积极的经济活动）挂钩，可以帮助这些行业弥补因碳定价造成的竞争力削弱，同时激励他们减少排放以节省成本。比起在碳定价中直接豁免这些行业或向其免费发放配额，这样的做法更好，既保护了相关行业在财务上的竞争力，又不会削弱碳定价对脱碳的激励作用。针对受影响行业的减税还可以避免这些行业周边社区的就业减少，并能促进当地经济增长。

9.1.4 碳定价政策设计的考虑因素

在设计一个有效的碳定价体系时，需要考虑多个因素。必须先确定是采用碳税、总量控制与交易（即排放权交易）制度，还是混合制度。以下是**总量控制与交易制度**的一些主要优势：

- **降低行业减排成本**：总量控制与交易制度允许参与主体之间进行配额交易，这有助于确保由那些减排成本最低的主体来负责实施减排，从而通常会使市场上的可交易配额价格低于实现同等减排量所需收取的碳税价格。

- **实现明确的气候绩效**：总量控制与交易制度能够从法律法规上确保覆盖行业的实际温室气体排放总量不会超过所发放配额的总量。

- **易于跨地区联动**：如果不同地区之间的总量控制与交易制度在严格程度上较为接近，那么他们或许可以达成配额互认协议，从而促进排放权交易的跨区域合作和扩展。而排放权交易政策力度较弱的区域可能也会为了与国际交易体系实现互认而提高政策强度。

碳税的主要优点如下：

- **实施简单**：碳税无须设计复杂的可交易配额体系，也不需要开展配额拍卖或碳抵消验证，并且可以在现有的税收框架下进行征收。

- **不易产生漏洞**：总量控制与交易制度容易受到政治压力的影响，如向特定行业免费发放配额，豁免排放量较小的企业，批准一些可能有问题的碳抵销等。相比之下，碳税的设计较为简单，产生漏洞的可能性较小。

- **设置确定的排放成本**：碳税的税率由法律确定，不随市场需求变化，这为制造商提供了更大的确定性。

- **符合环境公正原则**：许多设施在排放温室气体的同时也会排放颗粒物等常规污染物，影响附近社区居民的健康。温室气体减排策略（如采用能效更高的设备或实施电气化）也能减少传统污染物的排放。由于污染设施大多集中在低收入和少数族裔社区，倡导环境公正的团体通常更支持实施碳税，因为担心总量控制与交易制度下的配额交易和碳抵消可能会使企业推迟在弱势社区的减排行动[8]。在实践中，总量控制与交易制度对贫困社区的污染影响好坏参半，而且有时会被用来取代直接排放标准的实施，这使得情况更加复杂[9]。

混合制度结合了碳税和排放权交易的特点，常见的混合制度包括设置有价格上限的排放权交易体系，以及配合税收调节机制的碳税。总的来说，两者都有各自的优缺点，但可以通过巧妙的设计实现良好运行。因此，选择哪种策略，应根据其在政治上的可行性来审慎决定。

其他一些重要的政策设计考虑因素如下。

覆盖范围。现有的碳定价体系通常只覆盖电力行业，有时也包括一些特定的工业行业。例如，瑞典碳税价格为全球最高（2020 年达到 126 美元/吨 CO_2e），但豁免了整个工业领域[10]（欧盟排放权交易体系覆盖了瑞典的一些工业行业，但其碳价较低，并免费分配一部分配额）。为了提高环境绩效，可以扩大碳定价政策的覆盖范围，向产业链上游延伸并纳入更多的排放单位，这样做有时还能降低单位排放量的减排成本，并使碳定价体系更加公平。

直接对众多小型排放单位征收碳价可能会面临困难。对于能源相关的排放，可以通过对燃料供应商（生产商和进口商）征收碳价来解决这一问题，碳价的多少根据他们所销售的燃料在燃烧后产生的排放量而定。例如，美国加利福尼亚州的总量控制与交易制度要求每年排放 25000 吨 CO_2e 以上的单位购买排放许可。这一要求不仅适用于发电企业和工业设施部门，也适用于燃料供应商，因此（即使是小型排放者）燃料燃烧产生的排放也被纳入了总量控制的范围。从结果上看，该体系只要求 450 个排放单位购买排放许可，但却覆盖了加州85%的温室气体排放量[11]（对于与能源无关的温室气体排放，如硝酸和己二酸生产中的氧化亚氮，可能需要直接向排放单位收费）。

结转机制。总量控制与交易体系中的配额可能会在发放当年内失效，也可能结转到以后使用。允许排放单位对配额进行结转，将有助于防止配额短缺和控制价格波动[12]。然而，如果配额价格过低（例如，排放量的下降速度超过监管机构的预期，导致配额过剩），结转机制的存在可能会导致排放单位以低廉的价格大量购入配额并结转到未来几年使用，从而加剧配额过剩的问题。因此，结转机制应始终配合强有力的价格下限加以实施。

抵消机制。在允许抵消的碳定价体系中，排放单位可以付费使其他主体替其减排或封存CO_2，而其自身并不需要减排或购买排放许可。典型的碳抵消项目包括保护森林免受砍伐、为农场安装厌氧消化池、清除含氟温室气体，以及捕集煤矿中的甲烷[13]。碳抵消可以扩大企业履约手段的选择范围，从而降低企业成本。同时，如果在政策上对弱势社区的碳抵消项目予以倾斜，还可以提高环境公正和社会公平。

然而，抵消机制也有其局限性。首先，一些抵消项目可能并不会增加减排量。例如，某些通过承诺不砍伐部分树木来出售碳抵消信用的森林所有者，即使在没有人购买这些碳信用的情况下，可能也会保留部分森林。其次，碳抵消项目提供的储碳量可能并不是永久的。例如，美国西部发生的野火烧毁了至少六片参与碳抵消的森林，释放出了原本用来抵消工业和电力领域排放的碳封存量[14]。

为避免削弱碳定价体系，抵消机制的设计必须非常谨慎。以下是一些关键的设计原则：

- 项目的额外性和减排量应由独立的第三方认证机构仔细审查。
- 应规定只有能够提供可靠、永久性减排量的项目才可以参与抵消。
- 在碳抵消项目中纳入社会公平原则，可以使项目有助于促进环境公正和减少收入不平等。
- 为了保持碳定价体系对其所覆盖的排放单位在清洁能源和低碳工艺转型方面的激励作用，应规定相关排放单位只能对其排放总量的一小部分进行抵消。

跨区域连通。不同区域的总量控制与交易制度可以彼此连通，形成单一的配额总量池，更大的覆盖范围可以为企业提供更多的减排机会，降低行业平均减排成本。这对于辖区较小、减排机会有限的地区十分有利。相互连通的各个交易体系需要彼此达成一套共同的规则，从而有助于推动各个成员体系实施严格且设计良好的方案。然而，如果这样的互连体系中包括一个拥有大量低成本减排机会的区域（如拥有许多低效燃煤设施的地区），则可能会导致减排项目集中在该区域，从而减缓其他地区的脱碳进程。

总体而言，在一个设计良好的总量控制与交易体系框架下实现跨区互连通常是有益的，但每个成员地区可能都希望规定一定的本土减排量比例，从而在向更广泛地区传播环境效益的同时，确保每个地区内部仍能在实现自身排放目标方面继续取得进展。

9.1.5 产业竞争力、泄漏和边境调节机制

人们常关注的一个问题是，产业碳定价是否会降低本土产业相对于境外制造商的竞争力，或导致"产业泄漏"，即本土产业将生产转移到环境法规更宽松的国家。由于较高的泄漏率会对本土就业和生产造成负面影响，同时还会削弱碳定价的减排效果，因此应当采取相关措施限制泄漏。

准确地估算泄漏风险相对困难[15]，相关研究的估算结果差别很大。有些研究认为没有证据表明会发生泄漏[16]。其他研究则显示，各行业发生泄漏的潜在概率最低为2%，最高为25%，而大部分能源密集型行业泄漏率达到5%~40%[17]。

泄漏预测所选取的时间尺度对预测结果影响显著。企业在短期内迅速将生产转移到境外的难度很大，原因在于其需要收购或扩建境外设施、雇用当地工人、重新安排供应链等。因此，泄漏通常在较长的时间尺度上才会发生。随着越来越多的国家制定并推行严格的排放目标和气候政策，企业面临的风险是：即便是当前政策宽松的地区，也可能在未来几年内实施碳定价机制或出台气候监管措施。因此，企业在考虑迁移之前，通常需要确保能或多或少得到一些与气候政策无关的优势，如供应链简化、劳动力成本或燃料成本下降等。

决策者在制定碳定价政策时可以采取措施限制泄漏。迄今为止，最常见的机制是豁免某些行业，或向本土制造商免费发放配额。这些方法虽能减少泄漏，但也可能会削弱甚至消除企业脱碳的动力，从而降低碳定价政策的有效性[18]。

更好的一种办法是在确保所有企业都为其每一单位温室气体排放量付费的同时,向本土制造商提供一些补偿性质的补贴,这类补贴并不与碳排放挂钩,而是在政府希望提倡的其他方面对企业进行激励。例如,可以基于企业对GDP的贡献或提供的高质量工作岗位数量对其进行补贴。在这些指标上表现优异的企业获得的补贴额度将足以抵消(或超过)其支付的碳价,这样既保护了它们的竞争力,又不会削弱碳价对脱碳的激励作用。相反,在这些指标上表现不佳的公司将无法获得补贴,因此碳定价将增加其净成本。

另一种有效限制泄漏的方法是采取"边境调节机制",即由碳价较高的地区对从碳价较低的地区进口的商品征收碳关税,税率根据商品的隐含排放量及两个地区之间的碳价差异测算。此举可以避免来自环境保护较弱地区的进口商品获得价格优势。同样,对于向低碳价或零碳价地区出口的本土企业,也可根据本土与出口市场的碳价差异进行碳价退税,从而防止本土制造商因碳定价而在出口产品时处于不利地位。

实施边境调节机制的挑战之一是确定进口商品的隐含排放量。一种方法是由政策制定者向本土受监管市场的进口商或境外供应商提出要求,必须(按照政府规定的排放测量和报告标准)监测和自行报告其产品的排放量,并最好接受独立第三方的核查。诸如"碳信息披露项目"(carbon disclosure project,CDP)和"科学碳目标"倡议(science-based targets initiatives,SBTi)等组织,可以帮助企业准确报告其排放量,并识别脱碳机会(关于这类组织的更多信息,参见第11章)。如果境外企业拒绝遵守相关规定,可以考虑禁止从这些企业进口产品,或虽然允许进口,但按照默认的高碳强度向这些企业征收碳关税,以确保境外企业不会因为拒绝披露其产品的隐含排放而获得竞争优势。

欧盟正在建立世界上第一个碳边境调节机制(CBAM)[19]。欧洲议会通过的提案涉及一系列商品,包括水泥、钢铁、化肥、塑料、有机和无机的基础化学品、氨和氢。碳边境调节机制要求进口商在2023—2025年的过渡阶段监测和报告产品的隐含排放量,并从2026年开始支付碳价[20]。

配合边境调节机制的国际碳定价制度对各个国家产生的影响是不同的。图9.2显示了部分地区各个行业的相对温室气体排放强度。巴西、加拿大、欧盟、墨西哥和美国的排放强度相对较低,而中国、印度和俄罗斯的排放强度较高。实施与在国际上推广配合边境调节机制的碳定价制度,可以帮助排放强度低的国家提高产品竞争力并从中获益。而排放强度高的制造商,无论企业位于何地,都会有动力采用更加清洁的生产技术。这样一来,碳定价制度甚至可以推动其覆盖辖区之外的减排。

	巴西	加拿大	中国	欧盟	印度	墨西哥	俄罗斯	美国
农业、林业和渔业	1.2	1.4	1.2	1.2	0.9	1.6	1.8	1.0
能源产品开采	0.8	1.2	1.7	0.7	4.5	1.2	1.7	0.8
非能源产品开采	0.4	1.1	1.6	0.6	3.4	0.7	2.3	0.7
采矿辅助活动	0.9	0.8	2.7	1.0	1.3	0.8	2.2	0.5
食品、饮料和烟草	0.9	0.9	1.3	0.7	1.4	0.9	1.6	0.9
纺织品、服装和皮革	0.5	0.7	1.2	0.5	1.5	0.7	1.3	0.7
木材和木制品	0.7	0.9	1.3	0.6	2.6	1.2	2.1	0.7
纸制品和印刷	0.8	0.8	1.4	0.7	1.9	0.9	2.0	0.8
精炼石油和焦炭	0.7	1.0	1.2	1.0	1.4	1.5	1.3	0.8
化工和制药	0.6	0.9	1.6	0.5	1.3	0.8	3.4	0.6
橡胶和塑料制品	0.5	0.5	1.4	0.4	1.1	0.6	1.5	0.5
非金属矿物产品	0.5	0.7	1.2	0.8	1.9	0.7	2.1	0.8
基本金属	0.9	0.7	1.2	0.6	1.8	0.5	2.5	0.7
金属加工产品	0.7	0.5	1.7	0.5	3.4	0.8	2.7	0.6
计算机和电子产品	0.6	0.5	1.4	0.4	2.0	0.9	1.9	0.3
电气设备	0.7	0.5	1.4	0.5	1.8	0.6	2.2	0.5
机械设备	0.6	0.5	1.6	0.4	2.2	0.7	2.5	0.6
汽车和拖车	0.9	0.5	1.8	0.5	2.7	0.9	2.8	0.8
其他交通运输设备	0.9	0.6	1.9	0.5	2.3	0.9	2.1	0.7
其他制造和维修	0.5	0.5	1.5	0.4	2.2	0.9	2.2	0.5
总体经济	0.6	0.7	1.8	0.5	2.1	—	2.3	0.6

背景色图例 0.3~0.5 0.6~0.7 0.8~1.0 1.1~1.5 1.6~2.0 2.1~2.5 >2.5

图9.2 2015年各地区不同行业经济产出的二氧化碳相对排放强度(基于世界平均水平)

注:此处的"经济产出"体现为将产出产品换算成统一货币后的财务价值。图中数值是将每个行业的全球平均二氧化碳强度均设为1.0后得出的相对排放强度。例如,美国基本金属行业的相对排放强度为0.7,表示美国基本金属行业的单位经济产出二氧化碳排放量是该行业全球平均值的70%。

资料来源:Catrina Rorke,Greg Bertelsen,《美国的碳优势》,气候领导委员会,美国华盛顿特区,2020年9月。

地区和行业间单位经济产出排放量的差异(见图9.2)在一定程度上反映了环境绩效的差异。例如,各个行业使用的燃料品种、外购电力的CO_2强度、采用的排放控制技术(如在硝酸和己二酸制造过程中对氧化亚氮进行热解或催化分解)以及生产工艺(如大多数美国钢材产自电弧炉工艺,而大多数中国钢材产自高炉工艺)等方面的差异。然而,这一指标也会受到与环境绩效无关的因素影响。例如,一国是倾向于生产价格较高的"奢侈品"还是价格较低的"普通"商品(因为产品的销售价格越高,则经济产出越高),以及各个地区所开展的商业活动类型（如在计算机、电子和光学产品行业，产品的设计和营销多在美国进行，而制造工作多在中国完成，导致美国的碳强度较低）。因此，为更好地强调对环境绩效的针对性，碳边境调节机制应尽可能基于单位实物产品的排放量而非单位经济产出的排放量进行实施。

9.2 绿色银行和贷款机制

购买新机器和改造工厂所需要的成本可能会成为影响工业领域采用节能和低碳生产技术的障碍。政府可以通过一些机制来帮助企业升级设备和设施，其中最有效的机制之一就是建立绿色银行——一种准政府或非营利性质的机构，专门为企业的设备设施升级改造项目提供低成本融资。绿色银行是一项在最近十几年才开始出现的创新：2010 年，马来西亚成为全球第一个建立绿色银行的国家/地区，随后美国康涅狄格州于 2011 年也建立了绿色银行[21]。此外，还有绿色资本联盟（Coalition for Green Capital）这样专注于实施绿色银行的非营利组织，已协助美国各州、南非和卢旺达建立了绿色银行[22]。

绿色银行的两个主要特点使之有别于其他类型的政府财政激励措施：

- **循环基金模式**：绿色银行致力于以"循环基金"（revolving fund）的形式进行运作，即通过已偿还的贷款本息为其他借款人提供新的贷款，从而实现资金的自循环[23]。这种模式使绿色银行可以通过一次资本化（如通过政府拨款获得初始资本），实现可持续运营，也能从政治角度保障循环基金比那些需要政府持续拨款资助的项目运营得更加持久。

- **与社会资本合作**：绿色银行寻求与社会资本合作，利用政府资金为符合条件的绿色项目吸引社会投资。因此与仅使用政府资源相比，绿色银行能够引导更多的资金流向符合条件的项目。例如，2012—2022 年，美国康涅狄格州绿色银行仅用 3.22 亿美元的绿色银行资金，就撬动了 19.5 亿美元的社会投资，撬动比例为 1∶7[24]。

绿色银行旨在支持因技术较新等原因而难以实现低成本社会融资的项目。然而，由于绿色银行需要在合理的时间内通过承担可接受的风险来获得财务回报，从而吸引社会资本，并确保银行能够继续提供新的贷款，因此其只会为那些采用已有技术（而非研发阶段技术）的项目提供资金。绿色银行最适用的情况是，相关的清洁技术已经可用，但融资或成本问题阻碍了其推广应用（见

图9.3）。迄今为止，获得绿色银行资助的项目大多涉及清洁能源发电和能效提升，同时该机制也可以成为清洁制造技术的强大加速器。

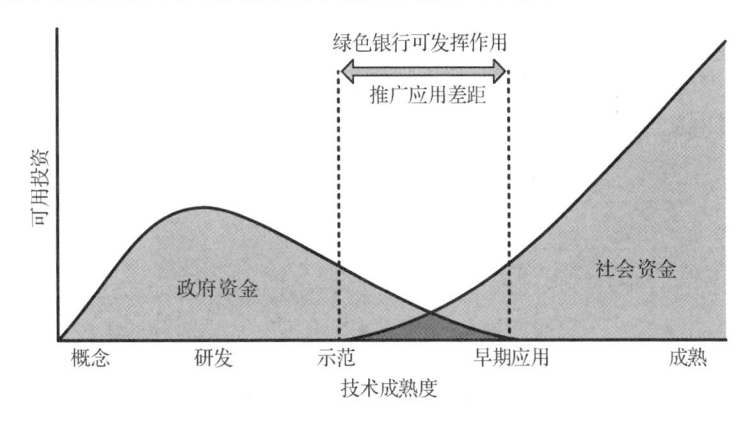

图9.3 绿色银行如何帮助技术弥补其在推广应用方面的不足

注：有一些技术，对于申请政府研发（R&D）支持而言成熟度过高，但又不足以支撑其以较低的融资成本从私营企业获得全部所需资金；对于这类技术项目，绿色银行的适用程度非常高。

资料来源：Hallie Kennan，《工作报告：州级清洁能源绿色银行》，能源创新中心，旧金山，2014年1月。

绿色银行利用多种融资机制为符合条件的项目提供资金支持。

- **联合贷款**。绿色银行可以与私营金融机构合作，为符合条件的项目提供贷款。联合贷款允许绿色银行和私营贷款机构分担贷款风险、分享回报，这有助于私营贷款机构提高投资组合多样性和控制风险。私营贷款机构还可以在评估借款人信用度的环节借助绿色银行在清洁能源和工业技术领域的框架。

- **捆绑打包**。绿色银行可以向若干个不同类型的小型项目打包发放贷款。这些项目由于规模不经济且难以逐个评估风险，对商业贷款机构往往缺乏吸引力。绿色银行可通过将这类贷款捆绑在一起来分散风险和扩大规模，随后将捆绑后的贷款打包出售给私营投资者。此举能够为绿色银行的政府资金提供有效补充，从而为更多项目提供资金[25]。

- **贷款损失准备金**。绿色银行有时会预留一部分资金，用于在其贷款项目不偿还贷款时，弥补私营贷款机构的损失。这有助于降低私营贷款机构的下行风险，从而提高他们以优惠利率贷款的意愿。然而，绿色银行不应该为私营贷款机构承担全部损失，这样才能激励贷款机构严格评估借款人的信用度，并自行承担应有的风险。例如，美国康涅狄格州的一项绿色银行计划要求私营贷款机构在损失发生时，先自行承担其贷款金额的 1.5% 部分内损失，再由绿色银行承担剩余损失（但以私营贷款机构贷款金额的 7.5% 为上限）[26]。这使得私营贷款机构能够承受的违约率比原先要高得多。

- **贷款担保**。贷款担保与贷款损失准备金类似，但如果借款人违约，会由担保机构承担剩余债务。担保通常设有上限，这意味着，除非违约债务已经高到超过担保上限，否则私营贷款机构不会面临任何风险。在大多数情况下，比起贷款担保，通过某种机制来更好地分担私营贷款机构的风险或许是更为合适的做法。然而，当绿色银行希望为某些不够成熟的技术提供支持，且私营贷款机构无法评估借款人信用度也不愿意承担任何风险时，可能有必要采取担保机制。

- **基于商业物业评估的清洁能源计划（C-PACE）**。在 C-PACE 计划中，私营贷款机构或绿色银行的资助内容是商业物业的改造，而物业业主则通过物业税附加费的形式来偿还贷款。如果物业所有权发生转让，则由新业主来承担还款责任。将还款与物业税（随着物业所有权一起转移）挂钩，在一定程度上加强了贷款的还款保障，从而增加了私营贷款机构以优惠利率提供贷款的意愿。这种模式特别适用于那些可以增加物业价值的改造内容，如建筑保温、屋顶太阳能系统、供暖、空调和照明的改造，而对那些只对当前业主有用的设备则不太适用。

- **公用事业账单融资**。这种融资方式与 C-PACE 类似，但区别在于是否通过物业税偿还。公用事业账单融资（如电费融资）通过物业的公用事业账单（如电费账单）来偿还贷款。

- **发行债券**。绿色银行可以通过发行债券为符合条件的项目筹集资金。例如，美国康涅狄格州绿色银行在其早期的两年（2020 年和 2021 年）间发行了总额超过 8000 万美元的债券[27]。绿色银行的其他融资机制通常需要与大型企业贷款人合作，而发行债券却能够同时从个人和机构债券投资者处获得资金，从而可以扩大并丰富绿色银行的资金来源。

绿色银行与其他经济政策（如针对清洁工业技术推广应用的税收减免和补贴）相辅相成，因为许多私营投资机构与绿色银行合作的原因之一，恰恰就是在一定程度上受到了这些激励措施的推动[28]。

建立绿色银行的主要挑战之一是如何获得初始资本。政府财政资金在一定程度上有所帮助，同时，绿色银行开展的许多关键活动并不一定需要绿色银行自身拥有大量现金储备。鉴于这一点，市面上开始出现越来越多规模精简、关注初创的绿色银行，它们致力于通过自身的专长帮助符合条件的项目获得融资。此外，各个绿色银行也越来越多地开始跨区域合作和建立联盟，以更好地分享专业经验、提供标准化产品并降低运营成本[29]。

9.3 补贴和税收抵免

政府可以通过补贴和税收抵免的形式，为进行特定投资或活动的企业提供资金（或减轻税负），从而分担其成本。补贴和税收抵免与绿色银行或私营贷款机构的贷款不同，无须公司偿还。因此，对于那些在短期内不太可能产生财务回报和偿还贷款的早期项目和技术而言，这类政策非常适合。例如，全球首家采用某种新型零碳生产工艺的示范工厂就非常适合申请补贴。

在理想情况下，税收抵免应该是可以通过货币形式支付给企业的，这意味着无论符合条件的企业的纳税义务如何，都可以获得由政府支付的税收抵免款。可折现支付的税收抵免本质上是一种补贴或赠款。相反，不可折现支付的税收抵免只能用于抵扣纳税义务。如果企业的应纳所得税少于其税收抵免额度，就会损失掉无法抵扣的那部分额度。

许多企业在某些年份几乎没有净收入，尤其是那些致力于推动创新技术商业化的初创企业，而这些企业通常正是政府希望支持的对象。面对不可折现支付的税收抵免政策，这些企业通常会与大型金融公司合作，利用自身的减税额度来抵扣后者的应纳所得税。然而，金融公司会拿走大约一半的减税额度价值。结果是，政府用于税收抵免的支出中，只有一半真正用于支持其希望鼓励的商业活动。例如，2005—2008 年，美国政府共支出了 103 亿美元，为风能开发提供不可折现支付的税收抵免，而如果采取赠款形式，实现同样的效果只需花费50 亿美元[30]。采用不可折现支付的税收抵免政策在政策设计上并无优势，但这有时是政治上的权宜之计：这样的政策比直接补贴更不引人注意，因此更容易获批。

9.3.1 产业补贴的设计

对清洁工业进行补贴主要有三种方式，分别是针对清洁制造设备投资、清洁能源使用和针对基于低碳或零碳技术生产的产品提供补贴。三种方式各有利弊。

对政府而言，**对清洁制造设备的投资进行补贴**是成本最低的一种方法。如第 6 章所述，在一个典型的工业锅炉的整个使用寿命内，燃料成本占总成本的 96%，设备投资占 3%，运行和维护占 1%[31]。因此，利用补贴帮助企业支付锅炉费用可能比支持它使用清洁能源更具成本效益，因为政府只需要帮助企业承担锅炉总成本的 3%，而不是 96%。此外，对清洁制造设备进行补贴可以扩大这些设备的市场，有助于降低其价格。

然而对设备投资进行补贴也有一些缺点。首先，不能保证设备一定会得到实际使用。如果一家公司购买了特定设备并获得了相应补贴，随后又放弃了清洁转型计划或倒闭了，那么补贴的全部价值都将付诸东流。其次，政府很难在这类补贴政策中遵循技术中立原则，因为必须明确规定哪些设备有资格获得补贴。最后，尽管电力在用能终端的能效比其他能源更高，但在有的情况下即使考虑能效因素，电力的成本仍高于化石燃料，此时对电气化设备投资的补贴可能就不会吸引太多的工业企业购买和使用设备。

为制造商使用清洁能源的行为提供补贴，将有助于减小清洁能源与传统能源之间的成本差异。与碳定价类似，这类补贴能够帮助纠正负外部性，从而使不同的能源品种彼此更加公平地竞争。不仅如此，补贴还比碳税更有针对性（如仅限于特定行业使用的特定燃料），因而有助于控制成本，也更容易得到推行。

但是，针对清洁能源的补贴无法激励企业采取节能战略，特别是能效提升、材料效率提升、材料替代和循环经济等措施。但在零碳经济转型中，这些措施都有助于减少对新增清洁能源发电的需求，从而更快、更经济地实现转型，因此都应该加以推广。

对利用清洁技术生产的产品进行补贴是最符合技术中立原则的一种方法，因之能使制造商灵活地实现减排。例如，提高能源和材料效率都是可行的策略（然而，与产出挂钩的补贴并不是万能的，这类补贴无法对循环经济措施产生激励，如延长产品寿命、提高可维修性等）。对清洁技术产出的产品进行补贴可以促进目标行业的产出和就业增长，并有望将因补贴而节省下来的成本传递给消费者。因此，这类政策可以同时实现两个政策目标：一是加速清洁工业转型，二是支持某些特定的本土产业，特别是一些国家战略产业或能为贫困社区提供就业机会的产业。

在实行碳价政策的地区，碳差价合同也是一种用来补贴清洁技术产品的机制：由政府与采用创新低碳或零碳工艺的制造商之间达成协议，并向企业支付其温室气体减排成本与当前碳价（往往低于减排成本）之间的差额。碳差价合同能够将企业的减排成本限制在碳价水平以内，从而确保这些企业在与采用传统工艺（并支付碳价）的企业竞争时，不因采用清洁技术而处于劣势[32]。随着碳价的上升和清洁技术成本的下降，二者之间的差价逐渐下降，政府的财政负担也会随之减少。

针对工业产出进行补贴的主要缺点是政府的财政成本会随着产量增加而上升。此外，这种补贴存在国际贸易合规性风险，因为国际贸易法规对一国为本土产业提供的补贴有所限制，特别是出口导向型补贴。

9.3.2 补贴的持续时间

补贴通常是一种临时措施。针对创新技术的补贴最适用于技术生命周期的早期和中期阶段，包括研发、示范和早期商业应用。随着技术的成熟和成本下降，补贴可以逐步退场。一旦某项技术不再需要补贴，下一步可能就是通过支持性的贷款机制来降低相关绿色项目的融资成本（如前所述）。最终目的是使目标技术能在没有政府支持的情况下，仍然在市场中保持强劲发展。

只要化石燃料的负外部性（包括温室气体排放、常规污染物及其对人类健康、环境和经济的损害）还没有彻底在其价格中得到内部化的市场条件下，对清洁能源使用或清洁技术产出产品进行补贴仍具政策合理性。这是因为这类补贴有助于纠正市场失灵，而在这种失灵彻底被纠正之前，撤销补贴会给化石燃料带来不正当的竞争优势。

9.3.3 避免"分档陷阱"

补贴的金额应基于一个以能效或排放表现为变量的连续函数来确定，而不应将具有不同性能特征的产品划分为几个大的分档区间（同一区间内的所有产品获得相同额度的补贴）。分档补贴机制可能会促使设备制造商只将设备表现提高到某一补贴分档的下限,之后除非他们希望进入下一个分档,否则便不会做进一步改进。

9.3.4 案例

瑞典能源署通过HYBRIT计划对氢基炼钢项目提供支持,是创新制造工艺补贴的典型案例。2018年,瑞典能源署为该计划的两家试点工厂提供了总计5.28亿瑞典克朗(按当年价格约合6100万美元)的赠款,这是该机构有史以来最大的一笔资助,覆盖了项目成本的约38%[33]。关于HYBRIT计划的更多信息,请参见第1章。

另一个例子是中国的"十大重点节能工程"项目。该项目于2004年启动,并在"十一五"期间(2006—2010年)继续实施,涵盖十个与节能相关的重点领域,包括余热回收、电机系统效率提升和工业锅炉改造等。企业在这些领域开展的项目向20个政府技术支持中心申请资金。对于入选项目,政府承担项目初始投资成本的60%。在技术安装完毕并经独立审计机构确认节能效果后,政府还将为企业报销其初始投资成本的另外40%[34]。

税收抵免的典型案例是美国45Q条款中的碳封存税收抵免政策。该政策于2008年颁布,并在2018年和2022年得到了强化。根据该政策,企业每在地质中封存1吨CO_2可获得最高85美元的税收抵免,或者每将1吨CO_2用于提高石油采收率或某些工业产品中,可获得最高60美元的税收抵免。全球碳捕集与封存研究院称该政策是"全球最先进的CO_2捕集与封存激励措施"[35]。2022年之前,该项税收抵免政策还只可抵税,不可折现支付。随后,美国《通胀削减法案》进一步规定,对于商业实体的项目,在项目生命周期的前五年,该税收抵免可进行折现支付;对于非营利组织和政府实体的项目,在整个税收抵免期间均可折现支付[36]。

9.4 设备收费、退费及其制度

某些工业需求可以通过选择不同的制造商生产的能效水平不同、使用燃料不同的设备来实现。例如,工厂经理在选购新锅炉时将面临五花八门的选择,这些锅炉燃烧的燃料各不相同,有的还靠电力加热,但都能够产生符合工厂需求的蒸汽。同样,熔炉、窑炉和化工器械(如蒸馏塔)等设备也有多种制造商和技术方案可供选择。

当各种已经完全商业化的技术都能够实现某种特定功能时,设备收费、退费和收费退费制度将可以成为一套有效激励消费者选择清洁技术、推动市场改进的政策工具。

- **设备收费(fee)**:对达不到能效标准或超过排放强度限值的设备征收销售税。收费强度应根据设备与标准的差距加大而递增。

- **退费/退税(rebate)**:与设备收费相反,政府或公用事业部门可以向优于能效标准或符合排放强度限值的设备购买者退费。退费应随着设备优于限值的程度逐步增加,零排放设备的退费应达到最高值。

- **收费退费制度(feebate)**:将设备收费和退费结合在同一项政策中。其中,既不需要收费也不适用退费的能效或排放强度水平被称为"转折点"(pivot point)。对于政府而言,收费退费制度是一项成本效益较好的政策,因为收费收入可以用于资助退费。

这些政策的标准/限值或转折点应随着时间的推移而逐步收紧,以激励企业不断改进和开发更清洁的工业技术。限值的收紧应通过预先公布的公式来确定,并且无须通过额外的立法或监管行动就能生效,以确保设备长期价格的可预测性,并避免这些政策受到政治干扰。例如,可以每两年更新一次限值,以过去两年销量加权的能效/排放强度平均水平为基础,使新限值与市场上表现最好的前四分之一设备的能效/排放水平相等。这种方法能够确保市面上存在较多符合优惠条件的设备,但同时大多数(即75%)产品又需要为了进入前25%而进行努力改进,从而推动持续创新(类似的原则也适用于标准类政策,参见第10章)。

由于这些政策需要通过由不同制造商提供的一系列设备选择来发挥作用,因此不太适合支持早期技术或首创示范项目。它们更适合用于推动相对成熟技术的改进。

在实践中,退费/退税最常出现在建筑系统和电器中。例如,美国各大公用事业公司实施了两百多个面向工业客户返利的项目,鼓励他们安装高效设备,如高效加热器、空调、冷水机、照明、电机和空气压缩机[37]。针对道路车辆的收费和退费政策更加普遍。例如,截至2020年,欧盟有24个成员国都对其机动车征收部分或完全基于车辆燃油效率或 CO_2 排放量的机动车税[38]。对于收费退费制度，最典型的一个例子是法国的"奖惩"（Bonus-Malus）系统，该系统使法国新车的每千米 CO_2 排放量于 2007—2017 年减少了 25%[39]。如果决策者希望对重工业设备实行优惠、收费和收费退费政策，可以借鉴这类政策用于其他类型设备时的成功经验。

9.5 促进实现零碳工业目标的经济政策

经济政策是加速清洁工业技术推广应用的关键，不同类型的政策可以在技术生命周期的不同阶段起到有效的支持作用。一项技术在最初的阶段，需要的是研发支持（详见第 11 章）。当技术走出实验室时，慷慨的补贴和税收抵免是帮助其启动示范项目或早期商业化项目的最佳工具。在示范或早期商业化阶段，技术的财务回报尚不确定，对贷款机构的吸引力不足，而且技术规模较小，应确保补贴在政府成本可承受范围内。

随着清洁技术的持续增长，绿色银行和借贷机制可发挥作用，帮助技术弥合政府资金和社会投资之间的差距。到这一阶段，工业企业需要偿还贷款或债券，但在政府或绿色银行的支持下，企业能够以较为优惠的利率获得融资。因为如果没有政府的帮助，新技术的商业化项目通常难以像成熟技术项目一样获得低息融资。当清洁技术与污染技术在市场上竞争时，针对清洁工业设备的补贴可以帮助企业克服价格差距。

最后，当清洁技术在市场上广泛供应且具有价格竞争力（但并不一定低于污染技术）时，就可以采用惩罚污染技术选项的经济政策。这类政策包括对污染技术收费和实行碳定价。当市场上有清洁替代方案时，对污染技术收费的减排效果最好，因为在这种情况下企业可以选择改用清洁技术，而不是支付高额税费。污染技术收费政策可以仅针对那些存在清洁技术方案的特定技术类别，即在某些技术类型存在清洁版本，而其他技术类型不具备时，这种收费机制尤其有效。碳价政策可以适用于某一行业或设施中的所有技术设备，因此碳定价最好能在其他政策已经帮助市场引入了多种清洁技术设备方案的情况下推行。

适当的经济政策可以显著加快清洁工业技术在各个发展阶段的商业化进程。按顺序正确选用相应的政策，将可以最大限度地发挥其效力。

第 10 章　标准与政府绿色采购

扫码查看参考文献

标准是一类旨在要求设备或工业设施达到特定性能水平的政策，特别是在能效或温室气体排放方面。它通常决定了哪些产品可以进入市场，同时要求明确排放量或能源使用的测量和报告的情况，以确保在不同公司或产品之间比较时具有公平且一致的核算基础。政府绿色采购政策可专门为政府投资的建设项目（如道路和基础设施建设）所使用的材料设定特定标准，从而推动具有可持续性的选择。

10.1　能效和排放标准

虽然经济政策（详见第 9 章）实施起来很有力，但需在标准的配合下才能发挥最大作用。与工业脱碳关系最紧密的标准是温室气体排放和能效标准（材料效率则最好具体产品具体分析，以更好地综合权衡产品的隐含排放、性能表现以及用能产品的能效等，如对建筑物整个生命周期的排放进行监管）。下文会介绍能效和排放标准的重要性，以及它们如何与经济政策协同发挥作用。

10.1.1　克服市场和政治障碍

现代经济错综复杂，市场主体的动机、遇到的信息障碍和考虑的时间尺度各不相同。经济政策可以引导部分市场主体快速转向清洁技术，但要对更大的市场份额产生影响，则需要不断提高税率或补贴力度。虽然仅靠经济政策就已经可以实现大幅脱碳，但却无法使排放量降至零（至少在合理的税率和补贴力度内无法实现）。而标准则有助于以成本效益较好的方式填补这一空白。

各种各样的市场障碍和大众心理都会削弱经济政策传递的信号：

- **激励分离**。当负责对建筑物或设备进行改造升级的公司无法从中获益时，就会出现这种激励分离的现象。尽管一家工厂的生产设备所有权一般都归制造商所有，但厂房却不一定。美国有43%的工业厂房（以成本计）是由制造商租赁的[1]。对租赁厂房而言，能源账单的支付通常由租户负责，而如果要安装更高效的保温结构、照明、供暖和空调系统，则应由建筑业主负责，而此类改造升级的费用通常难以计入租金中。同时，即使业主不实施节能改造升级，现有租户也可能会因为高昂的搬迁成本，宁愿选择继续租用厂房并支付较高的能源费用。基于种种原因，尽管节能改造的成本效益很好，但业主可能依然不会进行改造。

- **注重短期收益**。一些公司由于需要达到季度财务目标或满足投资者的要求，很难做出着眼长期的投资决策。能效升级和研发类的项目往往需要一定的前期投资，无法在符合投资者或公司管理层预期的时间内实现全部的潜在收益，因此很难在一些注重短期收益的公司内得到实施。

- **更重视其他类型的项目**。有时，人们对能效提升项目的要求比其他项目更高，即使这类项目经风险调整的收益率很好，也可能得不到实施。企业可能会认为削减能源支出不是一个值得关注的问题，或者会优先考虑一些创收的活动，如产品开发或市场营销（有关这方面的更多信息，请参见第4章中的"企业决策"部分）。

- **偏好更熟悉的技术**。工业企业往往都回避风险，并且抗拒改变熟悉的设备和流程，因为这可能需要对员工进行培训。

- **消费者习惯受价格的影响**。消费者会根据心理价格锚点来判断商品是便宜还是昂贵[2]。在若干年的时间内，价格锚点会随着人们逐渐适应新的价格水平而逐渐调整（同时新进入市场的消费者也会按照最新的价格锚点形成心理预期）。渐渐地，人们对过去显得特别昂贵或便宜的商品习以为常。因此，试图通过影响消费者行为来有效减少排放的经济政策可能会逐渐失去对消费者的影响力；而由于制造商的商品供应致力于满足消费者需求，消费者行为的变化又会反过来影响制造商的排放行为。

- **信息不完善**。企业可能并不了解市场上所有可用的技术方案，以及其成本和性能。

- **交易成本[i]高**。企业可能会因为需要在技术成本以外再支付一些其他成本，而难以采用本身成本效益较好的高效或清洁生产技术，如需要暂停生产才能进行设备改造。此外，为了保持设备间的兼容性，一台设备的改造可能还需要对其他相关设备也进行升级，从而引发一连串的升级。
- **难以获得全部的潜在收益**。在某些情况下，进行投资的企业可能难以获得一个项目全部的潜在收益。例如，如果某些研发成果无法申请专利（或容易在专利保护薄弱的辖区内被其他企业抄袭），企业可能就会拒绝对研发项目进行投资——即使由此产生的技术具有很好的成本效益。

在克服上述和其他一些市场障碍方面，标准可能比经济政策更有效。

即使在仅通过经济政策就能实现预期效果的情况下，同时采用标准和经济政策在政治上可能会更有利。如前所述，要达到特定的减排效果所需要的税率或补贴力度在政策制定中很难实现。此外，与税收政策相比，标准类政策不易引人注意——设备购买者更有可能注意到针对低效设备的额外收费，而不容易注意到市场上有没有低效设备。对于担心遭遇反对的政策制定者而言，一种较好的方案可能是：一方面利用高能见度的政策（如充分宣贯的补贴政策）来激励清洁技术推广应用，另一方面利用低能见度的政策（如标准）代替税收来淘汰市场上那些性能最差的技术。

标准除从市场上淘汰性能不佳的产品外，还能激励企业开展研发，因为这样可以降低合规产品的生产成本。然而，标准对于不同的合规产品并不加以区分，因此在促进尖端产品（远超标准水平）的研发方面效果较差。例如，如果一项排放标准要求初级钢生产的排放强度不超过 1.5 吨 CO_2e/吨粗钢，那么排放强度在 2 吨 CO_2e/吨粗钢的钢材就会被禁售，但这并不会激励零碳钢的生产，因为在该标准下将排放强度降至 1.4 吨 CO_2e/吨粗钢就足够达标了。与产品节能/减排表现挂钩的补贴能够为相关性能更好的技术提供更多的奖励，从而激励企业生产创新的尖端产品，可见标准和经济政策配合使用效果最佳。

10.1.2 能效标准

能效标准要求设备在每消耗一单位能源的同时要达到特定的性能水平。在

---

i 译注：交易成本（transaction costs）是指在完成一笔交易的过程中，除交易商品或服务本身的价格外产生的所有其他成本，包括时间和货币成本。常见的交易成本包括信息传播、谈判协商、合约执行的监督等。

工业领域，这类标准通常针对具体设备，如泵和电机。工业设备多种多样，因此在制定设备标准时应考虑到设备的各种特性。例如，美国能源部为工业电机制定的能效标准考虑了电机的设计、额定功率、极数，以及是否为封闭式结构[3]。

能效标准的一个重要例子是欧盟的《生态设计指令》，该指令为欧盟除车辆外的大多数用能产品规定了必须达到的能效水平，其中包括工业设备，如工业炉窑和烘炉、焊接设备、锅炉、电机、泵和机床。能效标准的制定过程涉及市场数据和技术状况研究、成员国和利益相关方（工业界、非政府组织和学术界）磋商、法规起草和最终决议[4]。各利益相关方普遍认为《生态设计指令》有助于实现能效目标，但也有一些人批评其制定过程过于缓慢，以及难以确保所有不合规产品都能被清除出市场[5]（生态设计不仅与能效相关，还涉及在第11章中讨论的循环经济政策）。

针对燃料燃烧技术的能效标准可以减少燃料使用量。一些政策制定者认为，燃料使用量的减少可能会使危害公众健康的常规污染物（如颗粒物）排放量减少。遗憾的是，由于燃料能效标准所约束的企业此前就已经受到了常规污染物排放标准的约束，因此燃料能效标准的加严可能并不会减少常规污染物排放量。相反，常规污染物是通过改进燃烧过程或利用燃烧后处理技术来去除的。这些技术成本高昂，并且通常需要消耗能源和/或化学试剂，因此企业只会为了达到相关的空气质量标准而尽量去除常规污染物（通常不会在达到标准后进一步去除）。

如果能效标准的实施使企业降低了燃料消耗（并且在一定程度上减少了相关的常规污染物排放），而此时常规污染物标准保持不变，那么企业管理者就可能会安装一个比原有系统小一些的废气处理系统（或者在原有系统可节流的情况下进行节流，如通过喷氨脱除 NO_x 的系统），从而使企业继续保持在刚好符合常规污染物排放标准的状态（以节省成本），因此从结果上看，常规污染物的实际排放量几乎不会发生变化。同样，企业在设计能效较高的新建工业设施时也可能会采用较弱的废气处理系统。因此，即使燃料消耗的降低能够减少常规污染物排放量，但如果常规污染物排放标准不变，企业实际的常规污染物排放量很可能并不会减少；政策制定者应坚持发挥常规污染物标准在持续减少常规污染物排放方面的决定性作用，而不应在实施能效标准后就忽视常规污染物标准的作用。

10.1.3 排放标准

排放标准对工业单位产出的温室气体或常规污染物排放进行限制。与能效标准相比，排放标准通常针对设施整体（而不是具体设备），从而可以激励企业从设施层面采取更多样化的脱碳战略。例如，生物质燃烧虽然不能显著提高能效，却可以减少全生命周期的温室气体排放。

排放标准为各种商品设定其所在行业的温室气体强度限值（单位产品 CO_2e 排放）。此处的"商品"是指那些可以通过不同生产方式达到统一产出标准的产品，如特定标号的钢材、特定品种的水泥，以及氨等大宗化学品。大多数工业排放都与商品生产有关（见导言中的图0.2），因此大多数工业排放都受到行业碳强度限值的约束。

对于差异化产品（非商品）而言，很难制定出对不同的生产企业都适用且公平的碳强度限值。有一种方法是要求每家工厂报告排放量，并基于自身的历史排放基数制定减排方案。在不影响历史排放数据获取的情况下，发布相关标准时可以将历史排放基数的计算时间范围限制在标准公布前[i]，以防止企业在标准发布后作弊（即临时增加排放量以抬高基数）。

加拿大联邦"基于产出的碳定价体系"（output-based pricing system），及其在某些特定省份的替代性省级计划，就是碳强度标准的现实范例[6]。例如，加拿大安大略省的"排放绩效标准"计划（emissions performance standard）为某些商品设定了行业排放强度限值，包括熟料、水泥、精炼石油产品、钢材、氢气、氨、尿素和硝酸。对于石灰、石膏板、砖、尼龙、乙烯和玻璃等其他商品，该计划则针对相应的设施制定了基于其历史排放基数的减排标准[7]。不达标的商品不会退出市场，但生产商必须为每吨超标排放支付费用，单位排放的费率将随时间推移逐步增加，到2030年将达到170加元/吨[8]。

碳强度标准也可作为其他政策的组成部分。例如，政府绿色采购政策通常就包括碳强度限值要求（在本章后文中讨论）。另一个例子是中国的碳排放权交易体系，该体系根据覆盖行业的产量和碳强度限值[ii]来分配排放配额[9]。

---

i 译注：如取标准公布前三年企业历史排放的年平均值作为排放基数。
ii 译注：在配额分配方案中称"碳排放基准值"。

10.2 标准的设计原则

为确保标准能够实现其目标，政策制定者应考虑以下几条准则：在标准中纳入持续提升机制，考虑实施技术促进型标准，简化标准、重视结果，覆盖整个市场，创建可交易、按销量加权的标准，以及考虑对"范围一"至"范围三"排放均实施标准，从而减少供应链排放。

10.2.1 纳入持续提升机制

标准可以通过提供长期信号来推动创新。但是，如果标准不随着时间的推移而收紧，就会逐渐失去推动市场转向更环保技术的能力。因此，标准中应包含一个公式，明确规定何时加严标准，以及如何计算未来的加严程度。这些提升应无须额外立法或监管行动就能生效。自动且持续性的标准提升有三个好处：

- **透明度**。制造商能够知道标准是如何制定的，并能更好地预测未来的加严程度。
- **及时性**。即使监管机构因其他事务或资金限制而分心，标准的加严也不会延迟。
- **抗干扰**。未来的政策制定者或监管者无法通过不作为来影响这些标准（他们可以通过新的立法来废除这些标准，但新立法面临的政治障碍较大，而且可能引发关于标准效力和价值的公众讨论）。同样，行业游说也无法影响这些标准的加严。

在确定标准加严公式时，可以利用市场数据来确保加严后的标准在技术上依然可行。例如，可以规定能效标准每两年更新一次，并且将前两年（所有制造商）销售产品的能效水平中位数作为未来两年的新标准。这种方法一方面可以确保市面上已经广泛存在符合标准的技术，另一方面又要求制造商改进其性能最差的那部分产品，从而可以推动持续创新。

"能源之星"（ENERGY STAR®）是美国一项自愿性的节能设备认证计划，其实施证明了利用公式使标准保持与时俱进的重要性。理论上，获得"能源之星"认证的设备市场份额应保持在30%~50%，以引导买家购买最高效的产品。而在实际中，2020年美国市面上售出的所有洗碗机、89%的笔记本电脑和88%

的除湿机都符合"能源之星"认证标准，这表明该计划设定的标准已经太容易达到，而且未能跟上这些商品的技术进步[10]。

10.2.2 考虑实施技术促进型标准

基于公式持续收紧的标准是必要的，但它们往往更强调渐进式的技术提升，而无法激励革命性的新技术。因此，监管机构也可考虑实施更严格的技术促进型标准[i]，使企业必须采用某些尚未商业化的技术才能达标。技术促进型标准常用于交通领域，是推动车企采用一些基本污染控制技术的关键，包括美国1975年的催化转换器要求和1981年的三元催化器要求[11]。

技术促进型标准是对公式加严型标准的补充。当一项革命性技术进入市场并开始获得市场份额时，其对排放或能效的影响将自动计入到已有的公式加严型标准中，因此公式加严型标准无须为了新出台的技术促进型标准而进行太大的调整。

技术促进型标准的制定需要对仍未商业化的技术方案进行研究状况和可制造性评估，因此不能通过公式来制定。其制定必须建立在专家审查的基础上，并且要根据行业和环境利益相关方的意见，通过政府机构的行动来实现。

10.2.3 简化标准、重视结果

对不同类型技术及其具体用途严加区分的复杂标准通常更难编写，也更容易出现漏洞。例如，2006年，美国更新了轻型车燃油经济性标准，在确定能效要求时考虑了车辆实际占用的空间。这刺激了汽车制造商生产更大型的汽车，与标准的目标相悖[12]。

政策制定者应尽可能使标准保持简明、技术中立和结果导向。例如，电机的能效标准不应规定电机应如何构造或必须具备哪些特点，而应直接规定其将电能转换为转动动能时应该达到的能效百分比。针对水泥预分解窑、水泥窑或冷却器的标准则应规定单位普通水泥产出的输入能量总量限值。针对设施整体的排放标准规定的是单位产出的温室气体排放限值，因此更为简单，而且天然就是技术中立的。

---

i 译注：即企业必须采用某些特定的革命性技术才能达到的标准。

10.2.4 覆盖整个市场

标准必须适用于其监管市场上销售的所有产品，无论是进口产品还是本土产品，以避免给境外生产商带来竞争优势。对于按单位材料（如钢材）制定的标准，进口商必须披露其进口产品的隐含碳排放量（这一披露要求也适用于带有边境调节机制的碳定价体系，详见第 9 章）。对于那些针对进口机械（如工业锅炉）性能表现的标准，可以直接对产品性能进行测试。

为了识别出不达标的产品并迅速将其从市场上清除，必须投入足够多的资源，同时还要对故意或过失不达标的产品实施额外的处罚。不达标的产品会削弱企业创新的动力，使符合标准的制造商处于不利地位。例如，一些利益相关方认为，市场监管不力是阻止欧盟《生态设计指令》取得成功的主要障碍之一，因为据估计，市场上有 10%～25% 的受监管产品并不达标[13]。

10.2.5 创建可交易、按销量加权的标准

在传统上，标准会规定每个具体技术单元（如单个电机或锅炉）必须达到的性能。然而，标准也可以规定每个制造商销售的所有产品在销量加权平均后所需要达到的最低性能。这类标准允许制造商销售一些不达标的产品，但作为补偿，他们也必须销售足够多的超过标准的先进产品。

如果允许同类产品制造商之间就标准的履约情况进行交易，还可以进一步提高这类标准的灵活性。例如，如果一家制造商销售的工业锅炉大大超过了适用的排放标准，就可以将超过标准的履约信用出售给另一家锅炉制造商，使后者能够销售更多不达标的产品。如此一来，该标准约束的是同类所有制造商销售的所有产品在加权平均后的总体性能（而不是单台产品或单个制造商产品的性能）。这实质上是将总量控制与交易的方法应用到了标准中，而非简单地收取碳价（关于总量控制与交易的更多信息，包括设计原则和复杂性，请参见第 9 章）。

销量加权标准的一个例子是美国的轻型车企业平均燃油经济性（CAFE）标准，该标准自 2011 年起允许制造商之间进行（标准履约）积分交易[14]。另一种常见的销量加权标准是可再生能源组合标准（RPS），这类标准规定公用事业公司的电力中来自合格可再生能源的比例必须达到某个最低要求。大多数 RPS 标准都包括一部分可交易的可再生能源信用积分。例如，韩国制定了一项包括可交易可再生能源积分的 RPS 国家标准，要求 2022 年可再生能源发电占比达

到 12.5%，并在 2026 年提高到 25%[15]。

为促进工业脱碳，可对工业用能设备采用可交易的销量加权标准（类似于 CAFE 标准），或者要求钢铁和水泥等产品的一部分产出必须通过低排放或零排放工艺制造（类似于 RPS 标准）。可交易的销量加权标准可用来对那些要求特定类型产品严格达到某种最低要求的传统标准进行补充或替代。

10.2.6 考虑实施覆盖"范围一"至"范围三"的排放标准，以减少供应链排放

制造业的温室气体排放可分为三个范围："范围一"指制造商设施的直接排放，"范围二"指与外购电力和热力相关的排放，"范围三"指外购零部件和原材料在生产过程中产生的排放。

当供应商所在辖区的工业排放法规较为薄弱或缺位时，"范围三"排放就会值得特别关注。这种情况下可能会产生漏洞，即这种辖区内的企业可能会销售一些温室气体排放强度较高的产品，尽管其自身的运营往往是清洁低碳的。这一漏洞对某些国家来说可能非常突出。例如，英国在 2015 年的进口产品中含有 2.58 亿吨的隐含 CO_2 排放量，相当于该国当年 CO_2 排放总量的 66%[16]。

政策制定者们在很大程度上忽视了"范围三"排放。目前，与"范围三"排放关系最紧密的措施是欧盟的碳边境调节机制，已在第 9 章中详细讨论。虽然该机制只对"范围一"和"范围二"排放进行直接约束，但其覆盖的许多产品（如钢铁）都是其他行业的生产原料，因此该机制实际上也覆盖了这些产品下游行业的一部分"范围三"排放。

碳定价并不是唯一可以针对隐含排放的政策。对三个范围进行全覆盖的排放标准可以同时减少本土制造商及其供应商的排放。这种标准要求制造商减少其产品生产过程中的排放总量，包括进口部件和材料的隐含排放量。在这样的标准下，本土企业为了符合标准要求，可能会向供应商施压，要求他们减少温室气体排放，或者改用一些已经采用了清洁工艺的供应商。希望进入受管制市场的（境外）供应商会因此采用清洁的生产工艺。

与碳边境调节机制一样，对三个范围进行全覆盖的排放标准将依赖于境外生产商的碳强度数据。因此，这类标准在欧盟碳边境调节机制完成对碳强度数据的充分积累后，可能更容易实施。产品标识和信息披露政策（详见第 11 章）

也有助于建立相关的数据库和数据报告系统，从而促进三个范围全覆盖的排放标准的实施。

10.3 政府绿色采购

政府绿色采购项目为政府采购或出资的物品制定排放强度标准。实际上，政府绿色采购项目是在对市场进行细分，对私营企业买家所购买的产品采用较弱的标准（或不采用任何标准），而对出售给政府的产品则采用严格的标准。从政策上讲，政府绿色采购项目可能比一些普适的市场准入性标准更容易被批准颁布，原因如下。

- 制造商是自愿参与政府绿色采购项目的，他们可以拒绝达到政府采购标准，并继续向非政府买家销售产品。

- 绿色产品相对于普通产品所增加的全部成本都由政府而不是私营企业买家承担。

- 通常情况下，政府采购哪些产品是通过行政方式确定的，因此政府绿色采购项目并不需要额外立法授权（但在政策可行的情况下，还是应该尽量立法要求各政府机构参与政府绿色采购项目，这样有助于赢得各政府机构对政府绿色采购项目的认同[17]）。

- 各级（国家、州/省、市级等）政府及其具体机构（如地区交通局）都需要采购产品，因此相关的政府都可以实施政府绿色采购项目。相比之下，那些限制市场准入的标准可能需要在较大的辖区内进行统一，因此这些标准通常最适合在国家层面或较大的州/省内实施。

政府是工业产品的主要买家。政府为道路、桥梁、市政建筑和其他基础设施出资，因此需要大量的钢材、混凝土、砖和玻璃。此外，政府还采购军事装备、公共交通车辆、医疗和实验室设备、计算机和办公用品等产品。在经合组织国家，政府采购平均占 GDP 的 12%，而在许多中低收入国家，这一比例高达 30%[18]。因此，政府采购在许多供应商眼中是一个巨大的市场。

如果政府愿意为低排放产品支付更多的费用，那么政府采购就可以引导市场对清洁的新型生产工艺加以推广。这使制造商能够通过规模收益和在实践中学习的方式来降低成本，随后帮助清洁产品打入私营企业市场。此外，当制造商不再想要在其供应链和生产工艺中对政府采购和非政府采购产品加以区分时

第 10 章 标准与政府绿色采购

（即全部按政府采购标准进行生产），政府绿色采购项目就会产生有益的溢出效应，即制造商选择将使其所有产品都符合政府绿色采购标准。

政府绿色采购标准不必局限于政府所拥有的设施，也适用于接受政府资金或补贴的项目。例如，2000—2014 年，美国新建或大幅翻新了 45 座职业体育场馆，共耗资 278 亿美元，其中 130 亿美元（约 47%）来自免税的市政债券[19]。同样，美国各州和城市也经常向私营企业提供价值数亿甚至数十亿美元的补贴，作为新增投资的回报[20]。政府可以规定私营企业在接受政府资金或税收优惠时，如果金额超过了项目投资成本的特定比例（如 20%），就必须按照 GPP 标准进行采购。

10.3.1 政府绿色采购的覆盖范围

截至 2017 年，至少有 41 个国家制定了国家级的政府采购方案，但这些方案的社会目标和覆盖产品范围差别很大。在这些方案中，66% 包含了关于减缓气候变化的目标（其他目标还包括支持中小企业、水资源保护、生物多样性保护和支持退伍军人）[21]。但只有约一半的政府采购方案覆盖了建筑材料（见图 10.1），尽管建筑材料（尤其是钢铁和混凝土）的工业温室气体排放量占总量的 40%（见图 0.2），是加速工业脱碳最重要的产品之一。

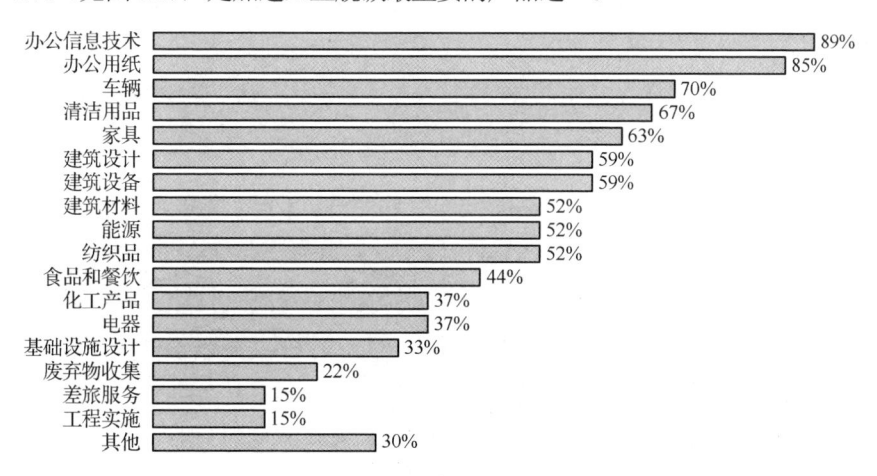

类别	占比
办公信息技术	89%
办公用纸	85%
车辆	70%
清洁用品	67%
家具	63%
建筑设计	59%
建筑设备	59%
建筑材料	52%
能源	52%
纺织品	52%
食品和餐饮	44%
化工产品	37%
电器	37%
基础设施设计	33%
废弃物收集	22%
差旅服务	15%
工程实施	15%
其他	30%

图 10.1　2017 年国家级政府采购方案覆盖的产品和服务数量占比

注：政府采购方案对其覆盖产品的相关规定可能涉及产品在制造（如建筑材料）或使用（如车辆、电器）过程中的排放，也可能会强调产品必须是通过可持续方式获取的或含一定的回收成分（如办公用纸、食品和餐饮）。图中"建筑设计"和"基础设施设计"包括一系列关系到建筑和基础设施使用性能和施工影响的工程设计要素；"建筑设备"包括室内供暖、空调、照明和热水，而"电器"包括烤箱、洗碗机、洗衣机等。

资料来源：联合国环境规划署，《2017 年政府可持续采购全球综述》，内罗毕，2017 年。

政府绿色采购项目可能无法覆盖所有的产品类型。政策制定者应优先考虑具有以下特性的产品：

- 该产品的生产或使用会产生大量的温室气体排放。

- 该产品的制造商对"范围一"至"范围三"的排放量都进行报告，或者其三个范围的排放量都很容易确定。

- 该产品已有商业化且减排潜力佳的清洁环保型号。

- 该产品市场很大一部分来自政府采购，从而使政府采购方案可以对制造商起到较强的激励作用。

- 该产品的清洁环保型号可带来一些协同效益，如为低收入社区提供就业机会、减少常规污染物排放等。

- 该产品清洁环保型号的成本在政府可以接受的范围内。

- 该产品的清洁环保型号有望通过规模收益来实现成本下降。

10.3.2 拆分

通过最具创新性的零排放工艺制造的产品和材料在最初的供应量往往有限。因此，政府可能无法通过只采购这些产品来满足其需求。但是，如果采用较弱的标准，则将会有更多的制造商符合条件，但却无法为最清洁的那部分技术提供市场。

为解决这一问题，政府绿色采购可对那些性能特别好（即近零排放）但市场供应有限或成本较高的产品进行拆分。例如，由绿氢直接还原铁或电解铁制成的零排放初级钢（详见第1章）和基于新型化学成分熟料的低碳水泥品种（详见第3章）都属于这种情况。与其他标准一样，政府绿色采购中的拆分也应该是技术中立和基于产品性能的。例如，针对钢材的拆分只应要求使用零碳初级钢材，而不应专门要求钢材必须通过电解铁生产。

包含拆分条款的 GPP 方案设有两个限值：较高的标准为（近）零排放，较低的标准则为中等排放（即使是较低的标准也比面向私营企业买家的标准更为严格）。政府必须采购一定比例的符合较高排放标准的产品，而其余产品则必须达到较低的排放标准。随着时间的推移，零排放产品的价格将逐步下降，供应量也将逐渐增加，届时政府就可以在不增加成本的情况下提高符合较高排放标准的采购比例。

拆分并不能取代对政采标准的逐步收紧。拆分所规定的较低排放标准应逐渐变得更加严格，从而推动中等排放技术的渐进式提升，或促使供应商转向零排放技术。最终，较高和较低的排放标准可能会趋于一致，从而有效地结束拆分。

10.3.3　预先市场承诺

预先市场承诺（advance market commitment）是一种针对未上市产品的政策机制。在这种机制下，政府承诺将在未来购买一定数量的产品，条件是该产品能够实现商业化并达到政府设定的技术基准。例如，政府可能会承诺，只要钢材制造商达到一定的碳排放或能效目标，就会以特定价格购买一定量的零碳初级钢。与拆分一样，预先市场承诺旨在激励那些真正具有革命性但尚未商业化技术的发展，如熔融电解炼铁、氢直接还原铁和新型水泥等。

拆分与预先市场承诺的主要区别在于，预先市场承诺需要进行谈判，确定政府将在未来某一时间以怎样的价格和采购量从特定制造商处采购产品，而拆分则只会确定出适用于所有制造商的较高和较低标准，不保证具体的采购价格，并可能持续多年。

预先市场承诺一度是各国政府用来应对新冠肺炎感染的重要工具。各国政府承诺以特定价格从生产商处购买数十亿剂相关疫苗，前提是这些疫苗必须符合安全性和有效性基准并获得卫生部门的批准。

10.3.4　反向竞价

政府可以基于采购标准对所需材料进行招标并接受最低报价。这一过程被称为"反向竞价"，可以节省政府资金，并激励企业降低其低碳和零碳生产工艺的成本。政府可根据竞标方案的排放量优于采购标准限值的程度，在评标中按比例给予加分，从而体现其对成本效益和环境绩效二者的兼顾和重视。

10.3.5　案例研究

Ali Hasanbeigi、Renilde Becqué 和 Cecilia Springer 三位研究人员发布了一组关于政府绿色采购项目的详细案例研究，涵盖 22 个国家和地区、5 个城市以及 3 个国际组织[22]。他们发现，荷兰的方案是政府绿色采购最佳实践的典范，尤其是在建筑材料方面。荷兰于 2005 年制定了首套政府绿色采购标准和目标，并于 2012 年正式立法。该方案涵盖了 7500 个公共机构实体，包括中央政府、省、市和区水务局，并为 45 个产品类别设定了相关标准。标准每年审查一次，并根据需要进行更新。截至 2013 年，59% 的受访政府实体表示在实际采购中始终采用政府绿色采购标准，31% 有时采用，10% 从未采用（未采用政采标准的大多数为 5 万欧元以下的采购项目；符合政采标准中的 94% 为 5 万欧元及以上的采购项目）[23]。

荷兰的做法有两点特别值得注意。首先，荷兰政府开发了一套名为 DuboCalc 的软件工具，该工具可根据一系列环境标准（包括气候变化影响）对每个基础设施投标方案进行评估并打分。这样，政府官员就可以轻松比较各个投标方案的环境绩效。私营公司也可使用该软件来了解如何改进自身投标方案[24]。

其次，荷兰政府的绿色采购方案除设定最低绩效标准外，还会在评标中为表现优于这一标准的项目提供奖励，根据项目的环境绩效优异程度来等价扣减其投标报价。政府会选择在实行扣减后报价最低的投标方案，这样的实际效果就是，比起价格较低但环境绩效较差的方案，政府最终往往会选择那些价格稍高但环境绩效更好的项目。这就激励了企业在限制成本的同时进行创新，超越标准[25]。

10.4 有助于实现零碳工业目标的标准和政府绿色采购

标准是对经济政策的重要补充。通过克服阻碍经济政策发挥效力的市场障碍，标准不仅能推动目标的实现，而且因不易引起消费者注意，从政治方面更容易实施。标准可以激励企业持续创新（提高性能、减少污染、降低能耗），而需政府出资为性能更好的设备提供补贴或优惠，也不必向企业额外征收税费。

在设计标准时，应明确公开一个公式，说明未来标准如何以特定方式自动收紧。这将使制造商清楚未来将面临的要求，并减少标准受到政治干预的风险。此外，采用可交易的销量加权标准可以提高制造商的灵活性和遵守意愿。尽管这种方法会增加一定的行政管理复杂性，但对于监管范围较小的行业，如工业设备制造以及钢铁、水泥和化学品制造，这种代价是可以接受的。

政府绿色采购政策是一种适用于政府出资采购活动的特定标准。对于一些尚不具备价格竞争力的清洁技术，政府可以通过采购决策促进其商业化和规模化。与约束市场准入的标准相比，绿色采购政策更适合技术生命周期的早期阶段。通过拆分合同或预先市场承诺等调整机制，政府可以支持处于不同性能水平的技术，推动市场多样化。

经济政策（详见第 9 章）和标准主要关注清洁技术的商业化及相关市场趋势，即市场上以什么价格销售哪些技术。这些问题虽是清洁工业转型的核心，但政策制定者不能止步于此，还需考虑如何促进新技术在实验室研发、产品生命周期结束后的处理，以及如何评估企业环境绩效和政策履约情况。下一章将讨论能够填补政策空白的机制。

第 11 章 研发、信息披露及产品标识、循环经济政策

经济政策（详见第 9 章）和标准（详见第 10 章）并不是政府加快零碳工业转型的唯一途径。政府还可以支持公共或私营机构开展相关研发（R&D）工作，强制进行温室气体排放监测和信息披露，建立强制性或自愿性的绿色产品标识体系，并通过诸如维修权和生产者责任延伸立法等措施促进循环经济的发展。

11.1 研发支持

当今经济受到许多技术的支撑，而政府支持在这些技术的开发中发挥了举足轻重的作用。各种技术的开发（和进步）都离不开政府出资开展的研究工作（可能在政府运营的实验室中进行，也可能在私营实验室中进行）；其中一些重要技术包括互联网、全球定位系统、触摸屏、人工智能和语音识别、水力压裂（用于天然气开采）、发光二极管、基因测序、疫苗、首批抗逆转录病毒药物、加速度计、天气雷达，以及核能、风能和太阳能发电技术等[1]。通常情况下，政府会在一项技术的生命周期早期持续多年为之提供支持，这是因为私营企业的投资者往往要求在几年内就能获得经济回报，因此技术往往要在发展比较成熟的阶段才能吸引到社会投资。例如，太阳能电池板（又称"太阳能光伏组件"）在政府资金的支持下经历了数十年的发展和成本下降，直到 21 世纪末才展现出重要的商业价值（见图 11.1）。如果没有政府的研发支持，人们可能到现在都还不清楚太阳能光伏系统是否可以或者何时才能从一项小众应用，发展成数百万个家庭使用的具有成本竞争力的设备。

第 11 章　研发、信息披露及产品标识、循环经济政策

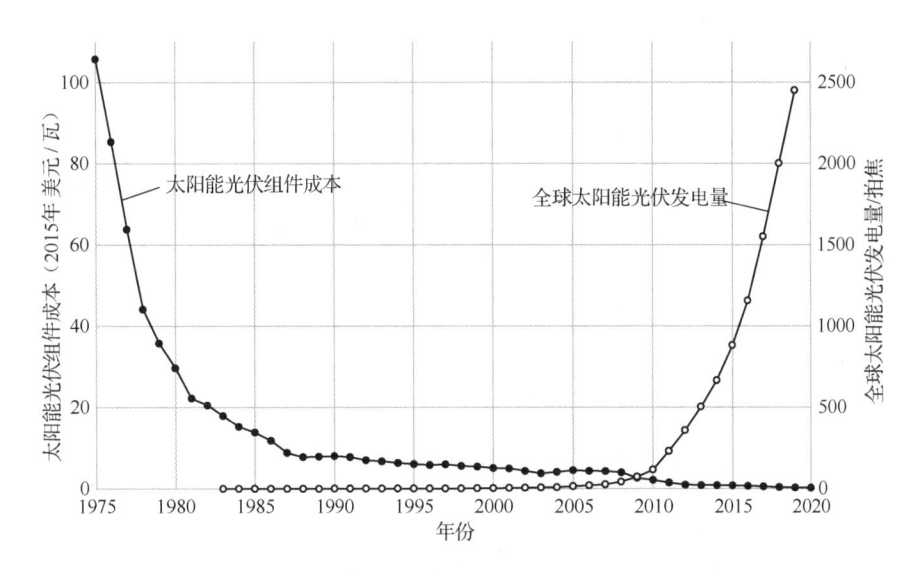

图 11.1　1975—2020 年太阳能光伏组件的成本和发电量

注：太阳能电池板依靠政府数十年的研发支持降低了成本，随后才开始大量吸引私营企业投资。

资料来源：国际能源署，"世界能源平衡数据服务"，2023 年 4 月更新；国际能源署，"1970—2020 年太阳能光伏组件成本演变，按数据来源划分"，2020 年 7 月 2 日。

政府的研发支持对于清洁制造技术的开发和商业化同样至关重要。关键的支持手段包括财政支持（通过直接开展研究、建立公私合作伙伴关系、赠款等）；协调各种研究工作；为企业获得科学、技术、工程和数学领域的人才提供便利；完善的专利保护制度。

单个国家的研发投资可以实现惠及全世界的技术进步。例如，20 世纪 70 年代，由于美国政府的相关支持计划和太阳能研究所（后更名为美国国家可再生能源实验室，即 NREL）的成立，使太阳能光伏研究集中在美国[2]。虽然这使美国太阳能光伏在早期处于全球领先地位（截至 20 世纪 80 年代初，美国太阳能市场占全球太阳能市场 85% 的份额），但其研发投资所造成的技术成本下降，最终也促使其他国家的太阳能产业实现了蓬勃发展[3]。同样，德国在 2000 年为太阳能制定了创新性的上网电价补贴制度，促进了技术进步和全球光伏成本下降。

由于全球技术传播，并非每个国家都需要完全采纳本节中关于研发的各种政策建议，这些建议大多针对拥有完善的研发基础设施的国家。

11.1.1 政府实验室

拥有国家实验室或类似实验室设施的政府可以直接对具有重要社会意义的技术开展研究。政府实验室的能力往往有限，所研究的技术通常服务于应对气候变化以外的社会目标（如公共卫生和国防），因此政府必须谨慎选择将哪些清洁制造技术作为政府直接研究的对象。一般来说，具有以下特点的技术最适合开展政府直接研究：

- 可以减少大量温室气体排放。
- 远未达到商业化程度，无法吸引社会投资。
- 具有明确的商业前景。
- 对许多私企，特别是不同行业的企业而言具有吸引力。
- 需要依靠大型或高度专业化的实验室设施进行研发，超出了私企研发部门的能力范围。

美国（前）先进制造业办公室（U.S. Advanced Manufacturing Office，现重组为工业效率及脱碳办公室和材料技术办公室）开展了 16 项"能源带宽研究"（bandwidth studies），针对钢铁、化工、水泥、铝、炼油和玻璃等制造业行业，评估了各种正在研发中的技术的潜在节能效果（遗憾的是没有评估温室气体减排效果）[4]。这类研究可以为政府实验室的项目选择提供有用的参考依据。

政府可以推动前景好的技术沿着自身的学习曲线（此处指技术成本随技术成熟度提高而下降的曲线）进行发展，这样的支持有可能持续许多年，然后再以较低的价格对成果技术的知识产权许可进行授权。随着成熟技术的竞争力增强，私企将主导产业化进程，并在政策扶持的基础上将技术推向新的方向。

政府运营的实验室的典型例子包括美国能源部的各个国家实验室、法国国家科学研究中心（CNRS）的各个研究所，以及中国科学院运营的各个实验室。上述每个实验室网络都会针对技术的各个发展阶段开展研究，包括基础科学、早期技术，以及商业化技术的渐进式改良（通常与私企合作进行）。

11.1.2 合作研究

一旦一项技术成熟到足以引起产业界的兴趣，就可以通过公私合作研究这一有力机制来帮助其进行商业化并占领市场份额。参与合作研究的伙伴可以是政府实验室、制造商和/或学术机构。每类合作伙伴都会为研究带来特定的优势。

- 政府实验室拥有丰富的技术知识、专业的人员和昂贵的设备。政府还可以为其提供资金支持（见后文的"赠款和委托研究项目"部分），从而为私营企业的合作伙伴降低项目风险。

- 制造商对市场及其产品需求有着深刻的了解，并且很清楚应该如何经济高效地将一项技术应用到实际生产中。

- 学术机构比政府实验室更加多样化，而且从总体（而非个体）上看能力更全面，因此能够开展更广泛的课题研究，并且通常成本更低。此外，与大学合作研究有助于培养学生的相关技能，并能促使企业聘用相关领域的优秀毕业生[5]。

私营企业的研发负责人对与国家实验室的合作态度积极。例如，美国发动机制造商康明斯公司的前首席技术官约翰·沃尔（John Wall）介绍了康明斯公司与桑迪亚国家实验室合作的情况。沃尔认为，桑迪亚国家实验室的燃烧研究设施是发动机研究和设计的巨大财富，但康明斯公司无法独立承担这样一个设施的建设、人员配备和运营费用。因此康明斯公司与桑迪亚国家实验室签订了合作研发协议，承诺双方各承担一半的费用，明确了知识产权归属，并营造了一个能够充分发挥双方优势的合作环境[6]。

合作研究涉及成本分担和知识产权归属协议。如果某家合作企业要求独占产出技术的知识产权，该企业可能需要承担更多的前期研发投资成本。相反，如果协议允许广泛授予产出技术的知识产权，参与企业则可能免费获得授权，并承担较少的前期研发投资成本，因为部分研发费用可以通过向其他企业授予技术使用许可而收回。

11.1.3 独立研究机构

政府可以建立或资助（独立或准独立）研究机构，委托这些研究机构开展研究项目，并与私营企业合作。独立研究机构通常与政府实验室网络中的机构类似，但前者拥有更高的政治独立性，其预算主要来自合作研究和技术许可使用费，而不是政府拨款。

著名的例子是弗劳恩霍夫协会（Fraunhofer-Gesellschaft）——一个由德国境内76家应用研究机构（还有十几家其他国家的机构）组成的组织，拥有2.9万名员工，年度预算达29亿欧元。弗劳恩霍夫协会约30%的收入为德国联邦政府和各州政府提供的"基本资金"，其余70%则来自委托研究项目[7]。弗劳恩霍夫协会开发了多种技术，包括许多与制造业相关的技术，如生产和利用绿氢的系统、高效变压器、生物塑料和绿色甲醇[8]。

另一个例子是美国国家制造业创新网络（Manufacturing USA），一个由16个研究所组成的准独立网络。该网络与1920个合作单位（61%为制造商，24%为学术机构，15%为政府实验室或非营利组织）建立了研究合作关系。每个研究所都由美国联邦政府的一个部门赞助。美国国家制造业创新网络每年的预算约5亿美元，包括政府资金和社会资金[9]。其他受政府和私营企业共同支持的研究机构还有美国的三角研究所和西南研究院。

11.1.4 赠款和委托研究项目

政府除运营实验室和开展合作研究外，还可以向私营企业或学术机构支付费用，支持开展特定主题的研究。例如，2019年，美国联邦政府和各州政府共为研发领域提供了1380亿美元资金（占该国研发投资总额的21%），覆盖了全社会基础研究投资总额的44%、应用研究的33%和开发支出的12%（见图11.2）。

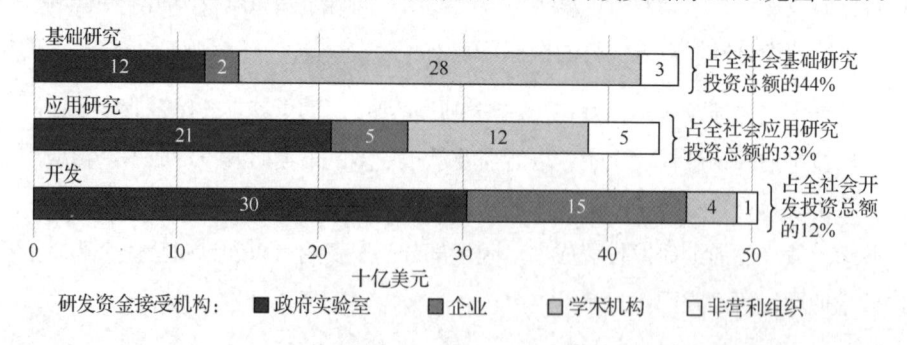

图11.2 2019年美国政府研发投资经费，按研究类型和受资机构划分

注：图中数据包括联邦政府和各州政府提供的资金。

资料来源：美国国家科学基金会，"国家研发资源分配：2019—2020年数据更新"，2022年2月22日。

第 11 章 研发、信息披露及产品标识、循环经济政策

尽管政府直接资助的资金只占企业研发费用的一小部分（在美国不到5%），但私营企业的研发负责人仍表示，赠款和委托研究项目是政府用来刺激私营企业开展研发的最重要的政策工具之一[10]。这可能反映了这样一个事实：在目前形成的研究生态系统中，商业公司可以从政府实验室和学术机构所开展的商业前研发中获益。

遗憾的是，在政府资金中，用于清洁制造技术的份额微乎其微。美国先进制造业办公室在 2022 年 10 月重组之前，是该国在联邦层面唯一专注于创新制造技术的实体，2020—2022 财年的年度预算约 4 亿美元[11]。如果用美国平均每个家庭的年支出（2019 年为 6.3 万美元）来类比该国在联邦层面上的年支出，那么按比例折算，用于先进制造业的联邦支出仅相当于 3.84 美元，比一个三明治的价格还要低[12]（为了反映美国工业升级的新方向，先进制造业办公室于 2022 年 10 月拆分为两个办公室来继续其工作：一个侧重于工业效率和脱碳，另一个侧重于先进材料和制造技术[13]）。个别国家在这方面的花费较多——例如，2020 年，德国联邦政府在新型材料和生产工艺等工业技术方面支出了约 16.6 亿欧元[14]。

清洁工业技术研发也可能得到气候、能源和清洁技术资助机构的支持，如加拿大可持续发展技术部（SDTC）、欧盟委员会的欧盟创新基金，以及美国先进能源研究计划署（ARPA-E）。例如，在 2020 年 4 月至 2021 年 3 月的财年中，加拿大可持续发展技术部向约 100 家加拿大企业支付了共计 1.46 亿加元，其中许多公司都在探索工业企业减排技术[15]。

尽管如此，相对于工业脱碳的重要性而言，政府对清洁制造技术的直接支持仍然很小。决策者应借鉴现有项目的成功经验，大幅增加该方面的资金投入。

11.1.5 协调研究工作

政府除为研发提供资金外，还可以作为协调者来帮助同一课题下的不同研究团队彼此建立联系，使他们能够分享研究发现、减少重复工作。为鼓励研究团队交流合作，政府可为多个团队联合承担的研究提供财政支持。例如，美国能源部的各个"创新中心"（Innovation Hubs）就是这样一类临时项目，旨在将政府、企业和高校的研究人员聚集在一起，共同研究一些特定的、棘手的技术问题。2010 年这些创新中心成立时，时任美国能源部部长朱棣文将其比作第二次世界大战时期用来开发原子弹的"曼哈顿计划"的缩影。不同之处在于这些

创新中心的目标大多与脱碳有关。例如，其中一个创新中心旨在开发出一种成本效益较好的方法，用来将阳光转化为氢气和碳氢化合物燃料；另一个创新中心则致力于大幅提高化学电池的能量密度并降低其成本。这些创新中心均取得了不同程度的成功；21世纪20年代初期，该计划即将结束时，大多数创新中心已基本实现了自身目标，并取得了有益的技术进步。美国能源部已决定在原有的创新中心概念基础上再启动一系列新的研究中心[16]。

虽然上述各个创新中心（的协调工作）只是一个国家的例子，但研究方面的彼此协调也可以发生在国际层面。一个典型的例子是欧洲核子研究组织（CERN），该组织拥有23个彼此协调的成员国。

避免重复工作并不意味着在实现既定的技术或科学目标时，要将研发工作限制在单一的路径上。相反，研究人员最好各自寻求不同的方法，因为人们事先可能并不清楚哪种方法能更快地实现目标，或者哪种方法最终的成本更低、性能更好。不同研究团队间有力的协作和知识共享可以使其免去那些无法为研究增值的重复工作，而在多种方法都显示出应用前景时分头采用不同的方法进行研究。

11.1.6 获得科学、技术、工程和数学领域的人才

研发的成功离不开资深的科学家和工程师。在当今经济日益依赖创新和技术驱动的背景下，技术人才的竞争愈发激烈。美国某些企业的研发负责人在访谈中普遍提到，科学、技术、工程和数学（science, technology, engineering, and mathematics，STEM）领域优秀人才的短缺是主要障碍[17]。他们指出美国科学和数学教育存在不足，同时现行的移民制度限制了企业雇用非美国公民或永久居民的技术人才的能力，即使这些人才毕业于美国高校[18]。这一问题并非美国独有，许多国家在培养高技术劳动力方面同样面临挑战[19]。

政策制定者可以通过以下多种方式，借助教育系统促进STEM人才的培养。

- 在小学、初中和高中阶段提供扎实的科学教育和数学教育。这需要政府为公立学校提供慷慨、公平的资金；为教师制定严格的标准并提供高薪；制订计划帮助后进生取得成功；制订计划帮助成绩优秀的学生继续迎接挑战。政府相关计划应该确保以往相对弱势的群体能够从高质量的STEM教育和相关机遇中获益，从而促进社会公平（详见第12章）。

- 支持实施职业技术培训和学徒制。第 12 章中会详细讨论这类项目及其在德国的普及和成功。

- 发展一流的研究型大学。这不仅需要开展 STEM 教学,还需要为学术实验室的研究及其与产业界的合作提供资金。许多国家已经成功创建或正在发展一流大学。例如,沙特阿拉伯、埃及、中国、马来西亚和巴基斯坦等国的大学在国际大学排名(基于大学的教学、研究、论文引用、吸引国际学生和教师的能力,以及与产业合作的水平)中上升最快[20]。

- 政府可以为从本国大学毕业的国际学生(尤其是硕士和博士)提供永久居留权,并附加一定条件,如要求毕业生获得工作机会,或者限定其工作领域为科学、技术、工程和数学领域以及其他人才紧缺领域。如果一个国家花费数年时间培养科学家或工程师,却迫使他们离开,无异于自我设限[21]。

在移民方面,国家可以采用计分制,为有能力为相关行业做出贡献的人群提供移民便利。例如,加拿大的联邦技术工人(移民)计划(Federal Skilled Worker Program)就会根据移民申请人的英语和法语技能、教育背景、工作经验、是否达到工作年龄,以及申请人是否已在加拿大找到工作等因素为申请人打分,并判定其是否可以移民加拿大[22]。

上述这种围绕雇主需求而设计的制度不应成为唯一的移民机制。政府还应设计其他移民资质判定体系来满足其他类型的移民需求,如亲属移民、难民和政治庇护移民等。加拿大的例子表明,这些目标并不一定相互冲突;该国在容纳多元化人群和为难民提供庇护方面处于全球领先地位,同时也满足了本土雇主对引入 STEM 人才的需求[23]。

11.1.7 专利保护

发明新技术或新方法的个人或企业可以申请专利,即一种由政府授予、可在一定期限内(在世界贸易组织成员方为二十年及以上)独家使用和授权发明许可的合法权利[24]。如果没有专利保护,任何企业都可以在其产品中使用发明企业的创新成果,从而削弱企业进行研发投资的积极性。因此,如果能够建立一个国际互认、严格执行的专利制度体系,其价值是显而易见的。

不易察觉的是,专利本身也可能会扼杀创新。专利审查员的工作量往往很大，而处理每项专利申请的时间却很少，因此他们肩负着一项几乎不可能完成的任务：确保其批准的每项专利申请所描述的都是一份新颖、独特、可获得专利的创新[25]。目前市面上的专利数量众多（见图11.3），有些专利描述还非常宽泛或模糊，以至于没有人知道现有专利中都申明了哪些特征，而且只要尽力去找，往往都能在已有专利中找到与新专利申请的相似之处，从而会对新专利申请的有效性或范围产生限制[26]。这就导致产生了许多问题。

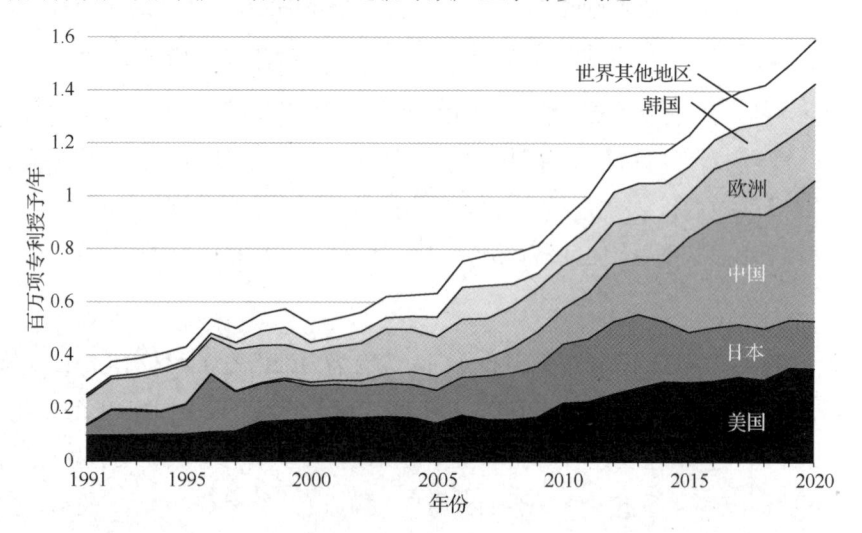

图11.3　全球各地区1991—2020年被新授予的专利数量

注：该图显示了各地区每年被新授予的专利数量。大多数专利的有效期约为二十年，因此现存有效专利的总数要比图中高得多（2020年全球有效专利数量已达近1600万项）。

资料来源：世界知识产权组织，"世界知识产权组织统计数据库"，2023年2月更新。

首先，在某些领域，企业如果想要搞清楚一个新创意是否已被现有专利覆盖，所需要付出的成本常常令人望而却步。因此，在实践中，企业只会在有限的范围内自查是否存在侵权行为，在诉讼风险与已有专利搜索成本之间进行权衡[27]。

其次，一些公司被称为"专利主张实体"（patent assertion entity，PAE），也被称为"专利海盗"或"专利流氓"，它们已经将专利作为一种武器。美国赛仕软件公司的一位高管描述了PAE的商业模式：

"专利海盗会在那些倾向于保护专利诉讼原告的司法辖区注册……从已倒闭的公司或不想再保留专利的公司购买专利。专利海盗公司自身不雇用员工，不从事研究，甚至不应用也从未打算应用其购买的专利发明。然后，专利海盗会向目标公司发起专利索赔或法律申诉。之后，为了迫使被告公司寻求和解，专利海盗会提出，对凡是该公司人员经手的以及可能与涉诉专利有关的所有电子文件进行大规模、高成本的取证……在最近的一个案件中，我们需要收集的电子文件数量超过了一千万份。SAS软件公司赢得了该案的即决判决（summary judgment），目前正在向联邦巡回法院上诉。到目前为止，这个案件（仅律师费一项）已经花费了超过800万美元[28]。"

虽然有些PAE将矛头对准大公司，但大多数PAE针对的是小公司。一家PAE可能会向数百家从事其专利相关领域工作的公司提出索赔，但它们并不了解这些公司的具体产品。PAE知道，大多数（95%~97%）受到威胁的公司都会选择和解，因为不和解的代价非常高昂：选择打官司的被告公司必须支付大量的律师费，使其员工投入大量的时间；而且在诉讼期间（通常为一至三年），可能会被禁止在涉诉产品上创新，否则会被法院视为"故意侵权"，届时如果法院认可了PAE的专利主张，"故意侵权"行为会进一步增加被告公司的损失[29]。在极少数最终走到法院判决阶段（而没有和解）的案件中，PAE的记录很惨淡：只赢得了9%的诉讼。这反映出大多数PAE诉讼都是无意义的[30]。

专利诉讼的问题并不止存在PAE。由于已有专利数量众多，而且产品/技术创新需要与现有的软件和设备实现互操作性，因此公司在某些领域的创新几乎不可能完全不侵权。大公司已经学会了如何保护自己，即购买成千上万项专利，一旦遇到任何打算以专利侵权起诉它们的企业，就发起反诉。这往往会阻止非PAE企业提起专利侵权诉讼，因为它们将面临巨额的法律费用，并可能因反诉而给自己的产品带来风险。然而，新成立的小公司无法通过购入大型专利组合来发挥可靠的威慑作用，因此它们可能会被迫支付专利许可费或应诉，甚至被更大的公司收购。

本节涉及的大部分统计数据反映的是美国的情况，但所述问题并非美国特有。例如，中国为了打击该国专利流氓企业的增加和其他形式的专利权滥用，修订了专利法[31]。

政策制定者和企业可以利用一些工具来确保专利权正确发挥作用，促进和激励创新：

- 专利局的专利授予应只针对具体的实施应用，而不针对创意或通用方法。例如，专利应该覆盖的是利用电力制造零碳钢的某一种具体方法，而不是"利用电力制造零碳钢"这一思路。

- 政策制定者应建立一套高效程序，使专利侵权诉讼中的被告可以要求专利局重新审查涉诉专利是否有效。这样一来，专利审查员就能将有限的精力集中用于复审那些会对诉讼结果产生重要影响的专利，同时也为创新型企业提供了一种在经济上可以负担的途径，使其免受PAE利用不当授予的专利对其施加的侵害[32]。政策制定者应考虑对专利复审的申请者进行资格限定（如仅限于诉讼被告），以防止"反向专利流氓"的兴起；"反向专利流氓"是指威胁要对受害公司的专利提出专利无效申请，从而对其进行敲诈的实体[33]。

- 美国联邦贸易委员会建议修改处理专利纠纷的法律程序。其中包括修改有关证据开示的规则和时间；要求法院在PAE同时对某产品的制造商、消费者或使用者提出侵权指控时，优先审理对制造商的诉讼；要求原告明确告知哪些产品涉嫌侵犯了哪些专利权[34]。

- 非营利组织电子前沿基金会（EFF）的建议更进一步。EFF建议，原告应在提起专利侵权诉讼时缴纳一笔保证金，并且如果败诉就要负责支付被告的律师费。EFF还建议给予产品/服务的最终使用者豁免权，即只有生产实体才能因涉嫌专利侵权而被起诉；建议禁止使用空壳公司来隐藏PAE行为的实际受益人[35]。

- 企业可以加入专利共享团体。其中一个广受欢迎的团体是"转让许可网络"（license on transfer network，又称LOT网络）。该网络的成员企业同意在其任意一项专利被PAE收购时，自动向网络内的所有其他成员企业授予该项专利的使用许可，从而使该专利对PAE企业而言毫无价值，但却完全保护了网络成员企业的专利权[36]。还有一些专利池，由第三方收购大量专利并提供给成员公司作为防御，包括对起诉成员公司的非成员公司提起反诉[37]。

人们可以通过合理的设计，构建出一个既能为专利提供有力保护，又能防止专利权滥用的专利制度。政策制定者应牢记这两个目标，寻求双赢的解决方案，选择性地抑制专利权滥用行为，同时确保各个企业拥有有力的工具，来防止真正意义上的专利侵权。

11.2 排放信息披露及产品标识

政府可要求企业确定其活动产生的温室气体排放量，并公开通报相关信息。这类信息披露要求可以通过以下几种机制来加速工业脱碳。

第一，面临排放信息披露要求的企业必须了解其排放的来源，这通常需要对用能设备和工业过程的各个步骤进行审核与计量。这种审核通常能为企业找出成本效益较好的节能方法。因此，排放信息披露要求会推动企业进行能源和碳排放审计，而如果没有此类政策，企业可能并不会将其作为优先事项（详见第4章）。这也是温室气体报告要求能够使企业受益的一种方式。

第二，准确报告温室气体排放量可以助推其他政策的实施。例如，温室气体排放报告有助于政府确定企业在碳定价政策下的法律责任，判定企业是否遵守了温室气体排放标准，以及其产品是否符合政府绿色采购项目的要求（详见第9~10章）。公开披露这些信息（而不是只向政府监管机构披露）有助于公众核实该企业是否遵守了相关法律，并促使相关部门针对违规企业采取执法行动。

第三，由于公众和政府日益认识到各行业脱碳的必要性（以及根源上的问题——气候变化对企业和经济造成的损害），企业对高排放工艺的依赖已经逐渐成为它们的一种财务负担。上市公司的投资者有权获得关于这些公司的全面准确的风险披露。排放披露要求能够为投资者提供相关数据，以便其做出明智决策。这有助于上市公司在追求"增加股东价值"目标的同时，符合人们"保持气候宜居"的长远需求。

第四，具有环保意识的购买者（包括消费者和企业）可以利用披露的信息，使自身的消费支出流向那些影响排放较小的公司。

第五，要求企业完整、准确地披露环境信息可以打击"漂绿"行为。即企业把经营行为或产品包装成是环境友好的（例如，使用"绿色""生态友好""天然""可持续"等字眼），却不提供相应的环境效益。媒体可以提醒大众关注企业营销口号与披露数据不符的情况，从而促使企业为了落实其营销口号而达成真正的环境绩效。

11.2.1 信息披露组织

为了确保不同行业和国家的各个公司在温室气体排放量方面的准确性和

可比性，温室气体的测量和报告必须符合国际标准。碳信息披露项目（carbon disclosure project，CDP）是负责管理环境信息披露的主要机构，是一家成立于 2000 年的非营利组织，在全球各地均设有办事处。CDP 与企业合作，帮助他们准确披露自有设施（"范围一"）排放量、外购电力和热力（"范围二"）排放量，以及供应链（零部件和材料供应商）产生和购买者使用其产品产生的（合称"范围三"）排放量。CDP 的计分方法能够反映出排放影响最大的因素，用字母等级来体现企业的排放水平，并能帮助企业明确可以改进的方面。全球超过一万三千家公司通过 CDP 来披露排放数据。

CDP 是用于披露排放信息的主要数据中心，但并不是唯一负责制定气候相关信息披露标准的组织。其他可以制定披露标准的组织包括气候相关财务信息披露工作组（the task force on climate related financial disclosures，TCFD）、国际可持续发展准则理事会，以及全球报告倡议组织。例如，TCFD 建议企业披露的信息为："范围一""范围二"和"范围三"的排放量；企业计划如何应对气候相关的风险；企业的气候相关目标，以及这些目标的进展[38]。

"科学碳目标"倡议（science-based targets initiatives，SBTi）就是一个与设定气候目标相关的组织。CDP 帮助企业披露其在当前的排放量，并了解自身排放相对于客观基准而言的表现水平，而 SBTi 则帮助企业为未来减排设定可核查的目标。SBTi 要求企业减排目标符合全球 1.5℃温控场景（该组织早前曾接受过符合 2℃温控场景的目标）。所有参与企业必须设定"范围一"和"范围二"的排放目标；对于"范围三"排放量占其"范围一"至"范围三"排放总量 40% 及以上的企业，还必须设定"范围三"的排放目标。SBTi 工作人员会根据详细的技术标准对各公司的排放目标进行审核，以确保其有效性和方法学的可靠性，这些技术标准包括为十几个行业分别定制的行业标准[39]。截至 2022 年初，已有一千三百多家企业的排放目标获得 SBTi 批准，另有一千五百多家公司公开承诺将在两年内设定相关目标并通过 SBTi 审核[40]。

11.2.2 自愿披露和强制披露

直至近年，大多数公司进行排放披露是因为对自身的环境表现感到自豪，或者是迫于利益相关方的压力：680 多家大型（机构）投资者（管理资产总额超过 130 万亿美元）和 200 多家大型买方机构（总购买力达 5.5 万亿美元）都在敦促各相关公司披露自身排放量。然而，越来越多的政府已经开始强制要求企业披露其温室气体排放量和与气候相关的风险。比起自愿性的温室气体报告要求，强制报告更为公平，因为它会对所有公司都施加类似的报告成本（也给予类似的机会），为投资者和客户提供完整的信息，为清洁技术引领者提供奖励，并防止高污染公司隐瞒其环境影响。

2022年4月，英国成为二十国集团（G20）中第一个开始执行强制性温室气体报告要求的国家。在英国注册、雇员超过五百人、收入超过五亿英镑的所有企业（超过1300家公司）都必须按照TCFD的建议来报告其气候影响[41]。新西兰早在2021年就已经颁布了相关报告要求，并于2023—2024年逐步实施[42]。日本要求大型企业在2023财年后开始报告其排放量[43]。欧盟的相关报告要求将于2024—2028年逐步实施[44]。

美国证券交易委员会于2022年提出了一项规则，拟要求所有上市公司披露与气候相关的风险及其"范围一""范围二"的排放量（对于"范围三"排放"显著"或设定了"范围三"排放目标的公司，还需报告"范围三"排放量）。巴西、新加坡和瑞士等国家也即将实施温室气体排放报告相关要求[45]。

11.2.3 产品标识

产品标识是指在产品包装上和数字化的商品详情中说明产品的环保性能。在全球范围内，用于披露汽车和家电等高耗能产品能效信息的标识非常普遍，如中国能效标识、美国能源指南（Energy Guide）能效标识和欧盟能效标签["能源之星"（ENERGY STAR）等针对先进能效设备的认证项目中也可能包含关于产品标识的组成部分]。然而，这些标识并不披露产品生产过程中产生的碳排放。产品标识则必须披露这些"隐含排放"（embodied emissions），才能有助于工业脱碳。隐含排放标识不仅适用于用能设备，还适用于许多工业产品。

通常，制造产品所涉及的大部分排放发生在其原材料的生产过程中。后续加工工序（如最终装配）需要的能源通常相对较少，产生的排放也很少。因此，仅披露"范围一""范围二"排放量的标识用处不大，因为最终产品的制造商和销售商通常并不是产品原材料的生产商。产品标识项目必须要求企业披露与产品相关的所有排放量，即"范围一"至"范围三"的排放量，这样产品标识才能为消费者提供有益的指导。如果要求供应链中的供应商对其产品进行排放标识，那么供应链中的其下一家公司在进行标识时就会更容易，因为每家公司都可以在自己的排放核算中使用其供应商标识中提供的数据。例如，汽车制造商在核算车辆产品的"范围三"排放量时，可以使用所购钢铁产品标识说明的数据。

产品标识应使用科学合理并由政府指定的统一方法学来进行排放量核算；方法学最好以国际标准为基础，并与 CDP 报告的方法学兼容。不符合上述标准的产品标识和声明应予以禁用。目前，各种消费品上的生态标识有四百五十多种，其中大部分都不能为消费者提供有意义的指导，因为目前没有任何可以对这些标识所声称的内容进行规范的标准或进行验证的机制[46]。有些标识是由行业组织设立的，门槛较低，可以通过传统的商业行为来达成。太多大同小异的标识会助长"漂绿"现象，从而使那些真正采取脱碳措施的公司反而无法因此获得赞誉。

政府如果能够建立起一个完善的产品标识系统，将有助于表彰那些环保表现突出的企业，引导企业和家庭消费者选择更环保的产品，并为企业和地方政府实施绿色采购政策提供便利。

11.3 循环经济政策

循环经济是指在产品生命周期的每个阶段都最大限度地有效利用产品，包括延长产品寿命、建立产品共享系统、鼓励二手产品转让、进行产品的翻新和再制造，以及回收利用等。在产品生命周期的每个阶段都可采取一些具体的循环经济政策。

11.3.1 维修权

延长产品寿命中的一个方面是设计可维修的产品。第 5 章讨论了为什么制造商有时会故意将其产品设计得难以维修甚至无法维修，以及他们具体是怎样做的。为此，人们对维修权立法的关注与日俱增；这类立法旨在规范企业行为，对它们阻挠产品所有者自行维修产品的做法加以限制。维修权立法致力于要求设备制造商以公平合理的方式，向产品所有者和独立维修店提供相关的文件、零件和工具（包括故障诊断软件和固件），并提供解除（和重置）各种安全锁或防护功能所需的全部信息和工具。

维修权立法规定制造商必须在一定期限内提供与产品维修相关的零部件和软件。例如，欧盟相关法规针对电器的规定期限为 10 年，电子显示屏为 7 年；而美国加利福尼亚州规定，如果电子产品和电器的批发价为 50.00～99.99

美元，制造商为其提供零部件和软件的期限为 3 年，100 美元及以上的则为 7 年[47]。维修权立法还规定，产品的拆卸和重新组装只需使用标准化的非专有工具，并且在条件允许的情况下，产品各部件应通过可逆方式连接，而不是焊接或黏合在一起（这也有利于产品再制造和循环利用）。

欧盟和美国几个州已经颁布了维修权立法，其中最全面的是美国罗德岛州的立法[48]。根据美国于 2021 年颁布的一项相关行政命令，该国联邦贸易委员会已开始考虑在国家层面上制定针对农业设备和电子产品的维修权法规[49]。法国于 2020 年颁布的循环经济法要求产品在标识上注明"可维修指数"（0～10 分），该指数旨在反映产品在维修说明文档、拆卸、备件可用性和其他细节等五方面的水平（并于 2024 年将评估范围扩展到耐用性指标）[50]。

11.3.2　生产者责任延伸

生产者责任延伸相关法律规定，制造商应对其产品在消费后阶段的再利用或处置承担部分或全部责任。这类法律通过将产品处置责任从消费者转移到制造商，可以激励制造商设计出使用寿命更长、更易于再利用的产品；为其产品建立二级市场；从设计上使其产品的各种原材料更容易彼此分离，同时使用更易于回收的材料，从而整体提高产品的可回收性。生产者责任延伸制所使用的主要方法为以下几种[51]。

- **回收计划**。制造商（或制造商联盟）可以收集消费后的产品，以便进行再利用、回收或适当处置。回收计划的机制应尽量简单，方便消费者；产品包装（或产品本身）应注明本产品不应放入生活垃圾中，并提供关于如何将产品送回回收点的说明。回收计划最常用于危险废弃物，如电池和电子产品，但也可以用来覆盖其他产品，尤其是含有大量高价值材料的产品，如车辆和电器。

- **处理费预付制**。如果产品含有有害物质或难以回收的材料，或者其本身难以拆卸和回收利用，则相关部门可以在产品售价的基础上加收一笔处理费。这样的机制能够推动生产商提高产品的可回收性，以避免收费。而要影响消费者的行为，就必须让消费者清楚地看到这项费用，因此应将其纳入产品广告宣传的价格中，而不是在结账时加收。

- **押金退还制度**。押金退还制度最常用于饮料容器回收，即预先向消费者收取一笔处理费（押金），待消费者将容器送回到回收点（如杂货店）时再予以退还。商店是中间人：商店将收取的押金转给生产商，再由生产商支付商店垫付给消费者的押金退款（对于消费者将饮料容器放置在路边回收站的情况，生产商将付款给废弃物管理公司，并由废弃物管理公司通过降低消费者每月的垃圾处理费的方式将相关收益转移给消费者。考虑到消费者送回的容器中，除符合退款条件、是由特定制造商生产的容器外，可能混有在材料组成上与之类似的其他容器，在支付押金退款时，可以不必对其进行区分，而是按一个较低的单位重量"合并"费率进行支付[52]）。押金退还制度已证实能显著提高饮料容器的回收率，例如，美国有八个州的回收率达到了 70%~90%[53]。然而，当消费者不将容器送回时，这种机制可能反而会给制造商带来意外盈利，因此一些地区要求制造商将无人领取的押金上交，用以资助政府项目[54]。

- **租赁**。可以鼓励制造商租赁而不出售产品，这样用户就有将产品归还给制造商的法律义务。例如，一些化工企业向金属零件制造商出租溶剂，并根据溶剂的使用时长或其清洗的零件数量进行收费[55]。政府可以通过建立工具、园艺设备等消费品的共享库（或扩大现有政府共享库的经营范围来囊括这些物品）来促进产品借用。

11.3.3 扩大对回收材料的需求

供应侧提高产品回收利用的措施，取决于市场对回收材料的需求。因此，在供应侧实施生产者责任延伸制的同时，还必须制定相应政策来增加对回收材料的需求[56]。

- **原生材料税**。对原生材料（如从石油衍生而来的塑料）征税可以鼓励制造商使用回收材料，并在产品设计中考虑材料效率的因素。针对各种不同原生材料的税率可以根据材料回收的难易程度而定。例如，大多数美国居民所在社区的塑料回收项目只能回收 PET 和 HDPE 塑料（详见第 5 章），因此针对这两种塑料的原生材料税率应低于对其他类型塑料的税率。

- **回收成分标准**。这类标准可针对特定类型的纸制、玻璃和塑料产品及包装，规定其使用后再生成分的最低比例。例如，美国加州在 2022 年实施了一项规定，要求饮料容器所用塑料必须有 15%来自消费后回收材料，并计划到 2025 年和 2030 年将比例分别提高到 25%和 50%[57]。

第 11 章 研发、信息披露及产品标识、循环经济政策

- **政府绿色采购项目。** 政府可将消费后再生成分相关准则纳入自身的绿色采购项目要求中(详见第 10 章)。

11.3.4 禁止销毁积压库存和退货商品

大量未售出和退货商品即使在状况良好的情况下,也会被销毁或焚烧(详见第 5 章)。2020 年,法国成为全球第一个通过法律要求公司对其未售出的新产品(对健康或安全构成威胁的产品除外)进行捐赠而不用销毁的国家[58]。

政策制定者可要求商家对退货商品进行检查和分级(而不是未经检查就直接销毁),并对仍处于全新状态的商品进行转售或捐赠。对已经使用过的退货商品,应尽可能捐赠或回收利用,但对有些退货商品则可能需要丢弃(如不可回收的破损物品)。

11.3.5 针对一次性物品和包装的限制及收费

政府可以对某些一次性物品发布禁令,或要求这些物品必须由易回收材料制成。例如,许多城市的政府已经禁止人们使用一次性塑料购物袋,并要求商店向购物者有偿提供纸质购物袋。法国 2020 年的循环经济法禁止人们使用一次性的吸管、搅拌棒和餐具,以及聚苯乙烯餐盒,并禁止商家向顾客提供免费的塑料水瓶,以及为水果和蔬菜提供塑料包装[59]。

一次性物品和包装禁令的一项替代方案是对其收费。例如,2021 年,美国缅因州通过了一项法律,根据企业使用的包装类型和数量、包装中的回收成分,以及包装是否可重复使用等指标,向企业征收不同程度的费用[60]。

11.3.6 回收利用服务的可获取性和相关要求

许多国家开展产品回收利用的主要障碍在于相关服务的可获取性和使用率较低。如第 5 章所述,全球仅有 13.5%的固体废弃物得到了回收利用,许多国家的回收服务并未普及。即使在美国这样的高收入国家,2021 年也只有 60%的人口居住在可以使用路边回收服务的社区[61]。因此,提高回收率的一个关键就是确保居民能够使用便利的路边回收服务。这对多户住宅(如小区居民楼)尤其重要,因为与独户住宅(如独栋别墅)相比,多户住宅的回收利用服务覆盖率要低得多,尽管它们通常位于拥有大量垃圾处理基础设施的人口中心[62]。

使人们接入便利的路边回收服务，只是成功的一半。在一些社区，回收服务是可以进行预订的，而这些居民中只有30%会预订这项服务[63]。回收服务的预订率低，不仅会妨碍实现材料再利用的目标，还会削弱为城镇或社区提供回收服务的经济性。回收公司应将其服务范围内的所有住宅都自动接入回收服务。

最后，即使是接入了回收服务的居民，也不一定会使所有的可回收材料都进行回收利用。产品的回收率因材料而异，从33%到79%不等[64]。对那些能够使用路边回收服务的家庭，可以通过加强消费者教育和禁止将可回收材料放入不可回收垃圾箱等方式，提高材料回收率。

11.3.7 建造长寿命建筑物

循环经济的一个重要方面是延长建筑物的使用寿命。要做到这一点，开发商和地方政府的经济激励措施必须与延长建筑寿命的目标相一致。

在中国，建筑物的平均使用寿命为25至35年[65]，低于国际平均水平。

在许多国家，政府每年向建筑物业主征收房产税，用于为学校、警察和消防等政府公共服务提供资金。而中国没有年度房产税。在中国，基本上所有的城市土地都为政府所有，个人和企业可以拥有公寓或楼房，但不能拥有房屋所在的土地。地方政府通过向开发商出售土地使用权获得公共预算收入，开发商在该土地上进行建设，并出售由此产生的住宅、写字楼等[66]。根据用途的不同，售出土地使用权的有效期通常为40至70年；中国正在考虑允许土地使用权交易在有效期结束后自动续约或以较低的价格续约。

目前，地方政府可能会认为重建建筑符合公共利益，因此会下令拆除建筑物（甚至在土地使用权到期之前），并将土地使用权再次出售给开发商。在这种情况下，放弃房产的房主会得到经济补偿和/或其他安置。如果拟拆除的建筑是按照较低质量标准建造的、不安全或破败不堪的，那么对政府来说，这一过程会更容易，成本也更低，因为建筑的市场价值已经贬值。开发商通过建造和销售建筑物来盈利，因此原有建筑物的拆除和替换也会使他们从中受益。此外，政府希望为建筑工人提供工作和收入的愿望，会进一步刺激更多的拆迁和建设[67]（但这也会刺激农村土地向城市土地的转化，加剧城乡发展不均衡的问题）。

除经济激励因素外，还有其他原因促使中国建筑物被提前拆除。这些原因包括 20 世纪 80 年代以前普遍使用低水平的建筑设计、缺乏建筑维护以及中国城市结构的快速变化,这导致一些建筑在一二十年内就不再适合在原地保留[68]。

要延长中国建筑物的寿命,应先实施年度房产税,为地方政府的运行提供资金,同时限制地方政府对安全且结构良好的建筑物的征收权。与此同时,还应制定建筑法规,规定建造高质量的建筑,并对建筑的运营和维护进行监管。中国的开发商有能力按照高标准建造建筑,尽管在某些情况下可能需要对工人进行培训,并采购更高质量的材料。建筑质量的提高,加上现代化的建筑设计和精巧的城市规划,将确保建筑在几十年内仍然是理想和实用的。这些改进将为中国带来很多益处:避免频繁更新建筑存量带来的成本节约,降低温室气体和常规污染物的排放,以及社会和谐度的提升(因为拆迁可能引起公众不安)。

11.4 符合零碳工业目标的研发、排放信息披露和循环经济政策

政府对清洁工业转型的促进作用贯穿于相关技术产品的研发、商业化及其使用寿命结束的全过程。长期以来,政府一直支持实验室中的科技研发,应进一步通过政府实验室、研究补助金、合作研究和委托研究项目等形式,聚焦清洁工业技术研发。政策制定者可采取多种措施推动相关研究,包括协调政府与私营企业的研究工作,培养科学、技术、工程和数学领域的人才,并确保专利制度既能为发明创造提供保护,又不会被用于伤害创新型公司或妨碍研究。

排放信息披露政策和产品标识是强有力的信息传播工具,可帮助企业发现节能机会,影响消费者的购买行为,提高企业采用清洁工艺的积极性。同时,必须对工业领域的碳排放和能源使用情况进行监测,为政策执行提供基础。这些监测结果可用于评估企业是否符合排放标准,还可确定企业在补贴或碳定价政策下应获得的补贴金额或需缴纳的费用。由于无论如何都需要建立监测体系,排放信息披露和产品标识政策的实施几乎不会增加额外成本,却能带来显著益处。

循环经济政策旨在规范产品使用寿命结束后的处理手段,同时在产品设计阶段发挥关键作用。相关政策通过鼓励或要求制造商更多地使用回收成分、

选用更易于回收的材料、延长产品使用寿命、提高产品的可维修性和易拆卸性。产品的耐用性和质量水平的提高可以改善消费者的体验，并为消费者节省开支。

本书希望通过第 9~11 章为各国家和地区提供全面的政策工具，以推动其工业领域实现脱碳。但同时，还需确保所有的国家均能从工业可持续发展中受益，并在政策实施过程中保护弱势社区，使每个人都能共享就业和繁荣。下一章将探讨如何确保清洁工业转型促进人类发展，并让世界更加公平和繁荣。

第12章 公平与人类发展

清洁工业转型将对全世界人民的财富、健康和生计产生深远影响，尤其是对制造业仍在增长的中低收入国家（low- and middle-income countries，LMICs）而言。为了实现气候宜居，全球工业领域都必须转型，而实现这一目标的前提是中低收入国家能够获得并使用清洁制造技术。

不仅国家之间存在差异，较小范围内的资源分布也不均衡：各个城镇和社区的财政资源不同，受污染物影响的程度也各异。一些社区虽然深受工业污染带来的健康危害，但其经济生活却可能依赖于工业生产。如果妥善应对，清洁工业转型有望纠正这些不公平现象，改善工业社区和弱势社区居民的生活质量。但这需要决策者在制定清洁工业政策时充分考虑其对经济和公共健康的影响，确保政策的设计和实施具有包容性。

本章将从两个层面探讨零碳工业转型对公平和人类发展的影响：一是如何确保清洁工业助力中低收入国家的经济和人类发展，二是如何确保工业社区和弱势社区能够从清洁工业中获得经济和公共健康效益。

12.1 中低收入国家的技术可用性与开发

近几十年来，世界各国在改善人民生活条件方面取得了一定进展。1990—2021年，全球人均国内生产总值（GDP；通胀和购买力平价修正价格）增长了两倍多，从5559美元增至18781美元，人们的预期寿命也从65岁增加到了71岁。全球范围内，每天生活费不足3.65美元（适用于中低收入国家的贫困线中位数）的人口比例从1990年的56%降到了2019年的24%。而1998—2021年，全球接入电力服务的人口比例从73%上升到了91%以上。2000—2020年，全球安全饮用水的普及率从62%上升到了74%[1]。

尽管取得了这些进步，但全球还远远没有做到为每个人都提供合理的生活水准。如前所述,全球约有四分之一的人每天的生活费不足 3.65 美元,并且有大约同样比例的人群无法获得安全的饮用水。全球资源不公平等现象严重:收入最高的 10%人口拥有全球 52%的收入和 76%的财富,而收入最低的 50%人口仅拥有全球 9%的收入和 2%的财富(见图 12.1)。联合国《世界人权宣言》提出,人人有权享有足够的食物、衣着、住所、医疗保健、教育,以及针对疾病和养老的经济保障[2]。要想使这一愿景成为现实,就必须大幅提高工业产品、基础设施和建筑的产量或建设规模。

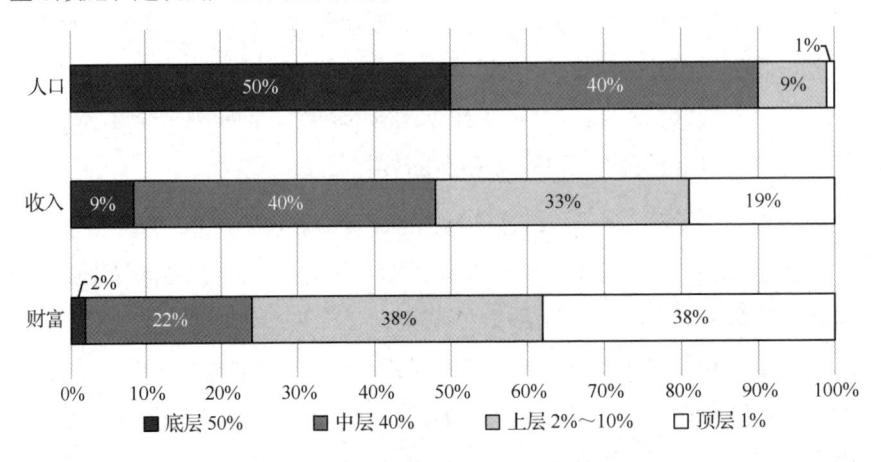

图 12.1　2021 年全球人口的收入和财富分布情况

资料来源:Lucas Chancel,Thomas Piketty,Emmanuel Saez 等,《2022 年世界不平等报告》,巴黎经济学院世界不平等实验室,巴黎,2022 年。

过去的经济产出增长是以破坏环境为代价的。工业化较早的地区所排放的二氧化碳,在全球迄今为止的累计排放总量中占最大份额,尤其是欧洲(33%,包括俄罗斯),以及美国和加拿大(27%)[3]。自 1990 年以来,在一些经历了快速工业化和化石燃料发展的国家,人均排放量增幅大,尤其是中国和中东国家。加纳和哥斯达黎加等走低碳发展道路的国家则更多地依赖非制造业的经济活动,如企业服务、农业和旅游业(见图 12.2)。

然而,全球有 20%~30%的温室气体排放都隐含在国际贸易的商品和服务中,因此购买国也对这些排放负有责任[4]。所有国家都必须消除各自的工业排放,但那些工业化较早且当前大量消费海外高碳产品的国家,应该在其中承担起主导者的作用——一方面推动本国经济脱碳,另一方面帮助欠发达国家实现可持续的清洁发展。

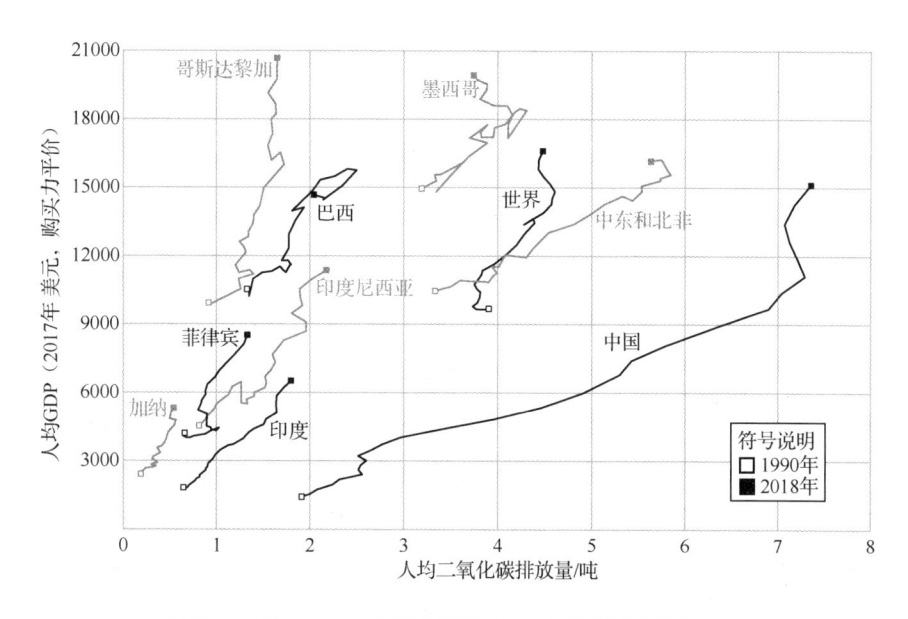

图 12.2　1990—2018 年部分地区人均二氧化碳排放量和 GDP

注：为帮助区分重叠的线条，图上线条的颜色深浅不同。

资料来源：世界银行，《世界发展指标》，2023 年 5 月 12 日更新。

清洁工业技术的快速部署和推广对于降低经济发展的碳强度而言至关重要。当务之急是要让全球社会中掌握资源较少的那部分成员享有基本人权。中低收入国家不会（也不应）等待，因为这些国家的人均财富正在稳步增长，并将继续对其经济增长和人民生活进行投资。如果中低收入国家难以用上成本效益较好的清洁工业技术，那么他们就会选择采用那些传统的工业技术，从而导致在未来几十年内锁定化石燃料排放（即这些国家投资的传统化石燃料设备和基础设施的使用寿命可能长达几十年，其间将持续产生碳排放；这种现象又称"碳锁定"效应）。这对地球气候和人类未来而言都将是灾难性的。因此，为了全世界所有国家共同的利益，应该确保中低收入国家能够使用清洁工业技术，拥有足够的财政资源以便进行必要的资本投资，并能够获得持续的经济回报（以使其绿色工业承诺可以一直持续下去）。

从中低收入国家的自身利益出发，也应该跳过传统的高污染型工业，直接发展基于清洁制造业的高效经济，原因有三。首先，传统制造业会造成空气污染，损害公众健康。例如，由于中国早前的粗放型工业发展道路（见图 12.2），该国的人口加权平均细颗粒物暴露浓度在 2011 年一度攀升到了 71 微克/立方米，（世界卫生组织指导值为 5 微克/立方米）[5]。当年，中国每 10 万例死亡人口中有 59 例是因为细颗粒物[6](此后中国开始采取强有力的空气污染防控措施,因此中国与细颗粒物暴露和空气污染相关的死亡率已在随后几年内明显下降[7])。如果能够直接跳过高污染型的工业发展阶段,将能为中低收入国家避免巨额的健康成本。

其次,一些主要的进口国越来越多地采取针对高排放进口商品的惩罚政策甚至禁令。最显著的措施是欧盟的碳边境调节机制(CBAM;已在第 9 章中讨论)。美国于 2021 年宣布,计划调整本国的贸易政策来阻止高排放工业产品入境,使其与欧盟保持一致,并且将从钢材和铝材入手[8]。随着各国政府和消费者对清洁产品的需求日益增加,并要求制造商在一定时间内实现脱碳以确保气候宜居,对各个制造商而言,高排放的生产工艺已逐渐成为一种日益沉重的负担。

最后,保护地球气候是全球所有国家的共同利益所在,但与高收入国家相比,中低收入国家所掌握的资源较少,因此其对降水、温度、海平面上升等具体气候变化的适应能力也较差。通过对绿色工业(以及其他经济领域的绿色发展)进行投资来预防气候变化,是中低收入国家规避上述不稳定因素的最佳途径。但如果全球各国不能充分采取行动,那么气候变化将会阻碍中低收入国家未来的生活水平提高和经济增长,甚至可能使之前取得的成果付诸东流。

鉴于技术输出型国家和中低收入国家的共同利益,双方应结成伙伴关系,确保全球工业迅速实现零碳转型。以下几项原则可以更好地引领这种合作,使清洁工业发展更加成功。

12.1.1 加强本土领导力

中低收入国家的所有工业发展措施或计划都应由其国家政府主导,并纳入国家或地区总体规划。这样一来,本土决策者就可以因地制宜地调整相关计划,建立本国政治支持,并努力实现工业绿色发展与该国其他既定目标(如普及用电和创造就业机会)的协同[9]。

12.1.2 提升制度能力

一个国家如果缺乏足够的"制度能力",就很难较好地执行政策和有效地利用国际支持。一个国家的制度能力包括其法治化程度(合同能否执行、犯罪能否得到预防等)、政府的稳定性、公共服务的可靠性、准确信息的可获得性,以及在更加广泛的层面上，各个公共机构履行其社会服务职责的能力和意愿。清洁工业的发展，需要提升各级政府在能源、交通运输、制造、金融和贸易等相关专业领域的制度能力[10]。在某些情况下，可能需要在清洁工业计划实施之前或实施的同时，开展相关制度能力的提升工作。

相关的制度能力建设超出了本书的讨论范围，但世界银行、国际货币基金组织、联合国、布鲁金斯学会、经合组织和美国国际开发署等组织都能为有需要的国家提供相关的指导。

12.1.3 授予知识产权许可

工业领域脱碳需要用到私营企业、学术界和/或政府实验室开发的各种技术，而这些技术研发领域可能会为了保障自身的知识产权（intellectual property，IP）而申请技术专利。专利权人（即专利所有者）应考虑到应对气候变化是一项刻不容缓的紧急事务，以中低收入国家企业能够承受的价格，广泛地向这些企业进行技术授权。COVID-19 疫苗知识产权许可的相关经验能够为此提供一些借鉴。相关疫苗生产商通过颁发许可证并与世界各地的疫苗生产设施签约的方式，迅速扩大了产能。到 2021 年底，已有 40 个国家、共计近 200 家工厂在生产相关疫苗 11（随着时间的推移，后续有更多的产能上线，其中，中低收入国家中已有多达 120 家公司符合生产 mRNA 疫苗的相关技术要求和质量标准）[12]。

各个 COVID-19 疫苗的知识产权所有者曾反对全球推动该领域的知识产权豁免[13]。而由政府强制实施的豁免并不一定能在适当的时限内实现疫苗的普及，因为疫苗生产受到生产设施和原材料的影响；如果知识产权所有者消极合作并且不提供实际经验，生产企业很难独自建立起复杂的新型技术生产线。同时，由于针对疫苗的知识产权豁免只是暂时的而非永久的，各潜在制造商可能会不愿意开展针对新生产工艺的长期投资[14]。

回到本节主题，为了改进向中低收入国家授予清洁工业技术知识产权的相关工作，政策制定者应考虑采取以下措施。

- 鼓励各专利权人广泛授权清洁工业技术的使用，并向中低收入国家提供与其支付能力相匹配的折扣价。
- 政府可以通过资助相关研发工作，使同一工艺流程的脱碳能够经由多种不同的技术来实现，从而在私营企业之间形成竞争，降低技术成本，推动企业广泛授予知识产权许可。

- 政府在为相关研发工作提供大力支持时，可以将"广泛授权成果技术"作为前提条件写入约定条款，以确保中低收入国家能够使用这些技术。

- 政府如果独立自主或通过公私合营方式进行技术开发，将可能拥有一部分知识产权，因此可以坚持采用相对开放的许可条款。

- 政府可为知识产权许可使用费提供补贴，并/或直接为中低收入国家的企业购买绿色制造设备。

- 如果政府强制实施相关知识产权的临时豁免，可能会遭遇产业界反对，制造商也不愿意在暂时的豁免下进行长期投资，还可能产生专利权人消极合作导致生产企业在新技术建设、部署和使用过程中遇到困难等问题，因此效果可能不会很好。

12.1.4　培养和获得人才

零碳工业的成功发展需要依靠工业工程师、熟练技师和工厂工人来设计和运营工厂。各国可能需要增加对相关教育的资源投入，以确保企业能够获得所需的人才[15]。对收入水平不同的国家而言，加强科学、技术、工程和数学（STEM）领域的教育都很重要（详见第 11 章），但在一些中低收入国家，对教育进行投资的需求可能尤为迫切。例如，撒哈拉以南的非洲地区只有 27%的学生完成了高中学业[16]。

一种很有前景的方案是支持开展学徒制培训，或者实施将课堂教育和在职培训分开的"双轨制教育"。德国在这一领域处于世界领先地位，该国近 60%的青年参加了学徒制培训[17]。政府承担学费，并为各个职业方向制定标准化课程，因此学徒即使只在一家公司接受培训也能学到通用且有价值的技能，并可以获得德国其他公司和国际上都认可的资格证书[18]。这是一条受人尊敬的职业道路，并帮助了德国长期维持对工业工作岗位的高质量人才输送。制造业占德国 GDP 的 18%，比重大大高于其他西方国家，如法国（9%）、美国（11%）、英国（9%）、西班牙（11%）和加拿大（10%）[19]。

为帮助企业获得人才，决策者还必须采取措施，确保妇女享有同等的权利和机会。这包括为妇女提供高质量的科学、技术、工程和数学教育，为雇用妇女的创业者提供资金支持，以及消除针对妇女在家庭外（尤其是在工业企业）就业的文化偏见。性别平等不仅是人权的基本要素，还能加快 GDP 增长和经济发展[20]。埃及的 El Maadi STEM 女子学校就是一个很好的例子，这所公立高中采用基于项目的课程，帮助女孩培养在物理、机器人和纳米技术等领域的技能，其学生们多次在各项国际科学竞赛中获奖，该校已成为埃及和中东地区其他 STEM 学校的典范[21]。

12.1.5 促进投融资

建设新的工业设施和配套基础设施都需要大量的资本投资。中低收入国家的工业企业可以向政府或私人投资者寻求资金支持；这些出资方既可以来自本土，也可以来自国际。

中低收入国家的政府可以利用成本分摊、税收减免和补贴等方式直接支持本土工业发展，也可以利用低息贷款或其他借贷机制提供间接支持。第 9 章对这些机制进行了详细介绍。然而，面对众多的高价值项目（如交通基础设施、医疗保健、教育、安全、公用事业和互联网接入等），中低收入国家可供分配的资金可能有限，同时这些项目中又只有一部分能够引起（私人）逐利投资者的兴趣。因此，中低收入国家的政策制定者可能会倾向于将政府投资预留给那些无法获得社会投资的项目，并在条件允许的情况下，通过"国际项目融资"（一种为创收型基础设施提供资金的成本分担机制，通常用于电信、能源和交通领域）来撬动境外资本[22]。

政策制定者可以优先考虑那些有助于营造有利商业环境的项目，从而帮助本土工业吸引社会投资。例如，建立起可以培养熟练劳动力的教育系统、能够公正执行法律和合同的司法系统、促使工人和货物高效流动的交通运输体系，以及能够预防和治疗疾病的公共卫生体系等，从而降低投资风险，促进社会投资。

工业发展的另一类资金来源是外国政府和国际金融机构（如世界银行、国际货币基金组织和亚洲开发银行），但从历史上看，它们对工业脱碳的贡献很小。全球每年针对气候领域的国际公共融资总额为 2270 亿美元（2019—2020 年年均值），其中只有 90 亿美元（4%）用于工业领域，是份额最小的受资领域[23]。而中低收入国家工业领域获得的气候资金还要更低，因为只有不到 75% 的国际气候融资流向了中低收入国家[24]。单个大型工业设施的成本就可能超过 10 亿美元。因此，目前流向工业领域的国际气候资金太少，不足以成为零碳工业发展的主要资金来源之一。其他一些社会问题，包括救灾、食品安全和健康等，获得的国际公共资金更多；但如果气候变化得不到充分缓解，上述社会问题都将变得更加糟糕[25]。因此，各个捐助国和国际金融机构应认识到，为清洁工业发展提供支持才是实现国际社会各项目标的根本途径，应大幅增加对该领域的支持力度。

到目前为止，最有希望成为中低收入国家零碳工业发展主要资本来源的是社会投资。2019年，全球各国的境外直接投资流入总额为1.5万亿美元，其中5250亿美元流向了中低收入国家的各个企业。至此，全球各国的境外直接投资累计总额增加到了36万亿美元，其中流向中低收入国家的资金累计达到了7.4万亿美元[26]。在专门针对制造业企业的境外直接投资中，有4020亿美元用于新建项目（新资产建设），还有2430亿美元用于既有制造业资产的兼并和收购[27]。

由于上述这些数字只反映来自境外的投资，因此没有考虑到各个工业行业可以从本土市场筹集到的资金；在一些中低收入国家，本土社会投资的规模可能很大。例如，在大多数国家，针对本土私营企业资本资产（机械、建筑等）的社会投资能够占到全国GDP的15%~25%，这一比重在中国甚至高达37%（尽管这些投资并非全部流向工业领域）[28]。

针对工业领域的社会投资金额大大超过了政府对该领域的直接财政支持金额。因此，政策制定者可以通过帮助工业企业获得更大份额的社会投资，更加有效地促进清洁工业发展融资。政策制定者应采取以下行动。

- 为相关领域的国际贸易创造有利的社会和法律环境（如前文所述）。

- 通过国际项目融资或第9章讨论的借贷机制等，利用政府资金撬动针对清洁工业的社会投资。

- 审慎限制境外主体对本土企业和资本的所有权，因为这类限制可能会阻碍来自境外的社会投资，并且损害经济增长和清洁工业发展。最适合实施所有权限制的情况为：当受资行业是敏感行业（如国防），或者投资来自受制裁国家时。政策制定者通常可以依靠其他政策工具来确保本国居民也能享受到工业领域所创造的繁荣，如要求企业雇用不低于一定比例的本国居民（包括管理层和高级行政人员）、遵守最低工资标准，确保企业按照合理比例缴税等。

- 考虑与"影响力投资者"建立联系；这些资产管理者寻求在财务回报与积极的社会和环境成就之间取得平衡。支持中低收入国家的清洁工业发展，既能减少温室气体排放，又能促进经济发展，还能带来经济回报，因此这类项目非常适合有影响力的投资者。截至2020年，全球共有2.3万亿美元（占全球受管理资产总额的2%）用于影响力投资，其中31%~43%用于新兴市场[29]。

- 将多个工业项目打包成一个基金，并将该基金向全球投资者进行推广。对于那些因规模太小而无法吸引大型机构投资者的单体项目而言，这样做有助于吸引投资。而对投资者而言，投资这类项目也有助于实现投资组合多样化，降低风险[30]。

12.2 所有社区的繁荣与健康

零碳工业转型带来的机遇和挑战不仅存在于国家层面，也涉及每个国家的各个城市、小镇和社区。政策制定者可以引导相关的经济和公共健康效益流向最需要这些效益的社区。对两类社区应当给予特别关注：工业社区和弱势社区。

工业社区的经济营生严重依赖工业。这类地区的就业通常直接或间接地依赖一个或几个大型雇主企业。例如，美国在2019年约有2600家"支柱企业"（在人口数量低于50万的城镇中雇用人数不少于1000人的企业），其中约四分之一是制造商。支柱企业所在社区的平均人口约为6.4万人，因此这些企业的就业人口在其社区的就业总人口中占比很大[31]。

如果工业社区现有的主要雇主企业对其设备进行改造或整体搬迁，尤其是搬迁后，工业社区可能会面临经济波动。但是，这些社区也可能因此受益，包括得到针对前沿设备的培训机会、工作条件的改善，以及空气污染的减少等。政策制定者应帮助这些社区渡过难关，最大限度地减少就业中断，使工业社区保持活力、健康发展。

弱势社区是指与其所在国家或地区的其他社区相比，投资水平和经济机会长期偏低的社区。弱势社区通常面临一系列负担，包括高于平均水平的贫困率、失业率、住房空置率、居民受教育程度低，以及企业数量少[32]。在美国，弱势社区与居民种族密切相关：在美国的弱势社区中，少数族裔人口比例为56%；而少数族裔人口在美国全国人口中的平均占比为39%，在美国富有的前五分之一社区中占 27%[33]。这在一定程度上是政府政策导致的遗留问题，该国在历史上一度试图通过政府政策来加剧种族隔离，并将房屋所有权的相关效益导向美国白人[34]。

在社会公平层面，政策制定者有责任确保清洁工业转型能够帮助弱势社区，以消除日益加剧的财富不平等，并纠正历史政策造成的错误。这些社区所在的整个城市或地区都将从中受益，因为如果能够纠正原有的投资不足和种族隔离等问题，将可以显著改善整个地区的GDP、家庭收入水平及降低犯罪率[35]。

有些社区既是工业社区，也是弱势社区。在美国，最容易集中出现在弱势社区的行业有90%都与自然资源开采或制造业有关（如煤矿开采、服装制造、伐木、锯木厂以及油气开采等）[36]。而工业社区和弱势社区的公众健康经常受到工业和化石燃料污染的影响。

政策制定者应考虑采取以下策略，引导清洁工业发展向工业社区和贫困社区倾斜。

12.2.1　促进社区公众参与

向社区代表了解他们的需求；这些代表包括当地官员、民间组织、企业领导者和劳工领袖，以及环保人士。社区成员通常都对当地相关问题有着深刻的洞察力，并且可能已经想到了解决方案。解决社区的问题，即使这些问题与工业发展没有直接关系，也有助于使该社区成为更有吸引力的生活和工作场所，从而反过来帮助制造商雇用和留住人才。积极主动地开展社区公众参与工作，还能减少社区反对相关发展项目和为此发起诉讼的可能性，从而促进新建工业设施的建设。

12.2.2　投资基础设施

一些条件较差的社区可能不具备高质量的基础设施，但这些基础设施对工人上班及原材料和产品的运输而言是必要的。工业社区可能拥有适合现有企业的基础设施，但未来零碳工业可能会需要其他类型的基础设施。例如，位于铁路支线上的工厂可能可以（利用铁路）接收从其他地方运来的煤炭，但如果该工厂改用电力供热，只有铁路可能就不够了。而随着工厂需要的电力越来越多，可能还要建设高压电缆、电塔和变压器。针对相关社区进行新型基础设施投资，可以帮助它们创造新的或维持现有的工业就业岗位[37]。

基础设施的设计应围绕现有社区的需求，以避免造成居民流离失所和对城市结构的破坏。如果没有明智的城市规划，基础设施的建设可能会造成危害。例如，美国一些高速公路的建设摧毁了大片建筑，将一些社区一分为二，加剧了不平等，并增加了污染[38]。

12.2.3 为工业改造提供补助

政府可为现有生产设施提供补贴，促使其向新的清洁工艺转型[39]。这类补助应针对那些最有可能面临关停的设施，并附带条件，要求设施在指定期限内继续运营且保持一定的人员编制数量。有关补助金的更多信息，请参见第9章。

12.2.4 增强供应链的韧性

如今，供应链高度国际化，并且很容易受到干扰。政府间气候变化专门委员会曾警告称，与气候有关的冲击可能会加剧供应链中断的情况，从而导致货物短缺和商品价格上涨，并妨碍社会公平、人类福祉和各项发展目标的实现[40]。脆弱的供应链不仅会对消费者产生影响，也会危及制造商和工业社区的经济营生。因此，政策制定者应考虑采取相关举措来提高供应链的韧性。

政府可以对那些尽可能避免从同一国家或地区（如欧盟、北美）采购大量原材料的企业予以奖励，也可以对政府投资项目提出本土或特定地区采购比例要求，还可以鼓励企业预留一定的原料储备库存（而不是采取"零原料库存"的生产模式）。此外，政府可对电力、交通、海防等基础设施进行加固，以应对气候变化和其他干扰（如网络攻击）[41]。

12.2.5 确保清洁工业发展惠及社区

政府可以利用财政激励措施促进清洁工业的发展，如清洁工业生产补贴、设备优惠和低息贷款（详见第9章）。为了确保相关效益能够真正惠及社区成员，政府可以对这些激励措施附加条款，如社区效益协议、承诺为当地居民提供培训，以及当地居民雇用协议[42]。

同样，与保护工人权益和促进社会公平相关的要求也可纳入政府绿色采购项目（详见第10章）。例如，政策制定者可以要求一部分符合相关资质的产品必须在弱势社区进行生产，或者必须由达到较高劳工标准、薪酬合理并提供社区福利的公司进行生产。

12.2.6　保护公众健康

一般来说，零碳工业转型会减少颗粒物等损害人类健康的常规污染物的排放。不过，也有例外情况。例如，碳捕集会增加燃料消耗，并且只能捕集二氧化碳，因此，如果不改进过滤技术，则可能会引起颗粒物排放增加（详见第8章）。另一个例子是，与其他致力于脱碳的政策工具相比，允许抵消机制的碳排放权交易体系可能会让有害的温室气体排放在贫困社区的停留时间更长（详见第9章）。因此，决策者应采取以下行动来保护公众健康。

- 在评估脱碳技术或政策方案时，也从常规污染物角度考虑对工业设施周边社区的影响。

- 制定或加严常规污染物相关标准，包括颗粒物、氮氧化物和硫氧化物的限值。常规污染物标准是对脱碳政策的必要补充，能确保在减少温室气体排放的同时带来公众健康效益，并能对致力于协同减少各种污染物（而不仅仅是温室气体）的技术方法起到激励作用。

- 保护在岗工人的健康。制定并实施强有力的职业健康与安全法规，确保员工可以正常举报违规行为而不必担心遭到报复[43]。

12.2.7　支持失业工人

大多数行业可以向清洁工艺转型，但极少数行业如煤矿开采——需要停产或向其他行业转型。在这种情况下，政府应向受影响的工人提供支持，主要是为其提供高质量、高收入、高福利的工作机会，以取代相关社区失去的工作岗位。这样做可以减少受影响社区对清洁能源转型的反对，甚至在某些情况下获得他们的支持。例如，2022年，美国最大的煤矿工会对一项加速淘汰煤炭的法案表示了支持，因为该法案为制造商提供了慷慨的激励措施，以促使制造商在煤矿开采业周边社区开设新的工厂（还包括其他条款，从而为相关社区在后煤炭时代的生存提供了支撑保障（与工人不同，煤矿主由于拥有固定资产，不能简单地转行，因此对该法案表示反对[44]）。

针对失业工人的其他支持形式包括失业保险（在失业工人接受培训和寻找工作期间向其支付现金）和失业期间不间断的医保服务，（通过学徒制、社区学校和其他培训项目开展的）培训活动也很有帮助[45]。

如果不能实现公正转型,将会产生不良的政治影响。民主国家中不断衰落的前煤矿社区,已经呈现出了人们对右翼独裁民粹主义支持率的上升,以及对民主有效性信心的下降[46]。

有远见的政策制定者甚至可以在煤矿关闭之前,就着手帮助弱势社区推动经济多元化发展,并对当地工人进行培训,从而缓解清洁工业转型所带来的压力。例如,美国科罗拉多州建立的"公正转型办公室"(Just Transition Office)是全球范围内实施的首个此类项目,旨在通过制定个人转型计划,开展就业培训,提供搬迁支持、临时收入和福利来帮助受影响的工人。此外,该项目还通过地方转型规划、基础设施资金、用于资助企业发展的投资基金、相关借贷机制和税收激励措施来为社区提供帮助[47]。

12.2.8 通过政策平衡就业和通胀

在一个经济体中,就业情况与通胀修正后的政府支出水平息息相关。增加政府支出的政策往往会创造新的就业机会,而减少政府支出的政策则往往也会减少就业机会。然而,政府支出并不一定越多越好:过多的政府支出可能引发通货膨胀或经济泡沫(指商品价格或企业估值不切实际地膨胀,最终崩溃的现象),从而造成经济困难。因此,货币政策通常旨在创造稳定和增长的经济体系,在降低失业率和减少通胀之间取得平衡[48]。

一些工业脱碳政策通过提供更多的资金或使商品降价来促进政府增加相关支出,而另一些政策则通过使商品涨价或减少需求的方式来减少政府的相关支出。其他一些政策对政府支出的影响较为复杂或影响极小。表 12.1 对本书讨论的影响整个经济体政府支出的脱碳政策进行了分类。

表 12.1　脱碳政策对整个经济体政府支出的典型影响

增加政府支出	减少政府支出	对政府支出的影响复杂或极小
补贴和税收抵免	碳定价	能效和温室气体排放标准
设备优惠	低效设备罚款	设备节能奖惩结合机制(feebate)
研发支持	延长产品寿命/维修权立法	排放披露和标签相关要求
政府绿色采购	产品共享系统	生产者责任延伸制和循环利用相关要求

注:本表只考虑了政策本身的影响,而没有考虑政府如何支付这些政策的成本,以及如何使用这些政策所产生的收入。例如,补贴通常会增加整个经济体的政府支出,但如果政府通过征收新的高度累进税来支付补贴,则补贴政策反而会减少政府支出。

在理想的情况下，政府可以利用上述所有政策来加速工业脱碳，但在必须做出选择时，政策制定者可以侧重于那些能够增加对工业和弱势社区政府支出的政策，因为刺激增长是这些社区的首要关注点。政府还可以利用一般性的货币政策来抵消脱碳政策对政府支出的影响，如通过央行降息来抵消碳定价政策的影响。

12.3 人人享有可持续繁荣

清洁工业转型必须是全球性的，任何国家或群体都不应被落下。这既是一种道德义务，也是一项现实需求：如果有国家或社区感到受损，可能会抵制这一转型，从而延缓发展进程并增加失败的风险。可持续工业转型能够创造制造业就业岗位、减少有害污染、保护生态系统，并通过清洁能源和工业技术投资推动经济增长，改善数十亿人的生活水平。如果这种繁荣能够普及并共享，将有助于缩小全球财富差距，提高民众生活水平，并进一步推动全球经济发展。

政策制定者必须摒弃独占清洁工业技术的短视思维，推动技术的国际共享。他们需认识到，尽管单个企业的首要目标是为股东创造利润，但公共政策的核心应是提升所有社区的财富、健康和可持续性，尤其是那些落后的社区。如果妥善应对挑战，这场全球工业转型将成为一个契机，为全人类开启福祉提升和环境健康的新时代。

结语　清洁工业路线图

实现工业温室气体零排放对人类的未来至关重要，并且可以于2050—2070年实现。本书全面介绍了促进工业领域实现温室气体零排放的技术和政策。然而，在不同的年份、地域及技术成熟阶段，应当优先采取哪些技术和政策，可能尚不明确。本章将回顾前 12 章的内容，并将之汇集成一份清晰可行的路线图，帮助工业领域迈向清洁的未来。

各地区的清洁工业转型进程取决于一系列因素，包括其经济基础、当前工业领域使用的燃料和技术、当地零碳能源资源（如风能、太阳能和生物质能的潜力）以及经济结构。鉴于一些地区的转型进程可能会更快，而某些技术和政策工具则可能更适用于特定的国家或地区，本书无法为具体技术和政策制定全球统一的应用时间框架。因此，本书提供的路线图将工业脱碳进程分为多个阶段，并为每个阶段建议应该采取的具体步骤。各地区可以根据自身在工业减碳过程中所处的阶段，确定相应的实施策略。

13.1　第一阶段

第一阶段大致就是我们现在所处的阶段。在这一阶段，重工业（如钢铁、水泥、化学品、砖块和玻璃等材料制造）仍依赖煤炭、天然气和石油。轻工业（如将材料组装为最终产品和食品加工）在一定程度上实现了电气化，但仍有一部分工序需要利用化石燃料进行供热。

在第一阶段，首要任务是停止投资新的化石燃料工业设备，应开始向电气化工艺转型，并确保充足的清洁能源供应。提高能效和材料效率的措施对于降低能源需求至关重要，这将有助于加速建设可再生能源发电厂，降低成本。由于工业领域尚未完全脱碳，提高能效还能够减少排放。能效标准、排放标准和循环经济政策对提高能效起到积极作用。

各地区必须积极投资零碳发电资源，以满足工业领域对电气化、绿氢和氢基燃料的需求（以及非工业领域的需求）。这需要大量增加陆上及海上风电、太阳能光伏发电和水力发电容量（根据各种可再生能源的资源潜力进行分配），同时也应利用地热能和核能发电作为辅助。可再生能源资源丰富的地区可以通过输电线路将电力输送到其他地区。然而，随着太阳能和风能发电成本的降低，现在在靠近电力负荷中心的地区（即使该地区风力弱或阳光少）建设可再生能源发电厂的成本效益已大大提升，因此远距离输电不再像过去那样必不可少。

决策者必须加速部署已经实现商业化的清洁工业技术。最重要的技术之一是工业热泵，其供热温度可高达约165℃（可满足约30%的工业供热需求），而且因其卓越的能效，通常在与化石燃料相比时具有成本竞争力。政府的经济政策（如补贴和支持性贷款机制）可使清洁工业技术的成本显著低于化石燃料，并确保小型制造商也能进行设备升级。

中高温电气化供热技术在成本和商业化之间存在较大差距。政府需要促进这些技术的推广（例如，将等离子体火炬的使用范围扩大到等离子切割和电弧焊接之外，使其成为通用供热技术），从而让各行业和不同温度范围的应用都能使用商业化的电气化供热设备。目前，由清洁的中高温工艺生产出的材料通常会高于市场价格，在这种情况下，政府可以通过绿色采购来支付额外费用，从而支持其发展，同时控制政府的总体成本（避免通过市场补贴导致成本过高）。

对于处于早期阶段的技术，如电解铁矿石和新型水泥品种，研发支持政策和示范项目的成本分担（针对示范项目和同类首批商业试点项目）有助于加速其商业化。专注于提高电解槽性能的研发投资也至关重要，因为在工业脱碳的第二至第三阶段，电解槽生产的绿氢将是实现化工原料脱碳和初级钢生产的关键。

碳捕集、利用与封存（CCUS）并非理想的脱碳途径，因为它保留了化石燃料的生产（以及相关的上游排放），并可能影响空气质量。然而，在工业脱碳的第一阶段，CCUS可能是某些领域的最佳方案：对于那些尚未有足够的零碳电力供应，或电气化技术尚未实现大规模商业化的领域（如初级炼钢），以及解决水泥窑的非能源相关CO_2排放，CCUS是较为适合的选择。对于拥有丰富低成本化石资源并靠近合适的地质封存场所的地区，可考虑投资CCUS，作为一种快速减少工业排放的手段，直到有更好的替代方案出现。CCUS改造应主要针对较新的设施（如水泥窑和高炉），但应避免改造即将退役的化石燃料设施，以免延长其使用寿命。捕集到的二氧化碳应送往专门的地下封存场所或进行矿化，而不是用于提高石油采收率或加入到非矿产品中。

第一阶段对于制定支持政策非常理想，可为加速清洁技术创新和部署创造有利的商业环境。为支持研发，政策制定者应通过教育、学徒制和移民政策促进科学、技术、工程和数学领域的人才流入；解决专利制度中的问题；建立研发伙伴关系和研究联盟等。第一阶段也是实施排放信息披露和产品标识政策的关键时期，以明确当前的排放情况，帮助企业和消费者选择更环保的方案，并促使一些企业自愿推动自身的运营清洁化，为其他政策的实施奠定基础（如排放监测和排放数据报告系统）。

13.2 第二阶段

第二阶段的重点是实现低温工业供热的全面电气化，以及中高温电气化供热技术的广泛商业化（尽管尚未完全普及）。当前处于早期阶段的技术（如新型水泥品种、电解铁矿石等）将在这一阶段开始具备商业可行性。**第二阶段的主要目标是完成工业供热的清洁转型，并开始在商业规模上实现化工原料和初级炼钢的脱碳。**

零碳电网是实现零碳工业的前提，而电网清洁转型所需的技术已较为成熟，因此电力行业的脱碳进程要领先于工业，并在第二阶段达到近零排放。为满足工业、建筑和交通等领域日益增长的电力需求，仍需对零碳发电进行持续的大规模投资。这一阶段，可再生能源在发电总量中的占比将达80%~90%甚至更多，因此稳定可再生能源供应的机制越发重要，包括储能技术（如化学电池、抽水蓄能等）、需求响应项目，以及跨区域电网互联等措施以帮助平衡供需。

低温工业用热需求主要可通过热泵、余热回收以及少量的太阳能过程供热来满足。热泵的广泛应用降低了投资成本，而（便宜的风光发电推动的）电价持续下降进一步降低了热泵的运行成本。因此，政策制定者可逐步停止对热泵的补贴，转而实施标准类的政策来禁售基于化石能源的低温供热技术，以推动转型最慢的企业在设备更换周期内完成升级。

中高温电气化供热技术正在接近普及的拐点，此时其应用将几乎涵盖所有行业，并在成本上与化石燃料相当。碳定价政策在此时最为有效，能够引导消费者决策，使技术替代而非需求减少成为减排的驱动因素。对于尚需支持的技术，政府绿色采购和清洁技术补贴依然有效，但随着电气化供热的成本下降，标准政策和碳定价会缩小化石燃料供热技术的市场份额，此类政策的效力也将逐步减弱。

第二阶段也是大规模投资绿氢的关键期。氢气将用于生产零碳化工原料（如化肥、塑料），以及通过氢基直接还原铁生产初级钢。在第一阶段，鉴于这些技术尚非"低垂果实"，主要集中于研发；到第二阶段，这些技术将实现商业化。届时，以绿氢生产的化工原料和钢材应成为政府绿色采购和补贴政策的新重点。然而，碳定价政策此时还不宜扩展到作为原料用能的化石燃料，因为其替代方案尚不成熟。

在第二阶段，应停止新建化石燃料燃烧的 CCUS 设备（但生物质能和石灰石煅烧的 CO_2 捕集设备除外）。第一阶段投入的既有 CCUS 装置可继续运行，直至相关工厂在第三阶段逐步淘汰或关停。

发达国家和拥有先进工业技术的国家应与中低收入国家合作，确保尽可能多的国家迅速进入工业脱碳的第二阶段。工业发展刚起步的地区应致力于跨越第一阶段，直接采用第二阶段的技术，以避免产生投资不久即成为财务负担且对公共健康和气候有害的污染性的资产。同时，可制定政策推动进口材料、零部件和产品的脱碳，通过经济激励境外供应商采用清洁的生产工艺，例如，适用覆盖"范围一"至"范围三"的排放标准和配合边境调节机制的碳定价体系。

13.3 第三阶段

第三阶段的关键标志是电网（尤其是所有工业供热）和一部分工业原料的全面脱碳。这一阶段的主要目标是实现原料和初级炼钢的完全脱碳，并帮助尚未达到第三阶段的地区加速进入该阶段。

随着绝大多数中高温工业供热技术完成脱碳，政府可以取消对零碳供热的补贴和激励，并通过标准逐步淘汰市场中剩余的低效和高污染技术。随着电网提供充足的零碳电力，使用 CCUS 的化石燃料设施应逐步退役或改造为现代电气化或氢能技术，这一过程可通过污染物排放标准或经济激励等政策推动。CCUS 仍可用于生物能源和煅烧石灰石等工艺。此外，从第三阶段起，还可考虑采用基于直接空气捕集（direct air capture，DAC）技术，以抵消整个经济体中最难削减的 1%~2% 排放量，或用于降低大气中的 CO_2 浓度，防止气候危害。

在第三阶段，基于电气化和绿氢技术的化工原料和炼铁将逐渐增加，最终达到 100% 的市场份额。届时，补贴和政府绿色采购应逐步让位于可交易的销量加权标准，以限制基于化石燃料的化学品和钢材的市场份额。

到了第三阶段，当前处于早期阶段的技术（如低碳水泥、电解铁矿石和新型化工生产工艺）将会明确其商业可行性，要么成功实现商业化，要么因成本和技术难题被淘汰。政府可以选择支持那些仍有前景的技术，来满足此阶段尚未解决的脱碳需求。

当全球首批国家进入工业脱碳的第三阶段时，许多国家和地区可能仍然落后，其中一些可能甚至仍停留在第一阶段。因此，处于第三阶段的国家的一项重要任务是投入时间、精力和资金，协助落后地区加速转型。这种做法能带来共赢，使全球经济、公众健康和气候受益。

13.4 总结

削减人类活动的碳排放是 21 世纪最重要的挑战之一。无论是发展经济、消除贫困、保护自然，还是维护社会秩序，都依赖于脱碳目标的实现。工业领域是全球脱碳的关键，其排放量占人类活动造成温室气体排放总量的三分之一（包括外购电力和热力相关的排放）。工业企业为全世界提供所需的各种材料和产品，包括帮助交通、建筑、电力和工业自身实现脱碳的技术。

尽管工业领域至关重要，但大多数政策措施迄今为止都集中在其他领域。工业脱碳迫在眉睫，刻不容缓。目前已有的技术，加之对新技术的开发和商业化，使得工业领域能够逐步采用清洁、可持续的工艺。这对工业领域在未来几十年乃至更长时间里继续推动人类繁荣至关重要。政策可以加速这一转型过程，为零碳制造工艺的研究和发展创造一个鼓励创新的商业环境。

本书深入探讨了可助力工业领域实现零碳排放的技术，以及支持这些技术得以研究、商业化和大规模应用的政策。这些措施不仅能推动经济发展、创造高薪工作岗位，还能促进社会公平、改善公众健康。政策制定者和行业领袖必须抓住机遇，制定政策并投入资源，引领人类走向零碳工业的未来。

缩略语表

缩略语	全名（英文）	全名（中文）
科学与技术类		
ABS	acrylonitrile butadiene styrene (plastic)	丙烯腈-丁二烯-苯乙烯（塑料）
AC	alternating current	交流电
AM	additive manufacturing	增材制造（3D 打印）
BF	blast furnace	高炉
BOF	basic oxygen furnace	氧气顶吹转炉（转炉）
BYF	belite-ye'elimite-ferrite cement	贝利特-叶利特-铁氧体水泥
CAD	computer aided design	计算机辅助设计
CCS	carbon capture and storage	碳捕集与封存
CCSC	carbonatable calcium silicate cement	可碳化硅酸钙水泥
CCUS	carbon capture and use or storage	碳捕集、利用与封存
CG	coal gasification	煤气化
CHP	combined heat and power	热电联产
CHS	calcium hydrosilicate cement	水化硅酸钙水泥
CLC	chemical looping combustion	化学链燃烧
CLT	cross-laminated timber	交叉层压木材
COP	coefficient of performance	性能系数
CSA	calcium sulfoaluminate cement	硫铝酸钙水泥
DAC	direct air capture	直接空气捕集
DC	direct current	直流电
DRI	direct reduced iron	直接还原铁
EAF	electric arc furnace	电弧炉（电炉）
EOR	enhanced oil recovery	提高石油采收率
EV	electric vehicle	电动汽车
FDM	fused deposition modeling	熔融层积成型
FPC	flat plate collector	平板型集热器
GHG	greenhouse gas	温室气体

续表

缩略语	全名（英文）	全名（中文）
GWP	global warming potential	全球增温潜势
HDPE	high-density polyethylene (plastic)	高密度聚乙烯（塑料）
IF	induction furnace	感应炉
IGCC	integrated gasification combined cycle	整体煤气化联合循环
LDPE	low-density polyethylene (plastic)	低密度聚乙烯（塑料）
LFC	linear Fresnel collector	线性菲涅尔式聚光器
LNG	liquified natural gas	液化天然气
LOHC	liquid organic hydrogen carrier	液态有机氢载体
LPG	liquified petroleum gas	液化石油气
MOE	molten oxide electrolysis	熔融氧化物电解
MOMS	magnesium oxides derived from magnesium silicates (cement)	硅酸镁基氧化镁氧化物（水泥）
MSW	municipal solid waste	城市固体废弃物
MTA	methanol-to-aromatics	甲醇制芳烃
MTO	methanol-to-olefins	甲醇制烯烃
OHF	open hearth furnace	平炉
OPC	ordinary Portland cement	普通硅酸盐水泥
PAN	polyacrylonitrile (plastic)	聚丙烯腈（塑料）
PC	polycarbonate (plastic)	聚碳酸酯（塑料）
PEM	proton exchange membrane	质子交换膜
PET	polyethylene terephthalate (plastic)	聚对苯二甲酸乙二醇酯（塑料）
PLA	polylactic acid (bioplastic)	聚乳酸（生物塑料）
PM	particulate matter	颗粒物
PM2.5	fine particulate matter	细颗粒物
PMMA	polymethyl methacrylate (plastic)	聚甲基丙烯酸甲酯（塑料）
post-CC	postcombustion capture	燃烧后捕集
PP	polypropylene (plastic)	聚丙烯（塑料）
PP&A	polyester, polyamide, and acrylic (plastic)	聚酯、聚酰胺和丙烯酸（塑料）
pre-CC	precombustion capture	燃烧前捕集
PS	polystyrene (plastic)	聚苯乙烯（塑料）
PTC	parabolic trough collector	抛物面槽式集热器
PTT	polytrimethylene terephthalate (bioplastic)	聚对苯二甲酸丙二醇酯（生物塑料）
PUR	polyurethane (plastic)	聚氨酯（塑料）

续表

缩略语	全名（英文）	全名（中文）
PV	photovoltaic (solar)	太阳能光伏
PVA	polyvinyl acetate (plastic)	聚乙酸乙烯酯（塑料）
PVC	polyvinyl chloride (plastic)	聚氯乙烯（塑料）
RB	reactive belite cement	高贝利特水泥
SCM	supplementary cementitious material	辅助胶凝材料
SLA	stereolithography	立体光刻
SLM	selective laser melting	选择性激光熔化
SLS	selective laser sintering	选择性激光烧结
SMR	steam methane reforming	蒸汽甲烷重整
SOEC	solid oxide electrolysis	固体氧化物电解
UV	ultraviolet (light)	紫外线
经济与政策类		
AMC	advance market commitment	预先市场承诺
CAFE	corporate average fuel economy	企业平均燃油经济性
CBAM	carbon border adjustment mechanism	碳边境调节机制
CCfD	carbon contract for difference	碳差价合同
C-PACE	commercial property assessed clean energy	基于商业物业评估的清洁能源（计划）
CRADA	cooperative research and development agreement	合作研发协议
EJ	environmental justice	环境公正
EPR	extended producer responsibility	生产者责任延伸
ETS	emissions trading system	排放权交易体系
FDI	foreign direct investment	境外直接投资
GDP	gross domestic product	国内生产总值
GPP	green public procurement	政府绿色采购
IP	intellectual property	知识产权
LMICs	low- and middle-income countries	中低收入国家
PAE	patent assertion entity	专利主张实体
PPP	purchasing power parity	购买力平价
R&D	research and development	研发
RECs	renewable energy credits	可再生能源积分
RPS	renewable portfolio standards	可再生能源组合标准
STEM	science, technology, engineering, and mathematics	科学、技术、工程和数学
TAM	tax adjustment mechanism	税收调节机制

缩略语表

续表

缩略语	全名（英文）	全名（中文）
组织机构		
AMO	Advanced Manufacturing Office	美国先进制造业办公室
CERN	European Organization for Nuclear Research	欧洲核子研究组织
CNRS	France's National Center for Scientific Research	法国国家科学研究中心
DOE	U.S. Department of Energy	美国能源部
EIA	U.S. Energy Information Administration	美国能源信息署
EPA	U.S. Environmental Protection Agency	美国国家环境保护局
ESCO	energy service company	节能服务公司
GCCA	Global Cement and Concrete Association	全球水泥和混凝土协会
GRI	Global Reporting Initiative	全球报告倡议组织
IEA	International Energy Agency	国际能源署
IMF	International Monetary Fund	国际货币基金组织
IPCC	Intergovernmental Panel on Climate Change	政府间气候变化专门委员会
ISO	International Organization for Standardization	国际标准化组织
ISSB	International Sustainability Standards Board	国际可持续性发展准则理事会
NASA	National Aeronautics and Space Administration	美国国家航空航天局
RGGI	Regional Greenhouse Gas Initiative	（美国）区域温室气体倡议
SBTi	Science-Based Targets initiative	"科学碳目标"倡议
SDTC	Sustainable Development Technology Canada	加拿大可持续发展技术部
TCFD	Task Force on Climate-Related Financial Disclosures	气候相关财务信息披露工作组
ULCOS	Ultra-Low CO_2 Steelmaking (European initiative)	"超低CO_2炼钢"项目（欧洲倡议）
化学式		
C_2H_4	ethylene	乙烯
C_3H_6	propylene	丙烯
C_4H_6	butadiene	丁二烯
C_4H_8	butene	丁烯
$C_6H_{10}O_4$	adipic acid	己二酸
C_6H_{12}	cyclohexane	环己烷
C_6H_6	benzene	苯
C_7H_8	toluene	甲苯
C_8H_{10}	xylene	二甲苯
$CaCO_3$	calcium carbonate	碳酸钙
CaO	calcium oxide, lime, or quicklime	氧化钙，生石灰或石灰

续表

缩略语	全名（英文）	全名（中文）
CFCs	chlorofluorocarbons	全氯氟烃
CH_3OH	methanol	甲醇
CH_4	methane	甲烷
CO	carbon monoxide	一氧化碳
CO_2	carbon dioxide	二氧化碳
CO_2e	carbon dioxide equivalent	二氧化碳当量
Fe_2O_3	hematite (a form of iron oxide)	赤铁矿（一种铁矿石）
Fe_3O_4	magnetite (a form of iron oxide)	磁铁矿（一种铁矿石）
$FeCO_3$	ferrous carbonate or iron(II) carbonate	碳酸亚铁
H_2	hydrogen	氢气
H_2O	water or steam	水或水蒸气
HCFCs	hydrochlorofluorocarbons	含氢氯氟烃
HFCs	hydrofluorocarbons	氢氟碳化物
HFOs	hydrofluoroolefins	氢氟烯烃
HNO_3	nitric acid	硝酸
$MgCO_3$	magnesium carbonate	碳酸镁
MgO	magnesium oxide	氧化镁
N_2	nitrogen	氮气
N_2O	nitrous oxide	氧化亚氮
NH_3	ammonia	氨
NMVOCs	nonmethane volatile organic compounds	非甲烷挥发性有机化合物
NO_x	nitrogen oxides	氮氧化物
O_2	oxygen	氧气
PFAS	per- and polyfluoroalkyl substances	全氟和多氟烷基物质
PFCs	perfluorocarbons	全氟碳化物
SF_6	sulfur hexafluoride	六氟化硫
SO_x	sulfur oxides	硫氧化物

致　　谢

我要感谢何豪（Hal Harvey）和索尼娅·阿加瓦尔（Sonia Aggarwal），他们在本书筹备的早期阶段就敏锐地意识到了它的重要性，并为我确保了研究和写作所需的宝贵时间。

衷心感谢哥伦比亚大学出版社的编辑凯琳·科布（Caelyn Cobb）和杰森·博多夫（Jason Bordoff），是他们认可了我的新书提案，并推动本书英文版最终得以出版。

此外，我还要感谢我的出色的审稿人，他们的意见从多个方面帮助我完善了本书的内容：

- 萨拉·鲍德温（Sara Baldwin）、克里斯·布什（Chris Busch）、邓敏姝、珍妮·爱德华兹（Jenny Edwards）、丹·埃斯波西托（Dan Esposito）、托德·芬卡农（Todd Fincannon）、埃里克·吉蒙（Eric Gimon）、梅根·马哈詹（Megan Mahajan）、孟菲、欧明凯（Mike O'Boyle）、罗比·奥维斯（Robbie Orvis）、劳伦斯·里斯曼（Lawrence Rissman）、米歇尔·所罗门（Michelle Solomon）、莎拉·斯彭吉曼（Sarah Spengeman）、哈德利·塔拉克森（Hadley Tallackson）、拉娜·瓦利（Lana Vali）、雪莉·温泽尔（Shelley Wenzel），能源创新中心

- 鲁虹佑，劳伦斯伯克利国家实验室

- 西尔维娅·马德杜（Silvia Madeddu），波茨坦气候影响研究所

- 普罗迪普托·罗伊（Prodipto Roy），能源基金会

- 乔·瑞安（Joe Ryan），Crux 联盟

- 艾尔·阿门达利兹（Al Armendariz），气候使命基金会

- 布里吉塔·哈克斯坦（Brigitta Huckestein），BASF

- 艾琳·肖卡特（Aylin Shawkat）和维多·维特卡（Wido Witecka），Agora 工业研究机构

诚挚感谢以下专家对本书中文版的审阅与建议：

- 邹乐乐，能源创新中心

- 张永杰，中国钢铁工业协会、宝武中央研究院

- 李永亮，中国石油和化学工业联合会科技与装备部

- 何捷，中国建筑材料科学研究总院有限公司

- 张贤，中国 21 世纪议程管理中心

- 刘海燕，国家应对气候变化战略研究和国际合作中心市场机制研究部

- 刘猛，中国标准化研究院资源与环境分院

- 蔺梓馨、禹霞、何平，能源基金会（中国）

我还要感谢本书的译者张秀丽（能源创新中心）、谭清和桑晶【安能翼科（北京）能源咨询发展中心】，感谢电子工业出版社编辑秦聪，感谢李佳阳【安能翼科（北京）能源咨询发展中心】协助制作图表，感谢他们在中文版的出版过程中付出的努力。

我诚挚感谢黄震院士（中国工程院院士，上海交通大学碳中和发展研究院创始院长）和戴彦德所长（中国能源研究会能源经济专业委员会主任，国家发展改革委能源研究所原所长）为本书撰写推荐序。

本书中的部分数据（图 0.2、图 0.3、图 0.4、图 3.2、图 3.3、图 4.1、图 7.1、图 7.2、图 7.4、图 8.1 和图 11.1）获国际能源署（IEA）授权使用。在某些情况下，这些数据与其他来源信息合并用于制图，并根据实际需求进行了调整。IEA 对其数据保留所有权利。有关更多信息及相关授权，请参阅各图片的参考资料说明。